Wissenschaftliche Taschenbücher WTB

Mathematik · Physik

Vierpoltheorie

WTB Wissenschaftliche Taschenbücher

WERNER HABERDITZL
Magnetochemie

A. A. SOKOLOW
Elementarteilchen

HEINZ AHRENS
Varianzanalyse

HANS-JÜRGEN TREDER
Relativität und Kosmos
Raum und Zeit in Physik, Astronomie und Kosmologie

ALBERT EINSTEIN
Grundzüge der Relativitätstheorie

ALBERT EINSTEIN
Über die spezielle und die allgemeine Relativitätstheorie

GÜNTHER LUDWIG
Wellenmechanik. Einführung und Originaltexte

HARRY PAUL
Lasertheorie, Teil I und II

FRANZ RUDOLF KESSLER
Einführung in die physikalischen Grundlagen der Kernenergiegewinnung

D. TER HAAR
Quantentheorie. Einführung und Originaltexte

J. H. SANDERS
Die Lichtgeschwindigkeit. Einführung und Originaltexte

JEAN KUNTZMANN
Unendliche Reihen
Mathematische Hilfsmittel der Physik und Chemie
Mit 94 Übungen und 29 Aufgaben

JEAN KUNTZMANN
Systeme von Differentialgleichungen
Mathematische Hilfsmittel der Physik und Chemie
Mit 88 Übungen und 40 Aufgaben

JEAN KUNTZMANN
Komplexe Veränderliche
Mathematische Hilfsmittel der Physik und Chemie
Mit 90 Übungen und 37 Aufgaben

FERDINAND CAP
Einführung in die Plasmaphysik
I. Theoretische Grundlagen

FERDINAND CAP
Einführung in die Plasmaphysik
II. Wellen und Instabilitäten

FERDINAND CAP
Einführung in die Plasmaphysik
III. Magnetohydrodynamik

J. A. ROSANOW
Wahrscheinlichkeitstheorie

HARRY PFEIFER
Theorie linearer Bauelemente
Elektronik für den Physiker I

HARRY PFEIFER
Die Elektronenröhre
Elektronik für den Physiker II

HARRY PFEIFER
Schaltungen mit Elektronenröhren
Elektronik für den Physiker III

HARRY PFEIFER
Leitungen und Antennen
Elektronik für den Physiker IV

HARRY PFEIFER
Mikrowellenelektronik
Elektronik für den Physiker V

HARRY PFEIFER
Halbleiterelektronik
Elektronik für den Physiker VI

GERHARD HÜBNER / KLAUS JUNG / ECKART WINKLER
Die Rolle des Wassers in biologischen Systemen

STEPHEN G. BRUSH
Kinetische Theorie, Teil I und II
Einführung und Originaltexte

EBERHARD HOFMANN
Eiweiße und Nucleinsäuren als biologische Makromoleküle
Dynamische Biochemie, Teil I

EBERHARD HOFMANN
Enzyme und energieliefernde Stoffwechselreaktionen
Dynamische Biochemie, Teil II

EBERHARD HOFMANN
Intermediärstoffwechsel
Dynamische Biochemie, Teil III

EBERHARD HOFMANN
Grundlagen der Molekularbiologie und Regulation des Zellstoffwechsels
Dynamische Biochemie, Teil IV

HERBERT GOERING
Elementare Methoden zur Lösung von Differentialgleichungsproblemen

PETER KRUMBIEGEL
Isotopieeffekte

D. M. BRINK
Kernkräfte. Einführung und Originaltexte

DIETER ONKEN
Steroide
Zur Chemie und Anwendung

HEINZ GEILER
Ökologie der Land- und Süßwassertiere

ARTHUR F. CRACKNELL
Angewandte Gruppentheorie. Einführung und Originaltexte

DIETER KLAUA
Elementare Axiome der Mengenlehre

GÜNTER TEMBROCK
Grundlagen der Tierpsychologie

J. P. VINSON
Optische Kohärenz in der klassischen Theorie und in der Quantentheorie

W. R. HINDMARSH
Atomspektren. Einführung und Originaltexte

GÜNTER TEMBROCK
Biokommunikation
Informationsübertragung im biologischen Bereich
Teil I und II

ADOLF ZSCHUNKE
Kernmagnetische Resonanzspektroskopie in der organischen Chemie

DIETER MERKEL
Riechstoffe

JOHN CUNNINGHAM
Vektoren

GEORG DAUTCOURT
Relativistische Astrophysik

ERNST SCHMUTZER
Symmetrien und Erhaltungssätze der Physik

GERHARD LERCH
Pflanzenökologie

MICHAEL GÖSSEL
Angewandte Automatentheorie, Band I
Grundbegriffe

MICHAEL GÖSSEL
Angewandte Automatentheorie, Band II
Lineare Automaten und Schieberegister

HEINRICH KINDLER
Der Regelkreis. Eine Einführung

HANS BANDEMER / ANDREAS BELLMANN
WOLFHART JUNG / KLAUS RICHTER
Optimale Versuchsplanung

HARRY PAUL
Nichtlineare Optik, Teil I und II

A. R. KESSEL
Akustische Kernresonanz

WOLFRAM BRAUER / HANS-WALDEMAR STREITWOLF
Theoretische Grundlagen der Halbleiterphysik

EBERHARD TEUSCHER
Pharmakognosie, Teil I und II

DIETER KLAUA
Grundbegriffe der axiomatischen Mengenlehre, Teil I und II

JOACHIM NITSCHMANN
Entwicklung bei Mensch und Tier

DIETRICH BENDER / ERNST-EGON PIPPIG
Einheiten, Maßsysteme, SI

E. G. GOLSTEIN
Konvexe Optimierung. Die Elemente der Theorie

HELMUT FRIEMEL / JOSEF BROCK
Grundlagen der Immunologie

SIEGFRIED HAUPTMANN
Über den Ablauf organisch-chemischer Reaktionen

R. A. R. TRICKER
Frühe Elektrodynamik

A. S. SONIN / B. A. STRUKOW
Ferroelektrizität

L. A. SKORNJAKOW
Elemente der Verbandstheorie

HANS-MARTIN- BARCHET
Chemie photographischer Prozesse

KONRAD KREHER
Festkörperphysik

N. D. SHEWANDROW
Polarisation des Lichtes

DIETER KLAUA
Kardinal- und Ordinalzahlen, Teil 1 und 2

A. A. SMIRNOW
Metallphysik

VOLKER KEMPE
Theorie stochastischer Systeme

ROLF BORSDORF / MANFRED SCHOLZ
Spektroskopische Methoden in der organischen Chemie

KLAUS ODENING
Parasitismus. Grundfragen und Grundbegriffe

WOLFGANG PAULI
Vierpoltheorie und ihre Anwendung auf elektrische Schaltungen

Vorschau auf die nächsten Bände:

R. A. R. TRICKER
Die Beiträge von Faraday und Maxwell zur Elektrodynamik

HANS DAWCZYNSKI
Temperaturbeständige Faserstoffe aus organischen Polymeren

WTB

BAND 135

Wolfgang Pauli

Vierpoltheorie und ihre Anwendung auf elektronische Schaltungen

Mit 122 Abbildungen

AKADEMIE-VERLAG · BERLIN

Reihe MATHEMATIK UND PHYSIK

Herausgeber:
Prof. Dr. phil. habil. W. Holzmüller, Leipzig
Prof. Dr. phil. habil. A. Lösche, Leipzig
Prof. Dr. phil. habil. H. Reichardt, Berlin
Prof. Dr. phil. habil. K. Schröder, Berlin
Prof. Dr. phil. habil. K. Schröter, Berlin
Prof. Dr. rer. nat. habil. H.-J. Treder, Potsdam

Verfasser:
Dipl.-Math. Wolfgang Pauli
VEB Carl Zeiss Jena

1974

Lizenznummer: 202 · 100/441/74
Herstellung: VEB Druckhaus „Maxim Gorki“, 74 Altenburg
Bestellnummer: 761 815 8 (7135) · LSV 1154
Printed in GDR
EVP 12,50

Vorwort

Es gibt heute eine Vielzahl von Büchern, die sich neben ihrem Hauptanliegen auch mit der Vierpoltheorie befassen.

In dem vorliegenden Bändchen ist versucht worden, die Vierpoltheorie einschließlich ihrer wichtigen Anwendungen als abgeschlossenes Gebiet zu behandeln. Dabei ist neben dem Bemühen um wissenschaftliche Strenge besonders auf Leichtverständlichkeit und Übersichtlichkeit Wert gelegt worden, was durch zahlreiche Beispiele und Aufgaben einschließlich Lösungen sowie zusammenfassende Sätze zum Ausdruck kommt.

Selbstverständlich konnte im Rahmen eines Taschenbuches keine Vollständigkeit des Stoffgebiets angestrebt werden. Im übrigen sind viele Ableitungen und Beispiele in sehr gestraffter Form dargeboten, ein Teil der Beweise ist nur angedeutet oder ganz weggelassen.

Für dem Werk förderliche Diskussionen und Hinweise möchte ich meinen Kollegen Dr. C. Wähnert und Dipl.-Phys. S. Süss und für die Anfertigung eines Teiles der Reinzeichnungen meinem Kollegen Dipl.-Ing. E. Seidenschnur herzlichen Dank sagen, desgleichen bin ich Herrn Nationalpreisträger Prof. Dr.-Ing. Dr.-Ing. E. h. H. Frühauf für wertvolle Ratschläge sehr zu Dank verpflichtet.

Jena, Dezember 1973

Wolfgang Pauli

Inhaltsverzeichnis

Verzeichnis der verwendeten Buchstabensymbole

$\boldsymbol{A}$, a_{ik}	Kettenmatrix und Kettenparameter des Vierpols
$\Delta \boldsymbol{A}$	Zur Matrix $\boldsymbol{A}$ gehörige Determinante
a	Wellendämpfungsmaß oder Wellendämpfung
a_W, a_B	Wirk- und Betriebsdämpfung
a_E, a_{St}	Echo- und Stoßdämpfung
B	Blindleitwert oder Relative Bandbreite
b	Wellenphasenmaß, auch Wellenwinkelmaß genannt
Δb	Phasenfehler pro m-Glied
$\boldsymbol{C}$, c_{ik}	Parallelreihenmatrix und ihre Elemente
C	Kapazität eines Kondensators
$\boldsymbol{D}$, d_{ik}	Reihenparallelmatrix und ihre Elemente
D	Durchgriff einer Elektronenröhre
E	Eingeprägte Spannung oder elektromotorische Kraft (EMK)
e	Basis des natürlichen Logarithmensystems
F, F_z, $F_{\min}$	Rauschzahl, zusätzliche und minimale Rauschzahl
f	Frequenz
G	Wirkleitwert
G_n, g_n	Äquivalente Rauschleitwerte
g_i, g_u, g	Strom-, Spannungs- und mittleres Wellenübertragungsmaß
$\check{\boldsymbol{H}}$, $\check{h}_{ik}$	Aktive Hybridmatrix und Hybridparameter des Vierpols
$\check{h}'_{ik}$	Aktive Hybridparameter des inneren Transistors

I_C, I_E	Kollektor- und Emittergleichstrom des Transistors
I_{eff}	Reeller Effektivwert der Stromamplitude
i, i_{eff}	Komplexe Stromaplitude und ihr Effektivwert
i_1, i_2 bzw. $\check{i}_1$, $\check{i}_2$	Amplituden von Ein- und Ausgangsstrom des passiven bzw. aktiven Vierpols
$\tilde{i}$	Momentanwert des Wechselstroms
j	Imaginäre Einheit
K	Abkürzung bei der maximalen Leistungsverstärkung
k	Kopplungsfaktor zweier Induktivitäten
L	Induktivität einer Spule
M	Gegeninduktivität zweier Induktivitäten
m	Faktor für versteilerndes Siebglied oder Abkürzung bei der maximalen Leistungsverstärkung
$\frac{1}{n}$	Windungsverhältnis
n	Abkürzung bei der maximalen Leistungsverstärkung
$\tilde{P}$, P_K	Momentanwert der Leistung, komplexe Leistung
P_W, P_B, P_S	Wirk-, Blind-, Scheinleistung
P_e, P_a bzw. $\check{P}_e$, $\check{P}_a$	Ein- und Ausgangsleistung eines passiven bzw. aktiven Vierpols
p_i, p_u, p	Strom-, Spannungs-, Leistungspegel
p	Proportionalitätsfaktor für Nenn- und Lastwiderstand
q	Proportionalitätsfaktor für die Grenzfrequenz
R	Ohmscher Widerstand (Wirkwiderstand)
R_n	Äquivalenter Rauschwiderstand
r	Komplexer Widerstand
r_i, r_i', r_i''	Aufbauwiderstände von T-, π-, X-Vierpol
$r_{bb'}$	Basisbahnwiderstand des Transistors
S	Steilheit einer Elektronenröhre
s	Symmetriefaktor eines Vierpols

T	Schwingungsdauer
t	Zeit
t_g	Gruppenlaufzeit
U_T	Temperaturspannung
U_{eff}	Reeller Effektivwert der Spannungsamplitude
u, u_{eff}	Komplexe Spannungsamplitude und ihr Effektivwert
u_1, u_2 bzw. $\check{u}_1$, $\check{u}_2$	Amplituden von Ein- und Ausgangsspannung des passiven bzw. aktiven Vierpols
$\tilde{u}$	Momentanwert der Wechselspannung
u_0	Komplexe Leerlaufspannung oder EMK des Generators
$ü$	Übersetzungsverhältnis
v_i, v_u	Vierpolstrom-, Vierpolspannungsverstärkung
v_{ik}, v_{ul}	Kurzschlußstrom-, Leerlaufspannungsverstärkung
$\check{v}_i$, $\check{v}_u$	Strom- und Spannungsverstärkung eines aktiven Vierpols
$\check{v}$	Übertragungsfaktor eines aktiven Vierpols
$\check{v}_p$, $\check{v}_{pt}$, $\check{v}_{pa}$	Leistungsverstärkung, Übertragungsgewinn, verfügbare Leistungsverstärkung eines aktiven Vierpols mit dem Index „max" für maximale Verstärkung und „0" für NF-Gebiet
v	Verstimmung
w_1, w_2	Windungszahl an der Primär- und Sekundärseite
X	Blindwiderstand
X_L, X_C	Induktiver und kapazitiver Widerstand
x, x_0	Spannungsteilerverhältnis für Zwischenbasisschaltung und dessen Wert für gleichzeitige Leistungs- und Rauschanpassung im NF-Gebiet
y	Komplexer Leitwert
$\boldsymbol{Y}$ bzw. $\check{\boldsymbol{Y}}$	Passive bzw. aktive Leitwertmatrix

y_{ik}	Passive Vierpol-Leitwertparameter
$\check{y}_{ik} = \check{g}_{ik} + \mathrm{j} \cdot \check{b}_{ik}$	Komplexe Leitwertparameter eines aktiven Vierpols mit Index „b, e, c" für Basis-, Emitter-, Kollektorschaltung des Transistors
$\check{y}'_{ik}$	Aktive Leitwertparameter des inneren Transistors
${}^{K}y_1$, ${}^{K}y_2$	Ein- und Ausgangskernleitwert
y_{il}, y_{ik}	Leerlauf- und Kurzschlußleitwert $i = 1$ bzw. $i = 2$: Ein- bzw. Ausgang
$\check{y}_i = \check{G}_i + \mathrm{j} \cdot \check{B}_i$	Komplexe Leitwertbetriebsparameter ($i = Q, L, e, a$) eines aktiven Vierpols mit Index „opt" für optimale Leitwerte
$Y_{\mathrm{Kor}} = G_{\mathrm{Kor}} + \mathrm{j} \cdot B_{\mathrm{Kor}}$	Äquivalenter Rauschkorrelationsleitwert
$\check{y}_C = \check{G}_C + \mathrm{j} \cdot \check{B}_C$	Kreisleitwert bei Zwischenbasisschaltung
$\boldsymbol{Z}$, z_{ik}	Widerstandsmatrix und Widerstandsparameter des Vierpols
z, z^*	Komplexe und konjugiert komplexe Zahl
$z_Q = R_Q + \mathrm{j} \cdot X_Q$	Komplexer Quellwiderstand (Generatorwiderstand)
$z_L = R_L + \mathrm{j} \cdot X_L$	Komplexer Lastwiderstand (Abschlußwiderstand, Verbraucher)
z_e, z_a	Vierpolein- und -ausgangswiderstand
${}^{K}z_1$, ${}^{K}z_2$	Ein- und Ausgangskernwiderstand
z_{il}, z_{ik}	Leerlauf- und Kurzschlußwiderstand $i = 1$ bzw. $i = 2$: Ein- bzw. Ausgang
z_{We}, z_{Wa}, z_W	Ein-, Ausgangs- und mittlerer Wellenwiderstand
z_N	Nennwiderstand
z_0	Inversionswiderstand oder Dualitätsinvariante
Λ	Magnetischer Leitwert
ϱ	Reflexionsfaktor
φ	Phasendifferenz zwischen Spannung und Strom
φ_i, φ_u	Nullphasenwinkel von Strom und Spannung

Ψ	Magnetfluß
Ω	Normierte Frequenz
Ω_∞	Normierte Unendlichkeitsstelle der Dämpfung eines versteilernden Siebgliedes
ω	Kreisfrequenz
ω_0	Resonanzfrequenz (Eigenfrequenz) eines Zweipols
ω_g, ω_u, ω_o	Grenzfrequenz, untere und obere Grenzfrequenz
ω_m	Bandmittenfrequenz
ω_∞, $\omega_{u\infty}$, $\omega_{o\infty}$	Unendlichkeitsstellen der Dämpfung eines versteilernden Siebgliedes

Einführung

Die Vierpoltheorie findet bei der Untersuchung elektrischer Netzwerke Anwendung. Denn außer den Bauteilen, die elektrischen Strom erzeugen oder verbrauchen und mit ihren zwei Anschlüssen zu den Zweipolen gehören, lassen sich die meisten anderen als *Vierpole* auffassen, die die elektrische Energie von ihren beiden Eingangs- zu den beiden Ausgangsklemmen weitergeben.

Die *Vierpoltheorie* hat folgende Aufgaben:

1. Aufsuchen geeigneter Systeme von Parametern, die die Eigenschaften eines Vierpols in Abhängigkeit seiner Aufbauelemente beschreiben.
2. Ermittlung des Zusammenhangs der verschiedenen Parametersysteme und Auswahl des für die jeweilige Aufgabe günstigsten Systems.
3. Anwendung des für 1. und 2. aufgestellten Formalismus bei der zweckmäßigen Berechnung einer Schaltung mit vorgeschriebenen Eigenschaften.

Auf die *Zweipole* wird nur an einigen Stellen kurz eingegangen, ihre ausführliche Besprechung vgl. z. B. [1, 2].

In Verallgemeinerung der Zwei- und Vierpole läßt sich ein elektrisches Übertragungssystem mit ν Eingängen und μ Ausgängen, also ein $2(\nu + \mu)$-Pol, betrachten [3]. Zur Beschreibung der Eigenschaften von Höchstfrequenzschaltungen, die die Verwendung von besonderen Bauelementen, wie Laufzeitröhren, Hohlleitern, Topfkreisen, erfordern [4], dienen — abgesehen von der möglichen wellentheoretischen Betrachtung — die *2n-Pole*, die sich für $\nu = \mu = \frac{n}{2}$ ergeben [3, 5].

Beispielsweise gehören auch die Hexode (je zwei Steuer- und Schirmgitter) und der elektro- und magnetomechanische Wandler systemtheoretisch zu den Sechspolen [6], für sie sind jedoch Vierpolersatzschaltungen möglich [5, 2], so daß für den überwiegenden Teil der Aufgaben die Vierpole zur Netzwerkanalyse und -synthese ausreichen [1, 3, 4].

1. Mathematisch-physikalische Grundlagen

In diesem einleitenden Kapitel soll lediglich eine knappe Zusammenstellung in Form von Sätzen und Formeln derjenigen Gebiete aus Mathematik und Physik erfolgen, die für die Vierpoltheorie grundlegend sind.

1.1. Matrizen, Determinanten, lineare Gleichungssysteme [7, 8]

Definition der Matrix

*Eine **Matrix** $\boldsymbol{A}$ vom Typ $(m; n)$ ist ein rechteckiges Schema mit $m \cdot n$ Zahlen a_{ij} in m Zeilen und n Spalten. Das Zahlenschema wird i. a. in zwei runde Klammern eingeschlossen:*

$$\boldsymbol{A} = \begin{pmatrix} a_{11} & a_{12} \dots a_{1n} \\ a_{21} & a_{22} \dots a_{2n} \\ \dots & \dots \\ a_{m1} & a_{m2} \dots a_{mn} \end{pmatrix}$$

Die Matrix hat keinen Zahlenwert.

Da die Vierpolmatrix vom Typ (2; 2) ist, beschränken wir uns hier und im folgenden auf *quadratische zweireihige Matrizen*:

$$\boldsymbol{A} = \begin{pmatrix} a_{11} & a_{12} \\ a_{21} & a_{22} \end{pmatrix} \tag{1.1}$$

Rechenregeln für Matrizen

$$\begin{pmatrix} a_{11} & a_{12} \\ a_{21} & a_{22} \end{pmatrix} + \begin{pmatrix} b_{11} & b_{12} \\ b_{21} & b_{22} \end{pmatrix} = \begin{pmatrix} a_{11} + b_{11} & a_{12} + b_{12} \\ a_{21} + b_{21} & a_{22} + b_{22} \end{pmatrix} \tag{1.2}$$

$$c \cdot \begin{pmatrix} a_{11} & a_{12} \\ a_{21} & a_{22} \end{pmatrix} = \begin{pmatrix} c \cdot a_{11} & c \cdot a_{12} \\ c \cdot a_{21} & c \cdot a_{22} \end{pmatrix} \tag{1.3}$$

$$\begin{pmatrix} a_{11} & a_{12} \\ a_{21} & a_{22} \end{pmatrix} \cdot \begin{pmatrix} b_{11} & b_{12} \\ b_{21} & b_{22} \end{pmatrix} = \begin{pmatrix} a_{11}b_{11} + a_{12}b_{21} & a_{11}b_{12} + a_{12}b_{22} \\ a_{21}b_{11} + a_{22}b_{21} & a_{21}b_{12} + a_{22}b_{22} \end{pmatrix} \tag{1.4}$$

Die Matrizenmultiplikation ist i. a. nicht kommutativ: $\boldsymbol{A} \cdot \boldsymbol{B} \neq \boldsymbol{B} \cdot \boldsymbol{A}$.

In der Vierpoltheorie kommen oft Gleichungspaare vor, bei denen jede der zwei Variablen y_i als lineare Funktion zweier anderer Variablen x_i auftritt.

Darstellung eines linearen Gleichungssystems mit Matrizen

Statt des linearen Gleichungssystems

$$\left.\begin{aligned} y_1 &= a_{11}x_1 + a_{12}x_2 \\ y_2 &= a_{21}x_1 + a_{22}x_2 \end{aligned}\right\} \tag{1.5}$$

kann

$$\boldsymbol{y} = \boldsymbol{A} \cdot \boldsymbol{x} \tag{1.6}$$

mit den Abkürzungen

$$\boldsymbol{y} = \begin{pmatrix} y_1 \\ y_2 \end{pmatrix} \qquad \boldsymbol{x} = \begin{pmatrix} x_1 \\ x_2 \end{pmatrix} \qquad \boldsymbol{A} = \begin{pmatrix} a_{11} & a_{12} \\ a_{21} & a_{22} \end{pmatrix} \tag{1.7}$$

geschrieben werden.

Definition der Determinante

Der quadratischen zweireihigen Matrix

$$\boldsymbol{A} = \begin{pmatrix} a_{11} & a_{12} \\ a_{21} & a_{22} \end{pmatrix} \tag{1.1}$$

ist die **Determinante**, *d. h. die Zahl*

$$\Delta \boldsymbol{A} = \begin{vmatrix} a_{11} & a_{12} \\ a_{21} & a_{22} \end{vmatrix} = a_{11}a_{22} - a_{12}a_{21} \qquad (1.8)$$

zugeordnet. Ihr Wert ist also die Differenz der Produkte von Haupt- und Nebendiagonalelementen.

Cramersche[1]) Regel für lineare Gleichungssysteme

Soll das aus zwei Gleichungen bestehende inhomogene lineare Gleichungssystem

$$\left.\begin{aligned} a_{11}x_1 + a_{12}x_2 &= y_1 \\ a_{21}x_1 + a_{22}x_2 &= y_2 \end{aligned}\right\} \qquad (1.5)$$

nach den Variablen x_1, x_2 aufgelöst werden und ist die Koeffizientendeterminante

$$\Delta \boldsymbol{A} = \begin{vmatrix} a_{11} & a_{12} \\ a_{21} & a_{22} \end{vmatrix} \qquad (1.8)$$

verschieden von Null, so lautet die Lösung des Systems

$$x_1 = \frac{1}{\Delta \boldsymbol{A}} \cdot \begin{vmatrix} y_1 & a_{12} \\ y_2 & a_{22} \end{vmatrix} \qquad x_2 = \frac{1}{\Delta \boldsymbol{A}} \cdot \begin{vmatrix} a_{11} & y_1 \\ a_{21} & y_2 \end{vmatrix} \qquad (1.9)$$

1.2. Komplexe Zahlen [7, 9]

Definition der komplexen Zahl

Eine **komplexe Zahl** *z kann in drei verschiedenen Formen ausgedrückt werden:*

$$z = x + \mathrm{j}y = r(\cos\varphi + \mathrm{j}\sin\varphi) = r\mathrm{e}^{\mathrm{j}\varphi} \qquad (1.10)$$

algebraische Form — *goniometrische Form* — *Exponentialform*

---

[1]) Gabriel Cramer, Schweizer Mathematiker, 1704 bis 1752.

In (1.10) *bezeichnet man:*

$x = \text{Re}\,(z)$: *Realteil* $y = \text{Im}\,(z)$: *Imaginärteil*

$r = |z|$: *Betrag* $\varphi = \arg z$: *Argument*

e = 2,7182818 ...: *Basis der natürlichen Logarithmen*
j: *Imaginäre Einheit mit*

$$\text{j}^2 = -1 \tag{1.11}$$

Die graphische Darstellung einer komplexen Zahl erfolgt als Punkt oder *Zeiger* in der *Gaußschen*[1]) *Zahlenebene* (Bild 1.1), die von der reellen und der imaginären Zahlengeraden aufgespannt wird.

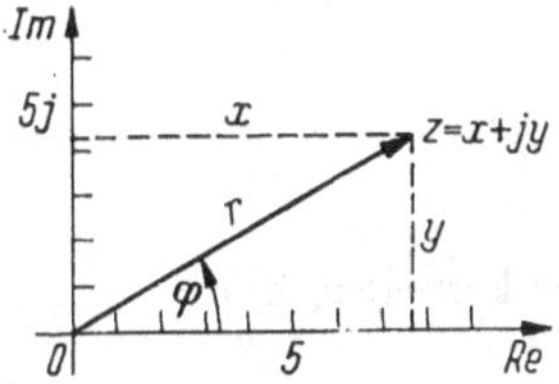

Bild 1.1: Komplexe Zahl in der GAUSSschen Zahlenebene

Aus der Darstellung entsprechend Bild 1.1 folgt unmittelbar der

Zusammenhang zwischen algebraischer und goniometrischer Form

$$\left.\begin{aligned} x &= r\cos\varphi & y &= r\sin\varphi \\ r &= \sqrt{x^2+y^2} & \varphi &= \arctan\frac{y}{x} \end{aligned}\right\} \tag{1.12}$$

---

[1]) CARL FRIEDRICH GAUSS, deutscher Mathematiker u. a., 1777 bis 1855.

während der Übergang von der goniometrischen Form in die Exponentialform möglich wird durch die

Eulersche[1]) Formel $e^{j\varphi} = \cos\varphi + j\sin\varphi.$ (1.13)

In Verallgemeinerung von (1.10) läßt sich die komplexe Zahl z als Exponentialform mit komplexem Exponenten darstellen:

$$z = e^{a+jb} = e^a \cdot e^{jb} = e^a(\cos b + j\sin b) \quad (1.14)$$

Durch Vergleich von (1.14) mit (1.10) findet man:

$$\left.\begin{array}{ll} x = e^a\cos b & y = e^a\sin b \\ r = e^a & \varphi = b \end{array}\right\} \quad (1.15)$$

Es lautet die

Zu $z = x + jy$ konjugiert komplexe Zahl $z^* = x - jy$ (1.16)

Rechenregeln für komplexe Zahlen

$$z_1 \pm z_2 = (a + jb) \pm (c + jd) = a \pm c + j(b \pm d) \quad (1.17)$$

$$z_1 \cdot z_2 = (a + jb) \cdot (c + jd) = ac - bd + j(bc + ad) \quad (1.18)$$

$$\frac{z_1}{z_2} = \frac{z_1 \cdot z_2^*}{z_2 \cdot z_2^*} = \frac{(a + jb)(c - jd)}{(c + jd)(c - jd)} = \frac{ac + bd}{c^2 + d^2} + j\,\frac{bc - ad}{c^2 + d^2} \quad (1.19)$$

$$\left.\begin{aligned} z_1 \cdot z_2 &= r_1(\cos\varphi_1 + j\sin\varphi_1)r_2(\cos\varphi_2 + j\sin\varphi_2) \\ &= r_1r_2[\cos(\varphi_1 + \varphi_2) + j\sin(\varphi_1 + \varphi_2)] \\ &= r_1e^{j\varphi_1} \cdot r_2e^{j\varphi_2} = r_1r_2e^{j(\varphi_1+\varphi_2)} \end{aligned}\right\} \quad (1.20)$$

[1]) LEONHARD EULER, Schweizer Mathematiker u. a., 1707 bis 1783.

$$\left.\begin{aligned}\frac{z_1}{z_2} &= \frac{r_1(\cos\varphi_1 + \mathrm{j}\sin\varphi_1)}{r_2(\cos\varphi_2 + \mathrm{j}\sin\varphi_2)} \\ &= \frac{r_1}{r_2}\left[\cos(\varphi_1 - \varphi_2) + \mathrm{j}\sin(\varphi_1 - \varphi_2)\right] \\ &= \frac{r_1 \mathrm{e}^{\mathrm{j}\varphi_1}}{r_2 \mathrm{e}^{\mathrm{j}\varphi_2}} = \frac{r_1}{r_2}\,\mathrm{e}^{\mathrm{j}(\varphi_1 - \varphi_2)}\end{aligned}\right\} \quad (1.21)$$

$$\left.\begin{aligned}z^n &= [r(\cos\varphi + \mathrm{j}\sin\varphi)]^n = r^n(\cos n\varphi + \mathrm{j}\sin n\varphi) \\ &= (r\mathrm{e}^{\mathrm{j}\varphi})^n = r^n \cdot \mathrm{e}^{\mathrm{j}n\varphi}\end{aligned}\right\} \quad (1.22)$$

$$\left.\begin{aligned}\sqrt[n]{z} &= \sqrt[n]{r(\cos\varphi + \mathrm{j}\sin\varphi)} \\ &= \sqrt[n]{r}\left(\cos\frac{\varphi + k\cdot 2\pi}{n} + \mathrm{j}\sin\frac{\varphi + k\cdot 2\pi}{n}\right) \\ &= \sqrt[n]{r\mathrm{e}^{\mathrm{j}\varphi}} = \sqrt[n]{r}\cdot \mathrm{e}^{\frac{\mathrm{j}}{n}(\varphi + k\cdot 2\pi)} \\ &\text{mit} \quad k = 0, 1, 2, \ldots, n-1\end{aligned}\right\} \quad (1.23)$$

$$\left.\begin{aligned}&\ln z = \ln(r\mathrm{e}^{\mathrm{j}\varphi}) = \ln r + \mathrm{j}(\varphi + k\cdot 2\pi) \\ &\text{Hauptwert ergibt sich für} \quad k = 0\end{aligned}\right\} \quad (1.24)$$

$$|z_1 \cdot z_2| = |z_1| \cdot |z_2| \quad (1.25) \qquad \left|\frac{z_1}{z_2}\right| = \frac{|z_1|}{|z_2|} \quad (1.26)$$

$$(z_1 \cdot z_2)^* = z_1^* \cdot z_2^* \quad (1.27) \qquad \left(\frac{z_1}{z_2}\right)^* = \frac{z_1^*}{z_2^*} \quad (1.28)$$

$$z \cdot z^* = |z|^2 \quad (1.29) \qquad \sqrt{|z|} = \left|\sqrt{z}\right| \quad (1.30)$$

$$\mathrm{Re}\,(z^*) = \mathrm{Re}\,(z) \quad (1.31)$$

$$(z_1 + z_2)^* = z_1^* + z_2^* \quad (1.32)$$

$$\mathrm{Re}\,(z_1 + z_2) = \mathrm{Re}\,(z_1) + \mathrm{Re}\,(z_2) \quad (1.33)$$

$$\mathrm{Im}\,(z_1 + z_2) = \mathrm{Im}\,(z_1) + \mathrm{Im}\,(z_2) \quad (1.34)$$

$$\mathrm{Re}\,(z_1 \cdot z_2) = \mathrm{Re}\,(z_1) \cdot \mathrm{Re}\,(z_2) - \mathrm{Im}\,(z_1) \cdot \mathrm{Im}\,(z_2) \tag{1.35}$$

$$\mathrm{Re}\,(z_1 \cdot z_2^*) = \mathrm{Re}\,(z_1) \cdot \mathrm{Re}\,(z_2) + \mathrm{Im}\,(z_1) \cdot \mathrm{Im}\,(z_2) \tag{1.36}$$

$$\mathrm{Im}\,(z_1 \cdot z_2) = \mathrm{Im}\,(z_1) \cdot \mathrm{Re}\,(z_2) + \mathrm{Re}\,(z_1) \cdot \mathrm{Im}\,(z_2) \tag{1.37}$$

$$\mathrm{Im}\,(z_1 \cdot z_2^*) = \mathrm{Im}\,(z_1) \cdot \mathrm{Re}\,(z_2) - \mathrm{Re}\,(z_1) \cdot \mathrm{Im}\,(z_2) \tag{1.38}$$

1.3 Goniometrische und hyperbolische Formeln [7, 9]

$$\sin\,(x \pm y) = \sin x \cos y \pm \cos x \sin y \tag{1.39}$$

$$\sin 2x = 2 \sin x \cos x \tag{1.40}$$

$$\cos\,(x \pm y) = \cos x \cos y \pm \sin x \sin y \tag{1.41}$$

$$\sin \frac{x}{2} = \sqrt{\frac{1}{2}\,(1 - \cos x)} \tag{1.42}$$

$$\sin^2 x + \cos^2 x = 1 \tag{1.43}$$

$$\tan \frac{x}{2} = \sqrt{\frac{1 - \cos x}{1 + \cos x}} \tag{1.44}$$

$$\cos x = \frac{1 - \tan^2 \frac{x}{2}}{1 + \tan^2 \frac{x}{2}} \tag{1.45}$$

$$\sinh x = \frac{1}{2}\,(\mathrm{e}^x - \mathrm{e}^{-x}) \tag{1.46}$$

$$\cosh x = \frac{1}{2}\,(\mathrm{e}^x + \mathrm{e}^{-x}) \tag{1.47}$$

$$\tanh x = \frac{\sinh x}{\cosh x} \tag{1.48}$$

$$\cosh^2 x - \sinh^2 x = 1 \tag{1.49}$$

$$\sinh(x \pm y) = \sinh x \cosh y \pm \cosh x \sinh y \tag{1.50}$$

$$\cosh(x \pm y) = \cosh x \cosh y \pm \sinh x \sinh y \tag{1.51}$$

$$\sinh 2x = 2 \sinh x \cosh x \tag{1.52}$$

$$\cosh \mathrm{j}x = \cos x \quad (1.53) \qquad \sinh \mathrm{j}x = \mathrm{j} \sin x \quad (1.54)$$

$$\sinh \frac{x}{2} = \pm \sqrt{\frac{1}{2}(\cosh x - 1)}\,^{1)} \tag{1.55}$$

$$\cosh \frac{x}{2} = \sqrt{\frac{1}{2}(\cosh x + 1)} \tag{1.56}$$

$$\tanh \frac{x}{2} = \pm \sqrt{\frac{\cosh x - 1}{\cosh x + 1}}\,^{1)} = \frac{\cosh x - 1}{\sinh x} = \frac{\sinh x}{\cosh x + 1} \tag{1.57}$$

$$\cosh x = \frac{1 + \tanh^2 \frac{x}{2}}{1 - \tanh^2 \frac{x}{2}} \tag{1.58}$$

1.4. Wechselstromrechnung, komplexer Widerstand, Schwingkreise

Periodische harmonische Wechselströme sind Funktionen der Zeit t und können mit den Gleichungen

Momentanwerte von Spannung und Strom

$$\left.\begin{aligned} \tilde{u}' &= |u| \cos(\omega t + \varphi_u) \\ \tilde{\imath}' &= |i| \cos(\omega t + \varphi_i) \end{aligned}\right\} \tag{1.59}$$

beschrieben werden. Dabei bedeuten

$|u|, |i|$: Amplituden (Scheitelwerte) von Spannung und Strom

φ_u, φ_i: Nullphasenwinkel von Spannung und Strom

ω: Kreisfrequenz

---

[1]) „+" für $x > 0$, „−" für $x < 0$.

Mit der *Schwingungsdauer* T gilt

$$\textbf{Frequenz}\ f = \frac{1}{T} \qquad \textbf{Kreisfrequenz}\ \omega = 2\pi f = \frac{2\pi}{T} \tag{1.60}$$

Man bezeichnet in (1.59)

Phasendifferenz zwischen Spannung und Strom

$$\left.\begin{aligned} \varphi &= \varphi_u - \varphi_i \\ \text{mit } -\frac{\pi}{2} &\leqq \varphi \leqq +\frac{\pi}{2} \end{aligned}\right\} \tag{1.61}$$

Die Gleichungen (1.59) lassen sich als Kurven veranschaulichen.

In der Elektrotechnik ist es üblich geworden, harmonische Wechselspannungen und -ströme durch komplexe Funktionen darzustellen, indem zu den Gleichungen (1.59) die imaginären Anteile gemäß (1.10) ergänzt werden:

$$\left.\begin{aligned} \tilde{u} &= |u| \left[\cos(\omega t + \varphi_u) + \mathrm{j}\sin(\omega t + \varphi_u)\right] \\ \tilde{\imath} &= |i| \left[\cos(\omega t + \varphi_i) + \mathrm{j}\sin(\omega t + \varphi_i)\right] \end{aligned}\right\} \tag{1.62}$$

Man verabredet von vornherein, nur den Realteil als Beschreibung des physikalischen Vorgangs zu betrachten, während man den Imaginärteil nur deshalb hinzufügt, um einen mathematisch günstigen Ausdruck zu erhalten. So wird z. B. durch die komplexe Schreibweise in Exponentialform die umständliche Anwendung der Additionstheoreme bei zusammengesetzten Schwingungsvorgängen vermieden [10].

Bei Einführung von zeitunabhängiger

Komplexer Spannungsamplitude
Komplexer Stromamplitude

$$\left.\begin{aligned} u &= |u|\, \mathrm{e}^{\mathrm{j}\varphi_u} \\ i &= |i|\, \mathrm{e}^{\mathrm{j}\varphi_i} \end{aligned}\right\} \tag{1.63}$$

entsprechend (1.10) gehen mit (1.63) die Gln. (1.62) über in

Komplexe Momentanwerte von Spannung und Strom

$$\left.\begin{aligned} \tilde{u} &= u\mathrm{e}^{\mathrm{j}\omega t} = |u|\, \mathrm{e}^{\mathrm{j}(\omega t + \varphi_u)} \\ \tilde{\imath} &= i\mathrm{e}^{\mathrm{j}\omega t} = |i|\, \mathrm{e}^{\mathrm{j}(\omega t + \varphi_i)} \end{aligned}\right\} \tag{1.64}$$

$\tilde{u}$ und $\tilde{\imath}$ werden als *Zeiger* in der Gaußschen Zahlenebene dargestellt (vgl. Bild 1.1) und ergeben das *Zeigerdiagramm.*

Analog zum *Ohmschen*[1]) *Widerstand* $R = \frac{U}{I}$ und Leitwert $G = \frac{I}{U}$ werden ein komplexer Wechselstromwiderstand und -leitwert definiert:

$$\tilde{r} = \frac{\tilde{u}}{\tilde{\imath}} = \frac{u e^{j\omega t}}{i e^{j\omega t}} = \frac{u}{i} = r^{2)}; \quad \tilde{y} = \frac{\tilde{\imath}}{\tilde{u}} = \frac{i}{u} = y$$

Hieraus folgen als zeitunabhängige Größen mit (1.61), (1.63), (1.26):

Komplexer Widerstand[3]) $\quad r = \frac{u}{i} = \frac{|u|}{|i|} e^{j\varphi} = |r| \, e^{j\varphi}$

Komplexer Leitwert[3]) $\quad y = \frac{i}{u} = \frac{|i|}{|u|} e^{-j\varphi} = |y| \, e^{-j\varphi}$ (1.65)

Es gilt die

Zerlegung des komplexen Widerstandes $\quad r = R + jX = R + j(X_L + X_C) = |r| \cos\varphi + j \, |r| \sin\varphi$ (1.66)

in den

Ohmschen Widerstand *R*,

Wechselstromwiderstand einer Spule der Induktivität *L*[4]), $\quad jX_L = j\omega L$ (1.67)

[1]) Georg Simon Ohm, deutscher Physiker, 1787 bis 1854.

[2]) Oft wird für den komplexen Widerstand der Buchstabe *z* benutzt.

[3]) Der komplexe Widerstand heißt auch *Impedanz*, der komplexe Leitwert *Admittanz* [2, 11]. Ein Oberbegriff für beide ist *Immitanz* [12, 13].

[4]) Der induktive Widerstand X_L wird auch *Induktanz* genannt [2, 11].

Wechselstromwiderstand eines Kondensators der Kapazität *C*[1]

$$jX_C = \frac{1}{j\omega C} = -\frac{j}{\omega C} \tag{1.68}$$

Der Ohmsche Widerstand heißt auch *Wirkwiderstand* R[2]; induktiven und kapazitiven Widerstand X_L, X_C zusammen nennt man auch *Blindwiderstand* X[3], während für den Betrag des komplexen Widerstands der Name

Scheinwiderstand[4]

$$|r| = \sqrt{R^2 + \left(\omega L - \frac{1}{\omega C}\right)^2} \tag{1.69}$$

üblich ist.

Zum komplexen Widerstand analog erfolgt eine

Zerlegung des komplexen Leitwertes

$$\left.\begin{aligned} y = G + jB &= \frac{1}{R + jX} = \frac{R - jX}{R^2 + X^2} \\ &= |y| \cos \varphi - j\,|y| \sin \varphi \end{aligned}\right\} \tag{1.70}$$

in *Wirkleitwert* G und *Blindleitwert* B[5].

Aus (1.12) und (1.66) findet man für φ in (1.61) $\tan \varphi = \frac{X}{R}$, was wegen (1.67) und (1.68) wird:

Phasendifferenz zwischen Spannung und Strom

$$\varphi = \operatorname{arc\,tan} \frac{\omega L - \frac{1}{\omega C}}{R} \tag{1.71}$$

Die Reihenschaltung einer Induktivität mit einer Kapazität heißt *Reihenschwingkreis* (Bild 1.2a), die Parallelschaltung wird *Parallelschwingkreis* (Bild 1.2b) genannt. Beide gehören zu den *Zweipolen*.

---

[1] Der kapazitive Widerstand X_C führt den Namen *Kondensanz*.

[2] Der Wirkwiderstand heißt auch *Resistanz*.

[3] Der Blindwiderstand wird als *Reaktanz* bezeichnet.

[4] Zuweilen führt auch der Scheinwiderstand den Namen *Impedanz*.

[5] Der Wirkleitwert wird auch *Konduktanz*, der Blindleitwert *Suszeptanz* genannt.

Aus (1.66) ergibt sich wegen der Gesetze

Reihenschaltung $r = r_1 + r_2$ (1.72)

Parallelschaltung $\frac{1}{r} = \frac{1}{r_1} + \frac{1}{r_2}$ (1.73)

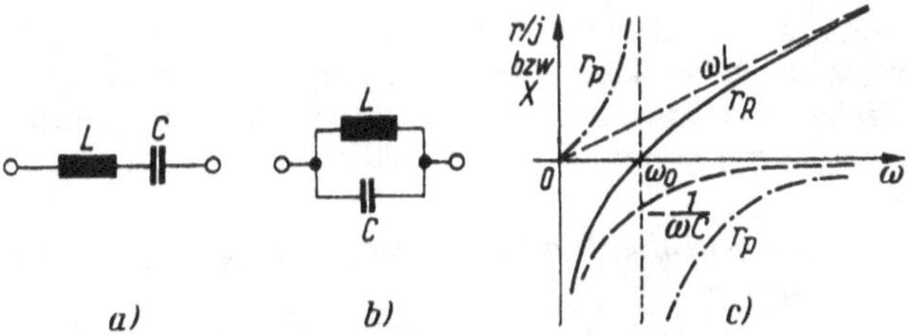

Bild 1.2: Reihenschwingkreis (a), Parallelschwingkreis (b) und der Verlauf der zugehörigen komplexen Widerstände (c). Schaltzeichen von a) und b) vgl. Bild 1.8.

mit den Bildern 1.2a) und b) (Schaltzeichen vgl. Bild 1.8) für den

Komplexen Widerstand des Reihen- und Parallelschwingkreises
$$r_R = -\mathrm{j}\,\frac{1 - \omega^2 LC}{\omega C}, \qquad r_P = \frac{\mathrm{j}\omega L}{1 - \omega^2 LC} \tag{1.74}$$

Die Frequenz, bei der der Widerstand der Reihe (Bild 1.2a) und der Leitwert $\frac{1}{r_P}$ der Masche (Bild 1.2b) verschwinden, heißt

Resonanz- oder Eigenfrequenz $\omega_0 = \frac{1}{\sqrt{LC}}$ (1.75)

Wie aus (1.74) und (1.75) folgt, hat der
R.-Schwingkreis f. tiefe Fr. $\omega < \omega_0$ den Charakter einer Kapazität,
R.-Schwingkreis f. hohe Fr. $\omega > \omega_0$ den Charakter einer Induktivität,

P.-Schwingkreis f. tiefe Fr. $\omega < \omega_0$ den Charakter einer Induktivität,
P.-Schwingkreis f. hohe Fr. $\omega > \omega_0$ den Charakter einer Kapazität.
Der Verlauf von r_R und r_P ist aus Bild 1.2c) ersichtlich [14, 15].

Jede Spule und jeder Kondensator haben in der Praxis einen Wechselstromwiderstand, der stets auch eine, wenn noch so kleine reelle Komponente enthält, die *Verlustwiderstand* heißt und mit jX_L bzw. jX_C hintereinandergeschaltet zu denken ist.

1.5. Kirchhoffsche Regeln, Ohmsches Gesetz, Spannungsteilerregel

Für die Berechnung elektrischer Netzwerke sind die folgenden Gesetze grundlegend [10, 16].

1. Kirchhoffsche Regel[1] (*Knotenregel; Beispiel Bild 1.3a)*)

*In einem **Verzweigungspunkt (Knotenpunkt)** ist die Summe der Stromstärken für die zufließenden Ströme gleich der Summe der Stromstärken für die abfließenden Ströme:*

$$\sum_{\nu=1}^{n} i_\nu^{(\mathrm{zu})} = \sum_{\mu=1}^{m} i_\mu^{(\mathrm{ab})} \tag{1.76}$$

2. Kirchhoffsche Regel (*Maschenregel; Beispiel Bild 1.3b)*)

*In einem **geschlossenen Stromkreis (Masche)** ist die Summe der an den Widerständen r_ν auftretenden Spannungen u_ν, Spannungsabfälle genannt, gleich der Summe der eingeprägten Spannungen E_μ, auch erzeugte Spannungen oder elektromotorische Kräfte* (EMK) *genannt. Dabei wird die Masche in einem beliebigen, aber dann festgesetzten Umlaufsinn umfahren. Die u_ν gelten in der für sie einge-*

[1]) GUSTAV ROBERT KIRCHHOFF, deutscher Physiker, 1824 bis 1887.

tragenen Zählpfeilrichtung positiv, die E_μ sind als positiv zu zählen, wenn sie von „—" nach „+" durchlaufen werden (Gleichspannungsquellen):

$$\sum_{\nu=1}^{n} u_\nu = \sum_{\mu=1}^{m} E_\mu \tag{1.77}$$

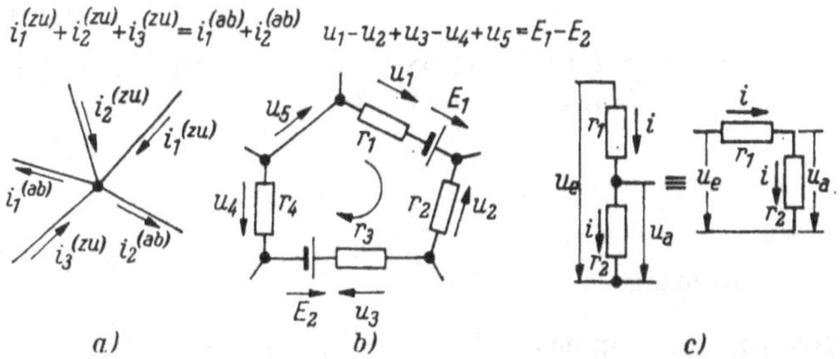

Bild 1.3: a) Beispiel für die Knotenregel, b) Beispiel für die Maschenregel, c) zur Spannungsteilerregel

Für den komplexen Widerstand r und die komplexe Spannungs- und Stromamplitude u, i gilt:

Verallgemeinertes Ohmsches Gesetz $\quad u = ri \quad$ (1.78)

Aus Bild 1.3c) folgt mit (1.77) und (1.78):

$$-u_e + r_1 i + r_2 i = 0 \quad \text{und} \quad u_a = r_2 i$$

Beide Gleichungen ergeben die

Spannungsteilerregel $\quad \dfrac{u_a}{u_e} = \dfrac{r_2}{r_1 + r_2} \quad$ (1.79)

1.6. Leistung

Wählt man den Zeitpunkt so, daß die Spannung $\tilde{u}$ zur Zeit $t = 0$ ihre Amplitude $|u|$ erreicht, so folgt $\varphi_u = 0$

und damit aus (1.59) mit (1.61):

$$\tilde{u}' = |u| \cos \omega t, \qquad \tilde{\imath}' = |i| \cos (\omega t - \varphi)$$

Der *Momentanwert der Leistung* ergibt sich hieraus[1]) mit (1.40) und (1.41):

$$\tilde{P} = \tilde{u}' \cdot \tilde{\imath}' = |u| \, |i| \cos \varphi \cos^2 \omega t + \frac{1}{2} |u| \, |i| \sin \varphi \sin 2\omega t \tag{1.80}$$

Den zeitlichen Mittelwert von (1.80), *Wirkleistung* P_W genannt, erhält man aus dem Integral

$$P_W = \frac{1}{T} \int_0^T \tilde{P} \, dt \tag{I}$$

bei Einführung der

Reellen und komplexen Effektivwerte von Spannungs- und Stromamplitude

$$\left. \begin{aligned} U_{\text{eff}} &= \frac{|u|}{\sqrt{2}}, \quad I_{\text{eff}} = \frac{|i|}{\sqrt{2}} \\ u_{\text{eff}} &= \frac{u}{\sqrt{2}}, \quad i_{\text{eff}} = \frac{i}{\sqrt{2}} \end{aligned} \right\} \tag{1.81}$$

in folgender Formel, wobei u. a. die sich aus (1.10), (1.65) und (1.66) ergebende Beziehung $\mathrm{Re}\,(r) = \frac{|u|}{|i|} \cos \varphi = R$ benutzt wird [14]:

Wirkleistung

$$\left. \begin{aligned} P_W &= \frac{1}{2} |u| \, |i| \cos \varphi = U_{\text{eff}} I_{\text{eff}} \cos \varphi \\ &= |u_{\text{eff}}| \, |i_{\text{eff}}| \cos \varphi = |r| \, |i_{\text{eff}}|^2 \cos \varphi \\ &= R \, |i_{\text{eff}}|^2 = \frac{G}{|y|^2} |i_{\text{eff}}|^2 = G \, |u_{\text{eff}}|^2 \\ &= \frac{R}{|r|^2} |u_{\text{eff}}|^2 = |y| \, |u_{\text{eff}}|^2 \cos \varphi \end{aligned} \right\} \tag{1.82}$$

---

[1]) Da sich bei der Multiplikation zweier komplexer Zahlen Real- und Imaginärteile miteinander vermischen, vgl. Gl. (1.18), hat die Berechnung der Leistung als Produkt der komplexen Momentanwerte (1.62) bzw. (1.64) keinen Sinn [10].

Der Faktor $\cos\varphi$ heißt *Leistungsfaktor*, das Produkt der reellen Effektivwerte

Schein- oder Richtleistung $$P_S = U_{\text{eff}} I_{\text{eff}} \tag{1.83}$$

Die Dimensionierung von Wechselstromquelle und Leitung muß für P_S erfolgen. I_{eff} und U_{eff} verrichten nur die dem Leistungsfaktor entsprechende Arbeit, während der Rest die Leitung belastet, aber nicht in Energie umsetzbar ist [16]. Bei der Berechnung von (1.82) aus (I) trägt nur das 1. Glied von (1.80) zu P_W bei, da das Integral des 2. Summanden Null wird. Die Amplitude dieses Summanden wird

Blindleistung $$P_B = \frac{1}{2}\,|u|\,|i|\sin\varphi = U_{\text{eff}} I_{\text{eff}}\sin\varphi \tag{1.84}$$

genannt. Sie liefert wegen des Faktors $\sin 2\omega t$ in (1.80) abwechselnd positive oder negative Werte einer Leistung, von der Stromquelle in die Leitung hineinfließend oder umgekehrt.

Die *komplexe Leistung* P_K läßt sich in folgender Weise mit Hilfe der komplexen Spannungs- und Stromamplitude nach (1.63) bzw. mit u_{eff}, i_{eff} nach (1.81) unter Benutzung von (1.16) darstellen [17]:

Komplexe Leistung $$P_K = \frac{1}{2}\,u i^* = u_{\text{eff}} i_{\text{eff}}^* \tag{1.85}$$

Aus (1.85) folgt mit (1.13), (1.61), (1.63), (1.81), (1.82), (1.84):

Komplexe Leistung $$\begin{aligned} P_K &= U_{\text{eff}} I_{\text{eff}}\cos\varphi + \mathrm{j}\,U_{\text{eff}} I_{\text{eff}}\sin\varphi \\ &= P_W + \mathrm{j}P_B \end{aligned} \tag{1.86}$$

Schaltet man an die Klemmen eines Generators mit der komplexen Leerlaufspannung (EMK) $u_{0\,\text{eff}}$ und dem komplexen Innenwiderstand z_Q einen komplexen Lastwiderstand z_L (Bild 1.4), so ergibt (1.79) mit (1.10), (1.12), (1.26), (1.82):

$$|i_{\text{eff}}|^2 = \frac{|u_{0\,\text{eff}}|^2}{|z_Q + z_L|^2} = \frac{|u_{0\,\text{eff}}|^2}{|R_Q + \mathrm{j}X_Q + R_L + \mathrm{j}X_L|^2}$$

$$= \frac{|u_{0\,\text{eff}}|^2}{(R_Q + R_L)^2 + (X_Q + X_L)^2}\,^{1)}$$

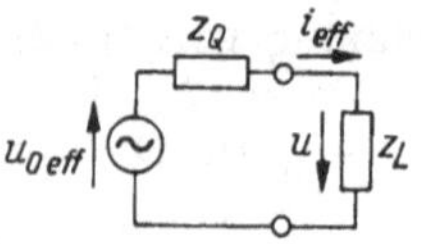

Bild 1.4: Grundstromkreis

Dies ergibt die

Von der Stromquelle an den Verbraucher abgegebene Wirkleistung
$$P_W = \frac{R_L\,|u_{0\,\text{eff}}|^2}{(R_Q + R_L)^2 + (X_Q + X_L)^2} \tag{1.87}$$

Beim Nullsetzen der 1. partiellen Ableitungen $\frac{\partial P_W}{\partial R_L}$ und $\frac{\partial P_W}{\partial X_L}$ erhält man

$$R_L^2 = R_Q^2 + (X_Q + X_L)^2 \quad \text{und} \quad X_Q + X_L = 0,$$

also $R_L = R_Q$ und $X_L = -X_Q$ oder

Wirkleistungsanpassung eines Zweipols $z_L = z_Q^*$ (1.88)

so daß P_W das folgende Maximum (folgt aus den 2. partiellen Ableitungen) annimmt:

Maximal abgebbare Leistung $P_{W\max} = \frac{|u_{0\,\text{eff}}|^2}{4R_Q}$ (1.89)

---

[1]) Man verwechsle X_L nicht mit der in (1.66) und (1.67) benutzten Größe.

Für nicht komplexe Größen gilt entsprechend (1.87), (1.88), (1.89):

$$P_W = \frac{R_L u_{0\,\mathrm{eff}}^2}{(R_Q + R_L)^2}, \quad R_L = R_Q, \quad P_{W\,\mathrm{max}} = \frac{u_{0\,\mathrm{eff}}^2}{4R_Q} \tag{1.90}$$

Wird das Widerstandsverhältnis $\beta = \frac{R_L}{R_Q}$ eingeführt, so spricht man für $\beta > 1$ bzw. $\beta < 1$ von *Über- bzw. Unteranpassung* und erhält aus (1.90) auf Grund der **Fehlanpassung** die *verminderte Wirkleistung*

$$P_{W\,\mathrm{vermin}} = 4P_{W\,\mathrm{max}} \frac{\beta}{(1 + \beta)^2} \tag{1.91}$$

Die Anpassungsbedingung $\beta = 1$ ist nicht sehr kritisch, denn eine Fehlanpassung von z. B. 100%, d. h. $\beta = 2$ bzw. $\beta = 0{,}5$, bewirkt nach (1.91) nur einen Leistungsabfall auf $P_W = \frac{8}{9} P_{W\,\mathrm{max}}$, also von etwa 11% [6, 18].

Benutzt man statt der Wirk- die Scheinleistungen, so erhält man aus (1.82) und (1.83) entsprechende Formeln:

Von der Stromquelle an den Verbraucher abgegebene Scheinleistung

$$P_S = \frac{\sqrt{R_L^2 + X_L^2}\, |u_{0\,\mathrm{eff}}|^2}{(R_Q + R_L)^2 + (X_Q + X_L)^2} \tag{1.92}$$

Beim Nullsetzen der 1. partiellen Ableitungen der Funktion (1.92) nach R_L und X_L ergibt sich die

Scheinleistungsanpassung eines Zweipols $z_L = z_Q$ (1.93)

Im Gegensatz zur Wirkleistung zeigt die Untersuchung der 2. partiellen Ableitungen, daß P_S im Anpassungsfall kein Maximum annimmt und daß für die Funktion (1.92) gar kein Extremwert existiert. Die

Im Anpassungsfall $z_L = z_Q$ an den Verbraucher abgegebene Scheinleistung

$$P_{S0} = \frac{|u_{0\,\mathrm{eff}}|^2}{4\,|z_Q|} \tag{1.94}$$

ist daher nicht maximal und somit mehr oder weniger willkürlich.

1.7. Induktion, Transformator, Wicklungssinn

Stehen zwei Spulen der Induktivitäten L_1 und L_2 so zueinander, daß die Magnetflüsse $\Psi = LI$ der Spulen in gleicher Richtung (nicht notwendig im gleichen Richtungssinn) sich vollständig durchdringen, dann ergibt sich, wie man zeigen kann [16], folgende

Gegeninduktivität $$M = k\sqrt{L_1 L_2} \qquad (1.95)$$

mit dem *Kopplungsfaktor* $k \leqq 1$.

Insbesondere ist für einen Transformator, der zwischen Primär- und Sekundärspule Luft enthält, $k < 1$ und für einen Transformator mit Eisenkern $k \approx 1$.

Zwei ***Wicklungen*** *auf demselben Kern heißen* ***gleichsinnig*** *(Bild 1.5a und b) bzw.* ***gegensinnig*** *(Bild 1.5c und d), auch* ***gleichsinnig gekoppelt*** *bzw.* ***gegensinnig gekoppelt*** *genannt, wenn die in ihnen im Sinne ihrer Zählpfeile fließenden (positiven) Ströme den gemeinsamen Magnetfluß im gleichen bzw. entgegengesetzten Sinn umkreisen* [14].

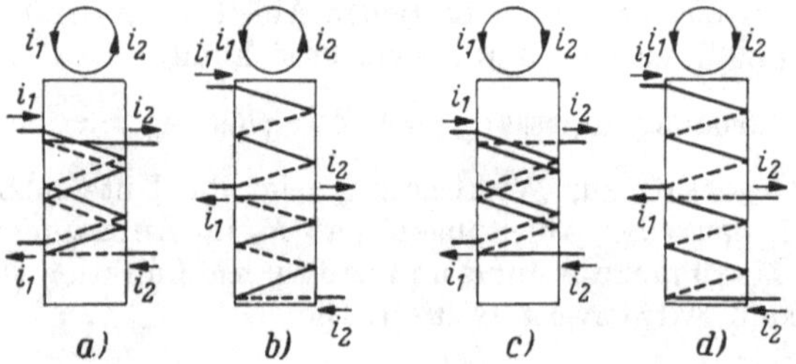

Bild 1.5: Definition des Wicklungssinnes. a) und b) gleichsinnig, c) und d) gegensinnig

Der zur Gegeninduktivität gehörige komplexe Widerstand lautet entsprechend (1.67)

Wechselstromwiderstand einer Gegeninduktivität M

$$\mathrm{j}X_M = \mathrm{j}\omega M\,, \qquad (1.96)$$

während man für die

Induzierte Spannung einer Gegeninduktivität M bei für beide Spulen gleichem bzw. entgegengesetztem Wicklungssinn

$$\left.\begin{aligned} u_{\mathrm{ind}\,1,2} &= -\mathrm{j}\omega M i_{2,1} \\ u_{\mathrm{ind}\,1,2} &= \mathrm{j}\omega M i_{2,1} \end{aligned}\right\} \qquad (1.97)$$

erhält [10, 14].

Das Vorzeichen in (1.97) wird auch oft zum Kopplungsfaktor k hinzugenommen.

Durch ein Biegen in rechteckige Form der im Bild 1.5 dargestellten, mit jeweils zwei Spulen versehenen Kerne erhält man die Bilder 1.6a und 1.7a [19], die dem Schalt-

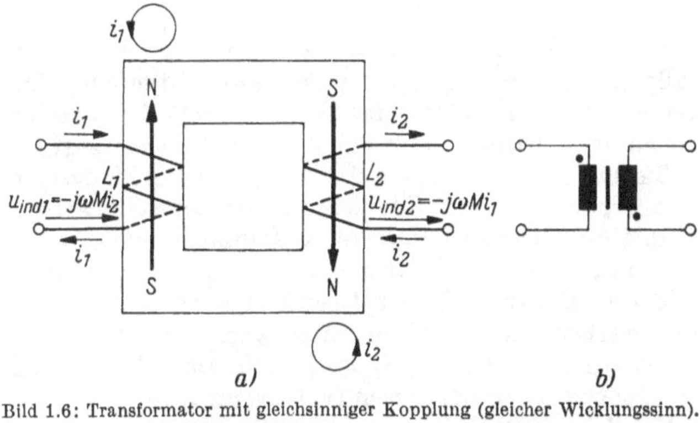

Bild 1.6: Transformator mit gleichsinniger Kopplung (gleicher Wicklungssinn). a) mit Darstellung der Spulen, b) Schaltzeichen

zeichen (Bilder 1.6b und 1.7b) des Transformators (Bild 1.6 mit gleichsinniger, Bild 1.7 mit gegensinniger Kopplung) entsprechen. Da bei diesem Biegen der aus dem Transformator hinauszeigende Zählpfeil i_2 an die untere

Klemme zu liegen kommt, wir aber — wie später bei passiven Vierpolen üblich (Bild 2.1) — diesen Zählpfeil an der oberen Klemme haben möchten, muß auf der rechten Transformatorenseite oben mit unten vertauscht werden, was durch eine Änderung des Schraubungssinnes

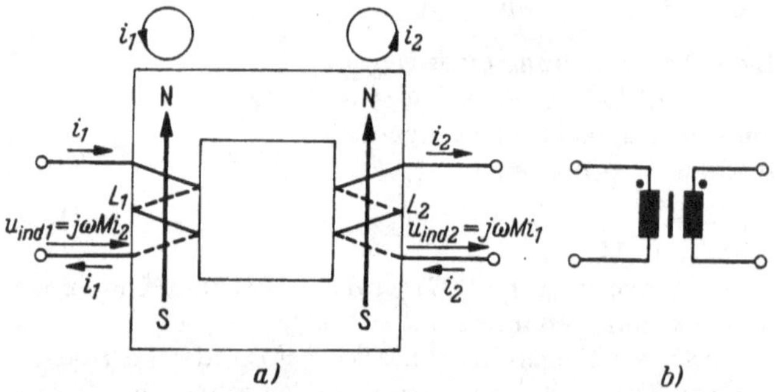

Bild 1.7: Transformator mit gegensinniger Kopplung (entgegengesetzter Wicklungssinn). a) mit Darstellung der Spulen, b) Schaltzeichen

der rechten Wicklung erreicht wird. Man erkennt hieraus, daß für den Wicklungssinn außer dem Schraubungssinn die Art der Verbindung der Wicklung mit den übrigen Teilen der Schaltung, ihre Polung, von Bedeutung ist.

Die bisher (Bilder 1.5, 1.6a, 1.7a) den Wicklungssinn veranschaulichenden Kreise mit Drehpfeilen werden in den Schaltzeichen [20] durch Punkte ersetzt, wobei die Punkte an den Spulenanfang gesetzt werden (vgl. Bild 1.8). Dieser wird dort liegend angenommen, von wo aus gesehen die im Sinne ihrer Zählpfeile fließenden (positiven) Ströme i_1 und i_2 den gemeinsamen Magnetfluß im gleichen Sinne umkreisen (vgl. Bilder 1.6 und 1.7).

Die *Windungszahlen* w_1, w_2 bzw. *Spannungen* u_1, u_2 an der Ein- und Ausgangsseite des Transformators ergeben das

Windungs- bzw. Übersetzungsverhältnis

$$\frac{w_1}{w_2} = \frac{1}{n}, \quad \ddot{u} = \frac{u_1}{u_2} \tag{1.98}$$

und stehen mit dem *magnetischen Leitwert* Λ des magnetischen Kreises, der zum Transformator gehört, sowie den Selbstinduktivitäten L_1, L_2 und der Gegeninduktivität M einschl. Kopplungsfaktor k in folgendem Zusammenhang [14]:

$$L_1 = w_1^2\Lambda, \quad L_2 = w_2^2\Lambda, \quad M = kw_1w_2\Lambda \qquad (1.99)$$

Wie aus den Ausführungen dieses Abschnitts folgt und auch später (Ergebnis der Aufgabe 6.7) noch gezeigt wird, ist das Übersetzungsverhältnis $ü > 0$ oder $ü < 0$, je nachdem der Wicklungssinn gegen- oder gleichsinnig ist [2].

1.8 Bauelemente der Elektronik

1.8.1. Passive Bauelemente

In 1.4. bis 1.7. wurden bereits *Widerstand*, *Kondensator* und *Spule* genannt. Sie gehören zu den **passiven Bauelementen**[1]) der Elektronik genauso wie die *nichtlinearen Widerstände* (Varistor, Heiß- und Kaltleiter, Diode). Diese Bauelemente sowie einige grundlegende elektrische Elemente haben die im Bild 1.8 beschriebenen Schaltzeichen [20].

1.8.2. Aktive Bauelemente

Die **aktiven Bauelemente**[2]) bilden Elektronenröhren und Transistoren.

Eine **Elektronenröhre** ist ein evakuiertes Glas- oder Metallgefäß, in dem eine Elektronenströmung durch Einwirkung elektrischer Felder fließt. Die Elektronen werden von der erhitzten *Katode*[3]) ausgesandt und durch die zweite Elektrode, die positiv vorgespannte *Anode*[4]), aufgenommen. Ein zwischen beiden Elektroden angebrachtes *Gitter* steuert den Elektronenstrom. Außer der

---

[1]) Bauelemente ohne Verstärkerwirkung. [2]) Bauelemente mit Verstärkerwirkung. [3]) (griech.) Abstieg. [4]) (griech.) Aufstieg.

beschriebenen *Triode* gibt es noch Elektronenröhren, die mehr als ein Steuergitter und zusätzlich Schirm- und Bremsgitter enthalten können.

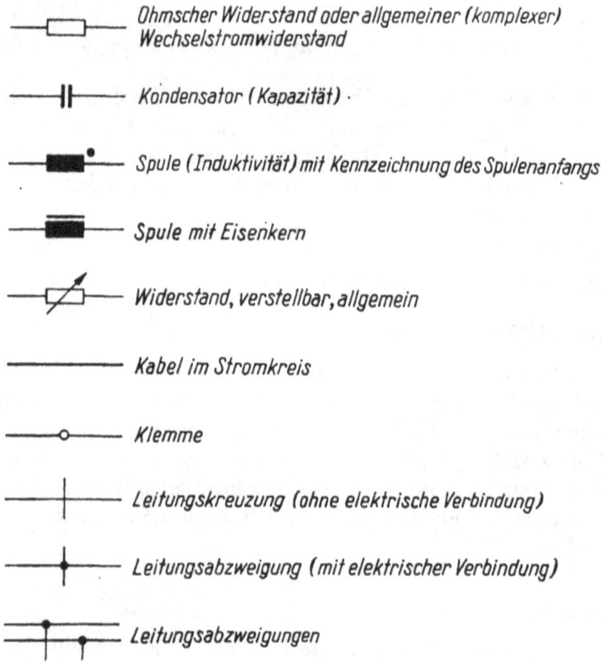

Bild 1.8: Schaltzeichen für die passiven Bauelemente

Der **Transistor** arbeitet im Gegensatz zur Röhre nicht mit spannungsgesteuerten freien Elektronen im Vakuum, sondern benötigt eine Eingangsleistung. Er ist aus Halbleitermaterial, vorzugsweise Silizium oder Germanium, aufgebaut und hat zwei pn-Übergänge mit verschiedener Dotierung. Beim pnp-Transistor ist die eine pn-Schicht vom *Emitter*[1]) zur *Basis* in Durchlaß-

[1]) emittere (lat.) aussenden.

und die andere np-Schicht von der Basis zum *Kollektor*[1]) in Sperrichtung gepolt. Die Basiszone (n-Gebiet) ist so dünn, daß die Diffusionsvorgänge wesentlich über sie hinausreichen. Die Konzentration an Überschuß-Defektelektronen in der Emitterzone (p-Gebiet) muß höher sein als diejenige an Überschußelektronen in der Basiszone. Durch die Diffusion der Ladungen entstehen ein nahezu gleich großer Emitter- und Kollektorstrom sowie ein sehr geringer Basisstrom [6, 10, 16, 21].

Die Vorteile des Transistors, wie niedriger Spannungs- und Leistungsbedarf, geringe Masse, keine Anheizzeit, lange Lebensdauer, haben ihm in kürzester Zeit zum Vorrang gegenüber der Elektronenröhre verholfen. Seine

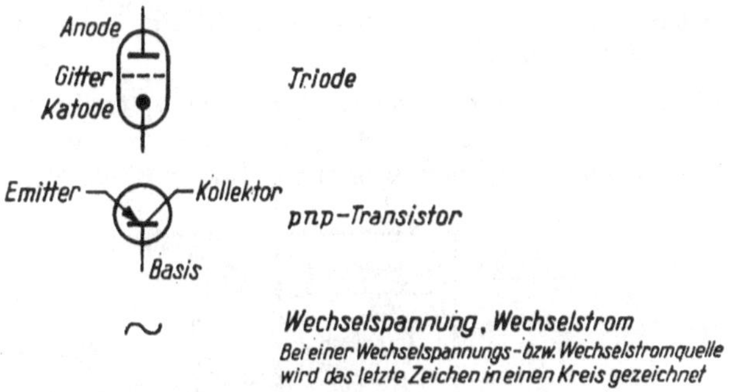

Bild: 1.9 Schaltzeichen für die aktiven Bauelemente

Nachteile (temperaturabhängige Eigenschaften, niedrigere Grenzfrequenz usw.) allerdings sind die Ursache, daß nach wie vor auch noch die veraltete Elektronenröhre, besonders für höhere Frequenzen, im Einsatz ist.

Neben dem oben kurz beschriebenen Flächentransistor gibt es Spitzentransistoren (inzwischen veraltet) und Feldeffekttransistoren (abgekürzt FET), unter letzteren die metal-oxide-semiconductor[1]) — Feldeffekttransistoren

---

[1]) colligere (lat.) sammeln.

(abgekürzt MOSFET). Diese Transistortypen existieren in verschiedenen Ausführungsformen je nach gewähltem Halbleitermaterial und Herstellungsverfahren.

Für die Elektronenröhre, den Transistor sowie die Spannungen und Ströme gelten die im Bild 1.9 dargestellten Schaltzeichen [20]. Bei npn-Transistoren (Silizium-Transistoren) ist die Richtung des Emitterpfeils umzukehren.

2. Einführung des Vierpols

2.1. Definition

Jedes elektrische Übertragungssystem (Netzwerk) mi zwei Eingangs- und zwei Ausgangsklemmen, d. h. mit vier Polen, heißt ***Vierpol.***

Die am Eingang E liegende Spannung u_1 treibt den Strom i_1 in den Vierpol. Am Ausgang A tritt der Strom i_2 auf und erzeugt die Spannung u_2.

Bild 2.1: Passiver Vierpol

Die im Bild 2.1 eingezeichneten Stromrichtungspfeile zeigen im oberen Teil des Vierpols in die Energieübertragungsrichtung, im unteren Teil sind sie entgegengesetzt gewählt. Die Spannungspfeile sind beide von oben nach unten eingetragen, also in der Weise, daß sie jeweils von derjenigen Klemme ausgehen, bei der Strom- und Energieflußrichtung übereinstimmen. Man beachte, daß

---

[1]) (engl.) Metalloxydhalbleiter.

entsprechend der im Bild 2.1 getroffenen Vereinbarung beide Klemmen am Eingang vom gleichen Strom, nur in entgegengesetzten Richtungen durchflossen werden, entsprechendes gilt für den Ausgang.

Die vier Größen i_1, i_2, u_1, u_2 *sind i. a. komplex und stellen die komplexen Wechselstrom- und Wechselspannungsamplituden dar (vgl.* (1.63)*).*

Die Vierpoltheorie beschäftigt sich mit der Untersuchung der zwischen diesen vier Größen bestehenden Beziehungen. Wir beschränken uns hier auf *lineare Vierpole.* Bei ihnen sind die genannten Beziehungen ausnahmslos durch lineare Gleichungen beschreibbar, und ihre Eigenschaften sind daher unabhängig von der Größe der angelegten Spannung.

Beispiele für Vierpole sind Doppelleitungen, Übertrager (Transformatoren), Siebschaltungen (Filter), Verstärker (z. B. Transistoren), aber auch einfache Kombinationen von Ohmschen Widerständen, Spulen und Kondensatoren.

2.2. Beide grundlegende Arten

Vierpole, die keine Energiequelle enthalten, bei denen also i. a. $|i_2| < |i_1|$ ist, weil ein Teil des Stromes im Vierpol abgeleitet wird, heißen *passive Vierpole.* Für sie sind die im Bild 2.1 gewählten Strom- und Spannungspfeilrichtungen üblich.

Alle Vierpole, die Energiequellen enthalten bzw. Verstärkereigenschaften besitzen, nennt man *aktive Vierpole.* Zu ihnen gehören also die Elektronenröhre und der Transistor. Für aktive Vierpole wird entweder die Zählrichtung für den Ausgangsstrom i_2 wie für passive Vierpole (Bild 2.1) gewählt oder der Ausgangsstrom i_2 auch als in den Vierpol hineinfließend angenommen (Bild 2.2). Um zwischen beiden Möglichkeiten bezüglich der Bezeichnung der Größen unterscheiden zu können, wird bei allen Größenbezeichnungen im zweiten Fall prinzipiell über den betreffenden Buchstaben ein auf dem Kopf stehender Akzent Zirkumflex (ˇ) gesetzt. Hier wird für aktive Vierpole in Übereinstimmung mit den Halbleiterdatenkatalogen dieser zweite Fall gewählt, so daß sich die im Bild 2.2 eingetragenen Richtungspfeile für Ströme und Spannungen ergeben.

Bild 2.2: Aktiver Vierpol

Bei der Arbeit mit Literatur, die für aktive Vierpole die gleiche Zählrichtung des Ausgangsstroms wie für passive Vierpole benutzt, z. B. [5, 22, 23], können zum Vergleich mit den in diesem Buch hergeleiteten Beziehungen die Umrechnungen mittels Tafel 2 vorgenommen werden.

Ein Vergleich zwischen Bild 2.1 und Bild 2.2 führt auf folgende Beziehungen:

Passive Vierpole | *Aktive Vierpole*

$$\left.\begin{aligned} u_1 &= \check{u}_1 \\ u_2 &= \check{u}_2 \\ i_1 &= \check{i}_1 \\ i_2 &= -\check{i}_2 \end{aligned}\right\} \qquad (2.1)$$

2.3. *Bedingungen*

Abgesehen von den bereits in 2.1 und 2.2 genannten Voraussetzungen sind folgende beiden Bedingungen bei der Anwendung der Vierpole einzuhalten:

1. Die Zusammenschaltung zweier Vierpole ist nur möglich, wenn dabei kein Bauelement kurzgeschlossen wird, d. h. ein Widerstand (oder mehrere Widerstände) darf nicht durch eine Leitung mit Widerstand Null

überbrückt werden. Entsprechendes gilt auch für einen einzelnen Vierpol (Bild 2.3).

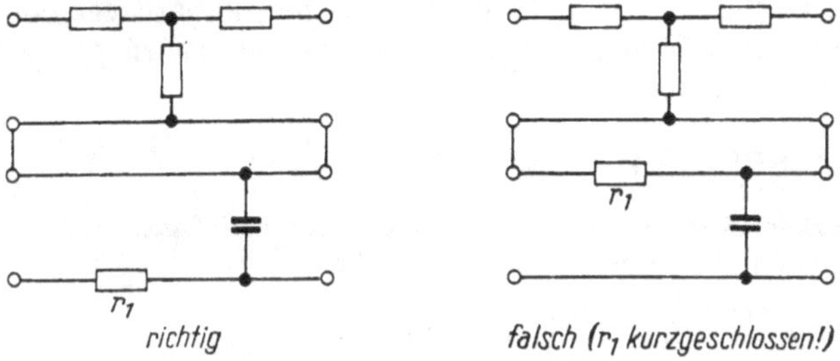

Bild 2.3: Beispiel für kurzgeschlossenes Bauelement

2. Beide Eingangsklemmen bzw. beide Ausgangsklemmen ein und desselben Vierpols dürfen nicht kurzgeschlossen werden, d. h. sie dürfen nicht mit einer Leitung mit Widerstand Null überbrückt werden (Bild 2.4).

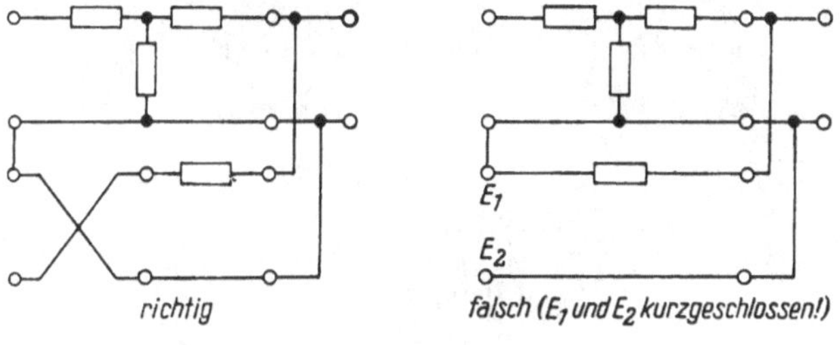

Bild 2.4: Beispiel für kurzgeschlossenes Klemmenpaar eines Vierpols

3. Formen der Vierpolgleichungen und Bedeutung der Vierpolparameter

3.1. Begriffe Vierpolparameter, -gleichungen und -matrix

Im folgenden werden wir stets so verfahren, daß Strom- und Spannungspfeile an einem Widerstand gleiche Richtung haben.

Man beachte, daß hier und auch künftig i. a. alle Widerstände r als allgemeine (komplexe) Wechselstromwiderstände aufzufassen sind (vgl. Bild 1.8 und Gl. (1.66)), die je nach Fall als Ohmscher, kapazitiver oder induktiver Widerstand bzw. als deren Summe spezifiziert werden können.

BEISPIEL 3.1

Aus der Kirchhoffschen Maschenregel (1.77) ergibt sich für die im Bild 3.1. dargestellte Schaltung „Halbglied Tπ":

$$u_1 = u_{r1} + u_{r2} \qquad u_2 = u_{r2} \tag{I}$$

Die Kirchhoffsche Knotenregel (1.76) liefert:

$$i_{r1} = i_1 \qquad i_{r2} = i_1 - i_2 \tag{II}$$

Aus dem Ohmschen Gesetz (1.78) findet man:

$$u_{r1} = r_1 i_{r1} \qquad u_{r2} = r_2 i_{r2} \tag{III}$$

Mit (II) und (III) folgt aus (I):

$$u_1 = r_1 i_{r1} + r_2 i_{r2} \quad \text{oder} \quad u_1 = r_1 i_1 + r_2(i_1 - i_2)$$

$$u_2 = r_2 i_{r2} \quad \text{oder} \quad u_2 = r_2(i_1 - i_2)$$

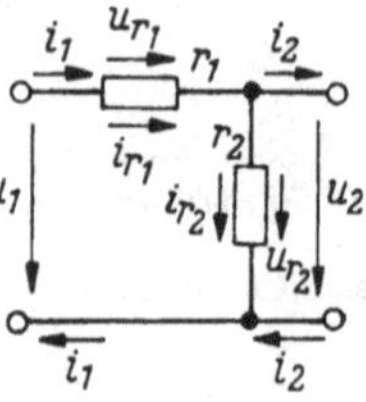

Bild 3.1: Halbglied Tπ

Dies gibt:

$$\begin{aligned} u_1 &= (r_1 + r_2)i_1 - r_2 i_2 \\ u_2 &= \qquad\quad r_2 i_1 - r_2 i_2 \end{aligned} \tag{IV}$$

oder in Matrizenform gemäß (1.6)

$$\begin{pmatrix} u_1 \\ u_2 \end{pmatrix} = \begin{pmatrix} r_1 + r_2 & -r_2 \\ r_2 & -r_2 \end{pmatrix} \begin{pmatrix} i_1 \\ i_2 \end{pmatrix} \tag{V}$$

Im Gleichungssystem (IV) stehen links Ein- und Ausgangsspannung, während rechts Ein- und Ausgangsstrom erscheinen. Man bezeichnet in diesem Fall die bei den Strömen stehenden Konstanten allgemein mit z_{ik}. Die Konstanten charakterisieren den Vierpol und heißen allgemein *Vierpolparameter*. Im vorliegenden Beispiel stellen sie sämtlich Widerstände dar und werden daher die *Widerstandsparameter* z_{ik} genannt, letztere bilden die *Widerstandsmatrix* $\boldsymbol{Z}$. Die Gln. (IV) und (V) des Beispiels lassen sich allgemein folgendermaßen schreiben:

Widerstandsform der Vierpolgleichungen

$$\begin{aligned} u_1 &= z_{11}i_1 + z_{12}i_2 \\ u_2 &= z_{21}i_1 + z_{22}i_2 \end{aligned} \tag{3.1}$$

oder

$$\begin{pmatrix} u_1 \\ u_2 \end{pmatrix} = \begin{pmatrix} z_{11} & z_{12} \\ z_{21} & z_{22} \end{pmatrix} \begin{pmatrix} i_1 \\ i_2 \end{pmatrix} \tag{3.2}$$

oder

$$\begin{pmatrix} u_1 \\ u_2 \end{pmatrix} = \boldsymbol{Z} \cdot \begin{pmatrix} i_1 \\ i_2 \end{pmatrix} \tag{3.3}$$

Bemerkenswert ist, daß für passive Vierpole die beiden Widerstandsparameter z_{12} und z_{22} i. a. negativ sind, wie bereits aus dem Beispiel 3.1 ersichtlich wird.

BEISPIEL 3.2

Aus (IV) in Beispiel 3.1 ergibt sich durch Umstellung eine zweite Form der Vierpolgleichungen. Zunächst folgt aus der 2. Gl. von (IV):

$$i_1 = \frac{1}{r_2} u_2 + i_2 \tag{VI}$$

(VI) in die 1. Gl. von (IV) eingesetzt liefert

$$u_1 = \frac{r_1 + r_2}{r_2} u_2 + r_1 i_2 \tag{VII}$$

oder mit (VI) in Matrixform in umgekehrter Reihenfolge geschrieben:

$$\begin{pmatrix} u_1 \\ i_1 \end{pmatrix} = \begin{pmatrix} \frac{r_1 + r_2}{r_2} & r_1 \\ \frac{1}{r_2} & 1 \end{pmatrix} \begin{pmatrix} u_2 \\ i_2 \end{pmatrix} \tag{VIII}$$

Jetzt erscheinen im Gleichungssystem (VIII) auf der linken Seite die Eingangsgrößen und rechts die Ausgangsgrößen. Man bezeichnet die bei u_2 und i_2 auftretenden Konstanten allgemein mit a_{ik}. a_{11} und a_{22} sind unbenannte Zahlen, der Parameter a_{12} stellt einen Widerstand dar und a_{21} einen Leitwert. Wie noch im Kapitel 5. verständlich wird, heißen die Konstanten *Kettenparameter* a_{ik}, sie bilden die *Kettenmatrix* $\boldsymbol{A}$. Das Gleichungssystem (VIII) läßt sich allgemein in der nachfolgenden Weise schreiben:

Kettenform der Vierpolgleichungen

$$\left.\begin{aligned} u_1 &= a_{11} u_2 + a_{12} i_2 \\ i_1 &= a_{21} u_2 + a_{22} i_2 \end{aligned}\right\} \tag{3.4}$$

oder

$$\begin{pmatrix} u_1 \\ i_1 \end{pmatrix} = \begin{pmatrix} a_{11} & a_{12} \\ a_{21} & a_{22} \end{pmatrix} \begin{pmatrix} u_2 \\ i_2 \end{pmatrix} \tag{3.5}$$

oder

$$\begin{pmatrix} u_1 \\ i_1 \end{pmatrix} = \boldsymbol{A} \cdot \begin{pmatrix} u_2 \\ i_2 \end{pmatrix} \tag{3.6}$$

3.2. Zusammenstellung der üblichen Vierpolgleichungsformen und der in ihnen auftretenden Vierpolparameter

Die elektrische Bedeutung der Vierpolparameter gewinnt man durch Kurzschluß- und Leerlaufbetrachtungen am Vierpol in Richtung des Energieflusses und entgegengesetzt.

Wie aus den Tafeln 1a und 1b hervorgeht, gibt es außer den beiden im Abschnitt 3.1. genannten noch einige andere Formen der Vierpolgleichungen, deren Anwendung im Kapitel 5. deutlich wird. Zusammenfassend kann gesagt werden:

Satz 3:

*Jeder lineare Vierpol läßt sich durch verschiedene Formen von Systemen zweier linearer Gleichungen, genannt **Vierpolgleichungen**, beschreiben. Die Gleichungen verknüpfen die Ein- und Ausgangsgrößen u_1, i_1, u_2, i_2 miteinander. Die in den jeweiligen beiden Vierpolgleichungen auftretenden Konstanten heißen **Vierpolparameter**, auch zuweilen Frequenzcharakteristiken des Vierpols genannt* [5]. *Sie charakterisieren die Vierpoleigenschaften und sind i. a. komplex. Die Zusammenfassung der Vierpolparameter erfolgt in der **Vierpolmatrix**.*

Für passive Vierpole ist die Hybridform[1]) (Tafel 1a) nicht gebräuchlich. Sie wird hier nur deswegen definiert, weil bei Umformungen von passiver in aktiver Form der Vierpolgleichungen und umgekehrt der Übergang von $\boldsymbol{H}$ nach $\check{\boldsymbol{H}}$ die Umrechnung erleichtert.

Die wichtigste Form der Vierpolgleichungen sind Widerstands-, Leitwert- und Kettenform. Es werden also hauptsächlich die Widerstands-, Leitwert- und Kettenparameter für die passiven Vierpole gebraucht, abgesehen von den für passive Vierpole üblichen Wellenparametern (vgl. 9.3. und 9.5.2.), während die anderen Parameter nur bei Zwischenrechnungen eine Rolle spielen.

BEISPIEL 3.3

Nach (1.76), (1.77), (1.78) gilt für die Schaltung „Querwiderstand" (Bild 3.2):

$$i_1 = i_r + i_2, \qquad u_1 = u_2 = u_r, \qquad u_r = r i_r$$

---

[1]) hibrida (lat) Mischling; Hybridform heißt gemischte Form.

Tafel 1a: Vierpolgleichungen und Vierpolparameter für passive Vierpole

Vierpolgleichungen	Bedeutung der Vierpolparameter	
Widerstandsform		
$\begin{pmatrix} u_1 \\ u_2 \end{pmatrix} = \begin{pmatrix} z_{11} & z_{12} \\ z_{21} & z_{22} \end{pmatrix} \cdot \begin{pmatrix} i_1 \\ i_2 \end{pmatrix}$	$z_{11} = \left.\frac{u_1}{i_1} = z_{1l}\right\|_{i_2=0}$	Leerlauf-Eingangswiderstand
	$z_{21} = \left.\frac{u_2}{i_1} = {}^{K}z_{1l}\right\|_{i_2=0}$	Leerlauf-Eingangskernwiderstand
$\begin{pmatrix} u_1 \\ u_2 \end{pmatrix} = \mathbf{Z} \cdot \begin{pmatrix} i_1 \\ i_2 \end{pmatrix}$	$z_{12} = \frac{u_1}{i_2} = -\frac{u_1}{-i_2} = \left.-{}^{K}z_{2l}\right\|_{i_1=0}$	negativer Leerlauf-Ausgangskernwiderstand
	$z_{22} = \frac{u_2}{i_2} = -\frac{u_2}{-i_2} = \left.-z_{2l}\right\|_{i_1=0}$	negativer Leerlauf-Ausgangswiderstand
Leitwertform		
$\begin{pmatrix} i_1 \\ i_2 \end{pmatrix} = \begin{pmatrix} y_{11} & y_{12} \\ y_{21} & y_{22} \end{pmatrix} \cdot \begin{pmatrix} u_1 \\ u_2 \end{pmatrix}$	$y_{11} = \left.\frac{i_1}{u_1} = y_{1k}\right\|_{u_2=0}$	Kurzschluß-Eingangsleitwert
	$y_{21} = \left.\frac{i_2}{u_1} = {}^{K}y_{1k}\right\|_{u_2=0}$	Kurzschluß-Eingangskernleitwert
$\begin{pmatrix} i_1 \\ i_2 \end{pmatrix} = \mathbf{Y} \cdot \begin{pmatrix} u_1 \\ u_2 \end{pmatrix}$	$y_{12} = \frac{i_1}{u_2} = -\frac{-i_1}{u_2} = \left.-{}^{K}y_{2k}\right\|_{u_1=0}$	negativer Kurzschluß-Ausgangskernleitwert
	$y_{22} = \frac{i_2}{u_2} = -\frac{-i_2}{u_2} = \left.-y_{2k}\right\|_{u_1=0}$	negativer Kurzschluß-Ausgangsleitwert

Vierpolgleichungen	Bedeutung der Vierpolparameter	
Reihenparallelform		
$\begin{pmatrix} u_1 \\ i_2 \end{pmatrix} = \begin{pmatrix} d_{11} & d_{12} \\ d_{21} & d_{22} \end{pmatrix} \cdot \begin{pmatrix} u_2 \\ i_1 \end{pmatrix}$	$d_{11} = \frac{u_1}{u_2} = \frac{1}{v_{u2l}}\Big\vert_{i_1=0}$	reziproke Leerlauf- (Ausgangs-) Spannungsverstärkung
	$d_{21} = \frac{i_2}{u_2} = -\frac{-i_2}{u_2} = -y_{2l}\Big\vert_{i_1=0}$	negativer Leerlauf-Ausgangsleitwert
$\begin{pmatrix} u_1 \\ i_2 \end{pmatrix} = \boldsymbol{D} \cdot \begin{pmatrix} u_2 \\ i_1 \end{pmatrix}$	$d_{12} = \frac{u_1}{i_1} = z_{1k}\Big\vert_{u_2=0}$	Kurzschluß-Eingangswiderstand
	$d_{22} = \frac{i_2}{i_1} = v_{i1k}\Big\vert_{u_2=0}$	Kurzschluß- (Eingangs-) Stromverstärkung
Parallelreihenform		
$\begin{pmatrix} i_1 \\ u_2 \end{pmatrix} = \begin{pmatrix} c_{11} & c_{12} \\ c_{21} & c_{22} \end{pmatrix} \cdot \begin{pmatrix} i_2 \\ u_1 \end{pmatrix}$	$c_{11} = \frac{i_1}{i_2} = \frac{1}{v_{i2k}}\Big\vert_{u_1=0}$	reziproke Kurzschluß- (Ausgangs-) Stromverstärkung
	$c_{21} = \frac{u_2}{i_2} = -\frac{u_2}{-i_2} = -z_{2k}\Big\vert_{u_1=0}$	negativer Kurzschluß-Ausgangswiderstand
$\begin{pmatrix} i_1 \\ u_2 \end{pmatrix} = \boldsymbol{C} \cdot \begin{pmatrix} i_2 \\ u_1 \end{pmatrix}$	$c_{12} = \frac{i_1}{u_1} = y_{1l}\Big\vert_{i_2=0}$	Leerlauf-Eingangsleitwert
	$c_{22} = \frac{u_2}{u_1} = v_{u1l}\Big\vert_{i_2=0}$	Leerlauf- (Eingangs-) Spannungsverstärkung

Vierpolgleichungen	Bedeutung der Vierpolparameter	
Kettenform		
$\begin{pmatrix} u_1 \\ i_1 \end{pmatrix} = \begin{pmatrix} a_{11} & a_{12} \\ a_{21} & a_{22} \end{pmatrix} \cdot \begin{pmatrix} u_2 \\ i_2 \end{pmatrix}$	$a_{11} = \frac{u_1}{u_2} = \frac{1}{v_{u1l}}\Big\|_{i_2=0}$	reziproke Leerlauf- (Eingangs-) Spannungsverstärkung
	$a_{21} = \frac{i_1}{u_2} = {}^{\kappa}y_{1l}\Big\|_{i_2=0}$	Leerlauf-Eingangskernleitwert
$\begin{pmatrix} u_1 \\ i_1 \end{pmatrix} = A \cdot \begin{pmatrix} u_2 \\ i_2 \end{pmatrix}$	$a_{12} = \frac{u_1}{i_2} = {}^{\kappa}z_{1k}\Big\|_{u_2=0}$	Kurzschluß-Eingangskernwiderstand
	$a_{22} = \frac{i_1}{i_2} = \frac{1}{v_{i1k}}\Big\|_{u_2=0}$	reziproke Kurzschluß- (Eingangs-) Stromverstärkung
Hybridform (2. Reihenparallelform)		
$\begin{pmatrix} u_1 \\ i_2 \end{pmatrix} = \begin{pmatrix} h_{11} & h_{12} \\ h_{21} & h_{22} \end{pmatrix} \cdot \begin{pmatrix} i_1 \\ u_2 \end{pmatrix}$	$h_{11} = \frac{u_1}{i_1} = z_{1k}\Big\|_{u_2=0}$	Kurzschluß-Eingangswiderstand
	$h_{21} = \frac{i_2}{i_1} = v_{i1k}\Big\|_{u_2=0}$	Kurzschluß- (Eingangs-) Stromverstärkung
$\begin{pmatrix} u_1 \\ i_2 \end{pmatrix} = H \cdot \begin{pmatrix} i_1 \\ u_2 \end{pmatrix}$	$h_{12} = \frac{u_1}{u_2} = \frac{1}{v_{u2l}}\Big\|_{i_1=0}$	reziproke Leerlauf- (Ausgangs-) Spannungsverstärkung
	$h_{22} = \frac{i_2}{u_2} = -\frac{-i_2}{u_2} = -y_{2l}\Big\|_{i_1=0}$	negativer Leerlauf-Ausgangsleitwert

Für die Kettenparameter ergibt sich hieraus wegen Tafel 1a:

$$a_{11} = 1, \quad a_{21} = \frac{1}{r}, \quad a_{12} = 0, \quad a_{22} = 1$$

Somit lautet die Kettenmatrix des Querwiderstands:

$$\boldsymbol{A}_Q = \begin{pmatrix} 1 & 0 \\ \frac{1}{r} & 1 \end{pmatrix}$$

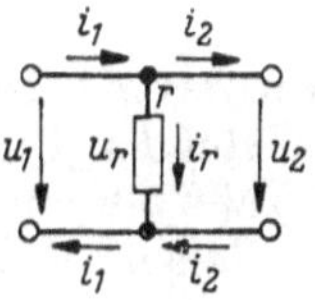

Bild 3.2: Querwiderstand

BEISPIEL 3.4

Für die im Bild 3.3 dargestellte Schaltung „Längswiderstand" gilt:

$$i_1 = i_2 = i_r, \qquad u_r + u_2 = u_1, \qquad u_r = r i_r$$

Dies führt zu den Kettenparametern und der Kettenmatrix:

$$a_{11} = 1, \quad a_{21} = 0, \quad a_{12} = r, \quad a_{22} = 1$$

$$\boldsymbol{A}_L = \begin{pmatrix} 1 & r \\ 0 & 1 \end{pmatrix}$$

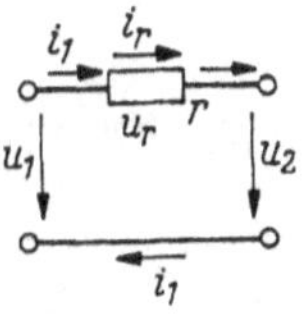

Bild 3.3: Längswiderstand

BEISPIEL 3.5

Für die Schaltung „Kreuzverbindung" entnimmt man aus Bild 3.4:

$$i_1 = -i_2, \qquad u_1 = -u_2$$

Daher wegen Tafel 1a:

$$a_{11} = -1, \quad a_{21} = 0, \quad a_{12} = 0, \quad a_{22} = -1$$

$$A_K = \begin{pmatrix} -1 & 0 \\ 0 & -1 \end{pmatrix}$$

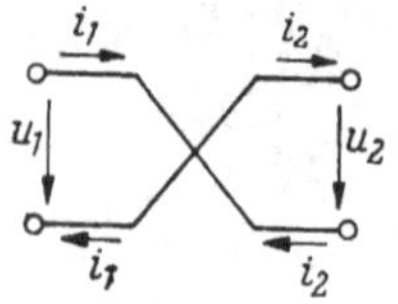

Bild 3.4: Kreuzverbindung

Für aktive Vierpole werden vorwiegend die Leitwertparameter $\check{y}_{ik}$ und Hybridparameter $\check{h}_{ik}$ benutzt (vgl. Kapitel 11.). Daher sind in der Tafel 1b nur diese aufgeführt. Sollten in bestimmten Fällen, besonders bei Zwischenrechnungen zum Aufbau einer Schaltung aus der gewählten Ersatzschaltung mit elementaren Vierpolen, auch andere Parameter gebraucht werden, so lassen sich diese mit der Tafel 2 stets leicht berechnen.

3.3 Regeln für die Benennung der Vierpolparameter

3.3.1. Passive Vierpole

1. Das Verhältnis $\frac{u_k}{i_k}$ heißt „... Widerstand" und wird mit z bezeichnet.
2. Das Verhältnis $\frac{i_k}{u_k}$ heißt „... Leitwert" und wird mit y bezeichnet.
3. Das Verhältnis $\frac{u_2}{i_1}$ bzw. $\frac{u_1}{i_2}$ heißt „... Kernwiderstand" und wird mit ${}^K z$ bezeichnet.
4. Das Verhältnis $\frac{i_2}{u_1}$ bzw. $\frac{i_1}{u_2}$ heißt „... Kernleitwert" und wird mit ${}^K y$ bezeichnet.
5. Das Verhältnis $\frac{u_2}{u_1}$ heißt „... Spannungsverstärkung" und wird mit v_u bezeichnet.

Tafel 1b: Vierpolgleichungen und Vierpolparameter für aktive Vierpole

Vierpolgleichungen	Bedeutung der Vierpolparameter	
Leitwertform		
$\begin{pmatrix}\check{i}_1\\ \check{i}_2\end{pmatrix} = \begin{pmatrix}\check{y}_{11} & \check{y}_{12}\\ \check{y}_{21} & \check{y}_{22}\end{pmatrix} \cdot \begin{pmatrix}\check{u}_1\\ \check{u}_2\end{pmatrix}$	$\check{y}_{11} = \frac{\check{i}_1}{\check{u}_1} = \check{y}_{1k}\Big\vert_{\check{u}_2=0}$	Kurzschluß-Eingangsleitwert
$\begin{pmatrix}\check{i}_1\\ \check{i}_2\end{pmatrix} = \check{Y} \cdot \begin{pmatrix}\check{u}_1\\ \check{u}_2\end{pmatrix}$	$\check{y}_{21} = \frac{\check{i}_2}{\check{u}_1} = {}^{K}\check{y}_{1k}\Big\vert_{\check{u}_2=0}$	Kurzschluß-Vorwärtssteilheit
	$\check{y}_{12} = \frac{\check{i}_1}{\check{u}_2} = {}^{K}\check{y}_{2k}\Big\vert_{\check{u}_1=0}$	Kurzschluß-Rückwärtssteilheit
	$\check{y}_{22} = \frac{\check{i}_2}{\check{u}_2} = \check{y}_{2k}\Big\vert_{\check{u}_1=0}$	Kurzschluß-Ausgangsleitwert
Hybridform		
$\begin{pmatrix}\check{u}_1\\ \check{i}_2\end{pmatrix} = \begin{pmatrix}\check{h}_{11} & \check{h}_{12}\\ \check{h}_{21} & \check{h}_{22}\end{pmatrix} \cdot \begin{pmatrix}\check{i}_1\\ \check{u}_2\end{pmatrix}$	$\check{h}_{11} = \frac{\check{u}_1}{\check{i}_1} = \check{z}_{1k}\Big\vert_{\check{u}_2=0}$	Kurzschluß-Eingangswiderstand
$\begin{pmatrix}\check{u}_1\\ \check{i}_2\end{pmatrix} = \check{H} \begin{pmatrix}\check{i}_1\\ \check{u}_2\end{pmatrix}$	$\check{h}_{21} = \frac{\check{i}_2}{\check{i}_1} = \check{v}_{i1k}\Big\vert_{\check{u}_2=0}$	Kurzschluß- (Eingangs-) Stromverstärkung
	$\check{h}_{12} = \frac{\check{u}_1}{\check{u}_2} = \frac{1}{\check{v}_{u2l}}\Big\vert_{\check{i}_1=0}$	Leerlauf-Spannungsrückwirkung
	$\check{h}_{22} = \frac{\check{i}_2}{\check{u}_2} = \check{y}_{2l}\Big\vert_{\check{i}_1=0}$	Leerlauf-Ausgangsleitwert

6. Das Verhältnis $\frac{\dot{i}_2}{\dot{i}_1}$ heißt „... Stromverstärkung" und wird mit v_i bezeichnet.
7. Entsteht das Element aus $i_2 = 0$, so wird „Leerlauf-Eingangs ..." vorgesetzt und der Index $1l$ angefügt.
8. Entsteht das Element aus $i_1 = 0$, so wird „Leerlauf-Ausgangs ..." vorgesetzt und der Index $2l$ angefügt.
9. Entsteht das Element aus $u_2 = 0$, so wird „Kurzschluß-Eingangs ..." vorgesetzt und der Index $1k$ angefügt.
10. Entsteht das Element aus $u_1 = 0$, so wird „Kurzschluß-Ausgangs ..." vorgesetzt und der Index $2k$ angefügt.
11. Die Namen 1. bis 4. bekommen bei „Betrieb rückwärts" ($i_1 = 0$ bzw. $u_1 = 0$) stets den Vorsatz „negativer ...", was an der Bezeichnung auch durch ein vorgesetztes Minuszeichen zum Ausdruck kommt.
12. Tritt bei der Verstärkung entsprechend 5. und 6. der umgekehrte Wert auf, so bekommt der Name den Vorsatz „reziproke ...".

3.3.2. Hinweise auf andere übliche Benennungen, besonders für aktive Vierpole

Bei aktiven Vierpolen wird über alle Bezeichnungen ein auf dem Kopf stehender Akzent Zirkumflex gesetzt. Zu den in 3.3.1. aufgeführten Regeln sind folgende Ergänzungen zu bemerken:

Zu 3. und 4. Die Begriffe „Kernwiderstand" bzw. „Kernleitwert" werden oft durch „Übertragungswiderstand" bzw. „Übertragungsleitwert" ersetzt[1]).

[1]) Der Kurzschluß-Eingangsübertragungsleitwert wird auch als *Transmittanz*, der Kurzschluß-Ausgangsübertragungsleitwert als *Remittanz* bezeichnet.

Zu 4. Bei aktiven Vierpolen wird der „Eingangskernleitwert“ auch als „Vorwärtsleitwert“ oder „Vorwärtssteilheit“[1]) bezeichnet, während man den „Ausgangskernleitwert“ auch „Rückwärtsleitwert“, „Rückwirkungsleitwert“ oder „Rückwärtssteilheit“ nennt.

Zu 5. und 6. „Spannungsverstärkung“ bzw. „Stromverstärkung“ heißen zuweilen auch „Spannungs-“ bzw. „Stromübersetzungsverhältnis“.

Zu 7. und 8. „Leerlauf-Eingangs ...“ bzw. „Leerlauf-Ausgangs ...“ werden manchmal durch „... bei offenem Ausgang“ bzw. „... bei offenem Eingang“ ersetzt.

Zu 9. und 10. „Kurzschluß-Eingangs ...“ bzw. „Kurzschluß-Ausgangs ...“ heißen auch „... bei kurzgeschlossenem Ausgang“ bzw. „... bei kurzgeschlossenem Eingang“.

Zu 7. bis 10. Für „... -Eingangs ...“ oder „... Ausgang“ bzw. „... -Ausgangs ...“ oder „... Eingang“ werden oft „... vorwärts“ bzw. „... rückwärts“ verwendet.

Zu 12. Statt „reziproke ...“ wird bei aktiven Vierpolen „... -Rückwirkung“ benutzt. Die „reziproke Spannungsverstärkung“ führt bei aktiven Vierpolen den Namen „Durchgriff“[1]).

Die Doppelindizes der Vierpolparameter werden oft folgendermaßen abgekürzt:

11 → i von (engl.) input, Eingang,

12 → r von (engl.) reverse, rückwärts,

21 → f von (engl.) forward, vorwärts,

22 → o von (engl.) output, Ausgang [22].

---

[1]) Die Begriffe *Steilheit* und *Durchgriff* sind aus der Röhrentechnik entnommen (vgl. (11.1)).

4. Beziehungen der verschiedenen Vierpolmatrizen untereinander

Wie aus Kapitel 3. ersichtlich ist, läßt sich ein Vierpol durch eine Reihe verschiedener Arten von Vierpolgleichungen und somit Vierpolmatrizen beschreiben. Je nach Art der Zusammenschaltung von zwei Vierpolen (vgl. Kapitel 5.) wird eine bestimmte Vierpolmatrix gebraucht. Setzt sich ein vorgegebener Vierpol aus mehr als zwei elementaren Vierpolen (vgl. Kapitel 6.) zusammen, so werden auch Umformungen von einer Vierpolmatrixform in die andere notwendig. Enthält die Schaltung außer passiven elementaren Vierpolen auch aktive Vierpole, also insbesondere Transistoren, so wird bei den Berechnungen zusätzlich erforderlich, daß die passive Form einer bestimmten Vierpolmatrix in die entsprechende aktive Form transformiert wird oder umgekehrt.

Alle eben genannten Umformungen werden sehr erleichtert, wenn die Zusammenhänge in einer Tabelle vereinigt werden. Um zu zeigen, wie die Tafel 2 entstanden ist, wird zunächst an einem Beispiel erläutert, auf welche Weise man von einer Matrixform zur anderen gelangt, und anschließend werden einige grundlegende Beziehungen zwischen passiven und aktiven Vierpolmatrizen angegeben.

BEISPIEL 4.1

Gegeben: Parallelreihenparameter c_{ik}
Gesucht: Leitwertparameter y_{ik}
Lösung: Aus Tafel 1a entnimmt man

$$\begin{aligned} i_1 &= c_{11} i_2 + c_{12} u_1 \\ u_2 &= c_{21} i_2 + c_{22} u_1 \end{aligned} \quad \text{(I)} \qquad \begin{aligned} i_1 &= y_{11} u_1 + y_{12} u_2 \\ i_2 &= y_{21} u_1 + y_{22} u_2 \end{aligned} \quad \text{(II)}$$

Aus (I):

$$\begin{aligned} i_1 - c_{11} i_2 &= c_{12} u_1 \\ c_{21} i_2 &= -c_{22} u_1 + u_2 \end{aligned} \quad \text{(III)}$$

Wird auf (III) die Cramersche Regel (1.9) angewendet, so findet man bei Beachtung von (1.8):

$$i_1 = \frac{c_{12}c_{21}u_1 - c_{11}c_{22}u_1 + c_{11}u_2}{c_{21}} = -\frac{\Delta C}{c_{21}}u_1 + \frac{c_{11}}{c_{21}}u_2 \tag{IV}$$

$$i_2 = \frac{-c_{22}u_1 + u_2}{c_{21}} = -\frac{c_{22}}{c_{21}}u_1 + \frac{1}{c_{21}}u_2 \tag{V}$$

Beim Vergleich von (II) mit (IV) und (V) erhält man:

$$y_{11} = -\frac{\Delta C}{c_{21}}, \quad y_{12} = \frac{c_{11}}{c_{21}}, \quad y_{21} = -\frac{c_{22}}{c_{21}}, \quad y_{22} = \frac{1}{c_{21}}$$

Also lautet nach Tafel 1a die Leitwertmatrix:

$$Y = \begin{pmatrix} -\frac{\Delta C}{c_{21}} & \frac{c_{11}}{c_{21}} \\ -\frac{c_{22}}{c_{21}} & \frac{1}{c_{21}} \end{pmatrix} \tag{VI}$$

Durch Vergleich in Tafel 1a ergibt sich

Beziehungen zwischen Reihenparallel- und Hybridparametern in passiver Form

$$\left.\begin{aligned} h_{11} &= d_{12}, & h_{12} &= d_{11} \\ h_{21} &= d_{22}, & h_{22} &= d_{21} \end{aligned}\right\} \tag{4.1}$$

Ferner folgt aus Tafel 1a bei Berücksichtigung von (2.1) der

Zusammenhang der Vierpolparameter für passive und aktive Vierpole

$$\left.\begin{aligned} z_{11} &= +\check{z}_{11}, & z_{12} &= -\check{z}_{12}, & z_{21} &= +\check{z}_{21}, & z_{22} &= -\check{z}_{22} \\ y_{11} &= +\check{y}_{11}, & y_{12} &= +\check{y}_{12}, & y_{21} &= -\check{y}_{21}, & y_{22} &= -\check{y}_{22} \\ d_{11} &= +\check{d}_{11}, & d_{12} &= +\check{d}_{12}, & d_{21} &= -\check{d}_{21}, & d_{22} &= -\check{d}_{22} \\ c_{11} &= -\check{c}_{11}, & c_{12} &= +\check{c}_{12}, & c_{21} &= -\check{c}_{21}, & c_{22} &= +\check{c}_{22} \\ a_{11} &= +\check{a}_{11}, & a_{12} &= -\check{a}_{12}, & a_{21} &= +\check{a}_{21}, & a_{22} &= -\check{a}_{22} \\ h_{11} &= +\check{h}_{11}, & h_{12} &= +\check{h}_{12}, & h_{21} &= -\check{h}_{21}, & h_{22} &= -\check{h}_{22} \end{aligned}\right\} \tag{4.2}$$

Unter Benutzung der im Beispiel 4.1 gezeigten Methode sowie der Gleichungen (4.1) und (4.2) ist die Tafel 2 entstanden.

Tafel 2: Beziehung der verschiedenen Vierpolmatrizen und -determinanten untereinander

Vierpol-Matrix und -Determinante		Ausgedrückt in den Elementen von							
		$\boldsymbol{Z}$	$\boldsymbol{Y}$	$\boldsymbol{D}$	$\boldsymbol{C}$	$\boldsymbol{A}$	$\boldsymbol{H}$	$\check{\boldsymbol{Y}}$	$\check{\boldsymbol{H}}$
Passive Vierpole	$\boldsymbol{Z} =$	$\begin{matrix} z_{11} & z_{12} \\ z_{21} & z_{22} \end{matrix}$	$\begin{matrix} \frac{y_{22}}{\Delta \boldsymbol{Y}} & -\frac{y_{12}}{\Delta \boldsymbol{Y}} \\ -\frac{y_{21}}{\Delta \boldsymbol{Y}} & \frac{y_{11}}{\Delta \boldsymbol{Y}} \end{matrix}$	$\begin{matrix} -\frac{\Delta \boldsymbol{D}}{d_{21}} & \frac{d_{11}}{d_{21}} \\ -\frac{d_{22}}{d_{21}} & \frac{1}{d_{21}} \end{matrix}$	$\begin{matrix} \frac{1}{c_{12}} & -\frac{c_{11}}{c_{12}} \\ \frac{c_{22}}{c_{12}} & -\frac{\Delta \boldsymbol{C}}{c_{12}} \end{matrix}$	$\begin{matrix} \frac{a_{11}}{a_{21}} & -\frac{\Delta \boldsymbol{A}}{a_{21}} \\ \frac{1}{a_{21}} & -\frac{a_{22}}{a_{21}} \end{matrix}$	$\begin{matrix} \frac{\Delta \boldsymbol{H}}{h_{22}} & \frac{h_{12}}{h_{22}} \\ -\frac{h_{21}}{h_{22}} & \frac{1}{h_{22}} \end{matrix}$	$\begin{matrix} \frac{\check{y}_{22}}{\Delta \check{\boldsymbol{Y}}} & \frac{\check{y}_{12}}{\Delta \check{\boldsymbol{Y}}} \\ -\frac{\check{y}_{21}}{\Delta \check{\boldsymbol{Y}}} & -\frac{\check{y}_{11}}{\Delta \check{\boldsymbol{Y}}} \end{matrix}$	$\begin{matrix} \frac{\Delta \check{\boldsymbol{H}}}{\check{h}_{22}} & -\frac{\check{h}_{12}}{\check{h}_{22}} \\ \frac{\check{h}_{21}}{\check{h}_{22}} & -\frac{1}{\check{h}_{22}} \end{matrix}$
	$\Delta \boldsymbol{Z} =$	$z_{11} z_{22} - z_{12} z_{21}$	$\frac{1}{\Delta \boldsymbol{Y}}$	$\frac{d_{12}}{d_{21}}$	$\frac{c_{21}}{c_{12}}$	$-\frac{a_{12}}{a_{21}}$	$\frac{h_{11}}{h_{22}}$	$-\frac{1}{\Delta \check{\boldsymbol{Y}}}$	$-\frac{\check{h}_{11}}{\check{h}_{22}}$
	$\boldsymbol{Y} =$	$\begin{matrix} \frac{z_{22}}{\Delta \boldsymbol{Z}} & -\frac{z_{12}}{\Delta \boldsymbol{Z}} \\ -\frac{z_{21}}{\Delta \boldsymbol{Z}} & \frac{z_{11}}{\Delta \boldsymbol{Z}} \end{matrix}$	$\begin{matrix} y_{11} & y_{12} \\ y_{21} & y_{22} \end{matrix}$	$\begin{matrix} \frac{1}{d_{12}} & -\frac{d_{11}}{d_{12}} \\ \frac{d_{22}}{d_{12}} & -\frac{\Delta \boldsymbol{D}}{d_{12}} \end{matrix}$	$\begin{matrix} -\frac{\Delta \boldsymbol{C}}{c_{21}} & \frac{c_{11}}{c_{21}} \\ -\frac{c_{22}}{c_{21}} & \frac{1}{c_{21}} \end{matrix}$	$\begin{matrix} \frac{a_{22}}{a_{12}} & -\frac{\Delta \boldsymbol{A}}{a_{12}} \\ \frac{1}{a_{12}} & -\frac{a_{11}}{a_{12}} \end{matrix}$	$\begin{matrix} \frac{1}{h_{11}} & -\frac{h_{12}}{h_{11}} \\ \frac{h_{21}}{h_{11}} & \frac{\Delta \boldsymbol{H}}{h_{11}} \end{matrix}$	$\begin{matrix} \check{y}_{11} & \check{y}_{12} \\ -\check{y}_{21} & -\check{y}_{22} \end{matrix}$	$\begin{matrix} \frac{1}{\check{h}_{11}} & -\frac{\check{h}_{12}}{\check{h}_{11}} \\ -\frac{\check{h}_{21}}{\check{h}_{11}} & -\frac{\Delta \check{\boldsymbol{H}}}{\check{h}_{11}} \end{matrix}$
	$\Delta \boldsymbol{Y} =$	$\frac{1}{\Delta \boldsymbol{Z}}$	$y_{11} y_{22} - y_{12} y_{21}$	$\frac{d_{21}}{d_{12}}$	$\frac{c_{12}}{c_{21}}$	$-\frac{a_{21}}{a_{12}}$	$\frac{h_{22}}{h_{11}}$	$-\Delta \check{\boldsymbol{Y}}$	$-\frac{\check{h}_{22}}{\check{h}_{11}}$
	$\boldsymbol{D} =$	$\begin{matrix} \frac{z_{12}}{z_{22}} & \frac{\Delta \boldsymbol{Z}}{z_{22}} \\ \frac{1}{z_{22}} & -\frac{z_{21}}{z_{22}} \end{matrix}$	$\begin{matrix} -\frac{y_{12}}{y_{11}} & \frac{1}{y_{11}} \\ \frac{\Delta \boldsymbol{Y}}{y_{11}} & \frac{y_{21}}{y_{11}} \end{matrix}$	$\begin{matrix} d_{11} & d_{12} \\ d_{21} & d_{22} \end{matrix}$	$\begin{matrix} \frac{c_{11}}{\Delta \boldsymbol{C}} & -\frac{c_{21}}{\Delta \boldsymbol{C}} \\ -\frac{c_{12}}{\Delta \boldsymbol{C}} & \frac{c_{22}}{\Delta \boldsymbol{C}} \end{matrix}$	$\begin{matrix} \frac{\Delta \boldsymbol{A}}{a_{22}} & \frac{a_{12}}{a_{22}} \\ -\frac{a_{21}}{a_{22}} & \frac{1}{a_{22}} \end{matrix}$	$\begin{matrix} h_{12} & h_{11} \\ h_{22} & h_{21} \end{matrix}$	$\begin{matrix} -\frac{\check{y}_{12}}{\check{y}_{11}} & \frac{1}{\check{y}_{11}} \\ -\frac{\Delta \check{\boldsymbol{Y}}}{\check{y}_{11}} & -\frac{\check{y}_{21}}{\check{y}_{11}} \end{matrix}$	$\begin{matrix} \check{h}_{12} & \check{h}_{11} \\ -\check{h}_{22} & -\check{h}_{21} \end{matrix}$

$\Delta D =$	$-\frac{z_{11}}{z_{22}}$	$-\frac{y_{22}}{y_{11}}$	$d_{11}d_{22} - d_{12}d_{21}$	$\frac{1}{\Delta C}$	$\frac{a_{11}}{a_{22}}$	$-\Delta H$	$\frac{\check{y}_{22}}{\check{y}_{11}}$	$\Delta \check{H}$
$C =$	$\begin{matrix} -\frac{z_{12}}{z_{11}} & \frac{1}{z_{11}} \\ \frac{\Delta Z}{z_{11}} & \frac{z_{21}}{z_{11}} \end{matrix}$	$\begin{matrix} \frac{y_{12}}{y_{22}} & \frac{\Delta Y}{y_{22}} \\ \frac{1}{y_{22}} & -\frac{y_{21}}{y_{22}} \end{matrix}$	$\begin{matrix} \frac{d_{11}}{\Delta D} & -\frac{d_{21}}{\Delta D} \\ -\frac{d_{12}}{\Delta D} & \frac{d_{22}}{\Delta D} \end{matrix}$	$\begin{matrix} c_{11} & c_{12} \\ c_{21} & c_{22} \end{matrix}$	$\begin{matrix} \frac{\Delta A}{a_{11}} & \frac{a_{21}}{a_{11}} \\ -\frac{a_{12}}{a_{11}} & \frac{1}{a_{11}} \end{matrix}$	$\begin{matrix} -\frac{h_{12}}{\Delta H} & \frac{h_{22}}{\Delta H} \\ \frac{h_{11}}{\Delta H} & -\frac{h_{21}}{\Delta H} \end{matrix}$	$\begin{matrix} -\frac{\check{y}_{12}}{\check{y}_{22}} & \frac{\Delta \check{Y}}{\check{y}_{22}} \\ -\frac{1}{\check{y}_{22}} & -\frac{\check{y}_{21}}{\check{y}_{22}} \end{matrix}$	$\begin{matrix} \frac{\check{h}_{12}}{\Delta \check{H}} & \frac{\check{h}_{22}}{\Delta \check{H}} \\ -\frac{\check{h}_{11}}{\Delta \check{H}} & -\frac{\check{h}_{21}}{\Delta \check{H}} \end{matrix}$
$\Delta C =$	$-\frac{z_{22}}{z_{11}}$	$-\frac{y_{11}}{y_{22}}$	$\frac{1}{\Delta D}$	$c_{11}c_{22} - c_{12}c_{21}$	$\frac{a_{22}}{a_{11}}$	$-\frac{1}{\Delta H}$	$\frac{\check{y}_{11}}{\check{y}_{22}}$	$\frac{1}{\Delta \check{H}}$
$A =$	$\begin{matrix} \frac{z_{11}}{z_{21}} & -\frac{\Delta Z}{z_{21}} \\ \frac{1}{z_{21}} & -\frac{z_{22}}{z_{21}} \end{matrix}$	$\begin{matrix} -\frac{y_{22}}{y_{21}} & \frac{1}{y_{21}} \\ -\frac{\Delta Y}{y_{21}} & \frac{y_{11}}{y_{21}} \end{matrix}$	$\begin{matrix} \frac{\Delta D}{d_{22}} & \frac{d_{12}}{d_{22}} \\ -\frac{d_{21}}{d_{22}} & \frac{1}{d_{22}} \end{matrix}$	$\begin{matrix} \frac{1}{c_{22}} & -\frac{c_{21}}{c_{22}} \\ \frac{c_{12}}{c_{22}} & \frac{\Delta C}{c_{22}} \end{matrix}$	$\begin{matrix} a_{11} & a_{12} \\ a_{21} & a_{22} \end{matrix}$	$\begin{matrix} -\frac{\Delta H}{h_{21}} & \frac{h_{11}}{h_{21}} \\ -\frac{h_{22}}{h_{21}} & \frac{1}{h_{21}} \end{matrix}$	$\begin{matrix} -\frac{\check{y}_{22}}{\check{y}_{21}} & -\frac{1}{\check{y}_{21}} \\ -\frac{\Delta \check{Y}}{\check{y}_{21}} & -\frac{\check{y}_{11}}{\check{y}_{21}} \end{matrix}$	$\begin{matrix} -\frac{\Delta \check{H}}{\check{h}_{21}} & -\frac{\check{h}_{11}}{\check{h}_{21}} \\ -\frac{\check{h}_{22}}{\check{h}_{21}} & -\frac{1}{\check{h}_{21}} \end{matrix}$
$\Delta A =$	$-\frac{z_{12}}{z_{21}}$	$-\frac{y_{12}}{y_{21}}$	$\frac{d_{11}}{d_{22}}$	$\frac{c_{11}}{c_{22}}$	$a_{11}a_{22} - a_{12}a_{21}$	$\frac{h_{12}}{h_{21}}$	$\frac{\check{y}_{12}}{\check{y}_{21}}$	$-\frac{\check{h}_{12}}{\check{h}_{21}}$
$H =$	$\begin{matrix} \frac{\Delta Z}{z_{22}} & \frac{z_{12}}{z_{22}} \\ -\frac{z_{21}}{z_{22}} & \frac{1}{z_{22}} \end{matrix}$	$\begin{matrix} \frac{1}{y_{11}} & -\frac{y_{12}}{y_{11}} \\ \frac{y_{21}}{y_{11}} & -\frac{\Delta Y}{y_{11}} \end{matrix}$	$\begin{matrix} d_{12} & d_{11} \\ d_{22} & d_{21} \end{matrix}$	$\begin{matrix} -\frac{c_{21}}{\Delta C} & \frac{c_{11}}{\Delta C} \\ \frac{c_{22}}{\Delta C} & -\frac{c_{12}}{\Delta C} \end{matrix}$	$\begin{matrix} \frac{a_{12}}{a_{22}} & \frac{\Delta A}{a_{22}} \\ \frac{1}{a_{22}} & -\frac{a_{21}}{a_{22}} \end{matrix}$	$\begin{matrix} h_{11} & h_{12} \\ h_{21} & h_{22} \end{matrix}$	$\begin{matrix} \frac{1}{\check{y}_{11}} & -\frac{\check{y}_{12}}{\check{y}_{11}} \\ -\frac{\check{y}_{21}}{\check{y}_{11}} & -\frac{\Delta \check{Y}}{\check{y}_{11}} \end{matrix}$	$\begin{matrix} \check{h}_{11} & \check{h}_{12} \\ -\check{h}_{21} & -\check{h}_{22} \end{matrix}$

Tafel 2 (Fortsetzung): Beziehung der verschiedenen Vierpolmatrizen und -determinanten untereinander

	Vierpol-Matrix und -Determinante	Ausgedrückt in den Elementen von Z	Y	D	C	A	H	$\check{Y}$	$\check{H}$
Aktive Vierpole	$\Delta H =$	$\frac{z_{11}}{z_{22}}$	$\frac{y_{22}}{y_{11}}$	$-\Delta D$	$-\frac{1}{\Delta C}$	$-\frac{a_{11}}{a_{22}}$	$h_{11}h_{22} - h_{12}h_{21}$	$-\frac{\check{y}_{22}}{\check{y}_{11}}$	$-\Delta\check{H}$
	$\check{Y} =$	$\begin{matrix} \frac{z_{22}}{\Delta Z} & -\frac{z_{12}}{\Delta Z} \\ \frac{z_{21}}{\Delta Z} & -\frac{z_{11}}{\Delta Z} \end{matrix}$	$\begin{matrix} y_{11} & y_{12} \\ -y_{21} & -y_{22} \end{matrix}$	$\begin{matrix} \frac{1}{d_{12}} & -\frac{d_{11}}{d_{12}} \\ -\frac{d_{22}}{d_{12}} & \frac{\Delta D}{d_{12}} \end{matrix}$	$\begin{matrix} -\frac{\Delta C}{c_{21}} & \frac{c_{11}}{c_{21}} \\ \frac{c_{22}}{c_{21}} & -\frac{1}{c_{21}} \end{matrix}$	$\begin{matrix} \frac{a_{22}}{a_{12}} & -\frac{\Delta A}{a_{12}} \\ -\frac{1}{a_{12}} & \frac{a_{11}}{a_{12}} \end{matrix}$	$\begin{matrix} \frac{1}{h_{11}} & -\frac{h_{12}}{h_{11}} \\ -\frac{h_{21}}{h_{11}} & -\frac{\Delta H}{h_{11}} \end{matrix}$	$\begin{matrix} \check{y}_{11} & \check{y}_{12} \\ \check{y}_{21} & \check{y}_{22} \end{matrix}$	$\begin{matrix} \frac{1}{\check{h}_{11}} & -\frac{\check{h}_{12}}{\check{h}_{11}} \\ \frac{\check{h}_{21}}{\check{h}_{11}} & \frac{\Delta\check{H}}{\check{h}_{11}} \end{matrix}$
	$\Delta\check{Y} =$	$-\frac{1}{\Delta Z}$	$-\Delta Y$	$-\frac{d_{21}}{d_{12}}$	$-\frac{c_{12}}{c_{21}}$	$\frac{a_{21}}{a_{12}}$	$-\frac{h_{22}}{h_{11}}$	$\check{y}_{11}\check{y}_{22} - \check{y}_{12}\check{y}_{21}$	$\frac{\check{h}_{22}}{\check{h}_{11}}$
	$\check{H} =$	$\begin{matrix} \frac{\Delta Z}{z_{22}} & \frac{z_{12}}{z_{22}} \\ \frac{z_{21}}{z_{22}} & -\frac{1}{z_{22}} \end{matrix}$	$\begin{matrix} \frac{1}{y_{11}} & -\frac{y_{12}}{y_{11}} \\ -\frac{y_{21}}{y_{11}} & -\frac{\Delta Y}{y_{11}} \end{matrix}$	$\begin{matrix} d_{12} & d_{11} \\ -d_{22} & -d_{21} \end{matrix}$	$\begin{matrix} -\frac{c_{21}}{\Delta C} & \frac{c_{11}}{\Delta C} \\ -\frac{c_{22}}{\Delta C} & \frac{c_{12}}{\Delta C} \end{matrix}$	$\begin{matrix} \frac{a_{12}}{a_{22}} & \frac{\Delta A}{a_{22}} \\ -\frac{1}{a_{22}} & \frac{a_{21}}{a_{22}} \end{matrix}$	$\begin{matrix} h_{11} & h_{12} \\ -h_{21} & -h_{22} \end{matrix}$	$\begin{matrix} \frac{1}{\check{y}_{11}} & -\frac{\check{y}_{12}}{\check{y}_{11}} \\ \frac{\check{y}_{21}}{\check{y}_{11}} & \frac{\Delta\check{Y}}{\check{y}_{11}} \end{matrix}$	$\begin{matrix} \check{h}_{11} & \check{h}_{12} \\ \check{h}_{21} & \check{h}_{22} \end{matrix}$
	$\Delta\check{H} =$	$-\frac{z_{11}}{z_{22}}$	$-\frac{y_{22}}{y_{11}}$	ΔD	$\frac{1}{\Delta C}$	$\frac{a_{11}}{a_{22}}$	$-\Delta H$	$\frac{\check{y}_{22}}{\check{y}_{11}}$	$\check{h}_{11}\check{h}_{22} - \check{h}_{12}\check{h}_{21}$

AUFGABEN

4.1 Gegeben sei die Widerstandsmatrix $\boldsymbol{Z}$. Aus ihr sind unter Verwendung der Cramerschen Regel die Vierpolmatrizen $\boldsymbol{Y}, \boldsymbol{D}, \boldsymbol{C}, \boldsymbol{A}, \boldsymbol{H}$ zu berechnen.

4.2. Gesucht sind die Vierpolmatrizen $\check{\boldsymbol{Y}}, \check{\boldsymbol{H}}$ aus $\boldsymbol{Y}, \boldsymbol{H}$.

5. Zusammenschaltung von zwei Vierpolen

Es gibt fünf Möglichkeiten, zwei Vierpole zusammenzuschalten. Für jede dieser Schaltungsarten existiert eine der im Kapitel 3. aufgeführten Vierpolmatrizen, mit deren Hilfe sich die Zusammenschaltung mathematisch besonders einfach beschreiben läßt.

Aus Bild 5.1:

$$\begin{pmatrix} u_{1\mathrm{I}} \\ u_{2\mathrm{I}} \end{pmatrix} + \begin{pmatrix} u_{1\mathrm{II}} \\ u_{2\mathrm{II}} \end{pmatrix} = \begin{pmatrix} u_1 \\ u_2 \end{pmatrix}, \begin{pmatrix} i_{1\mathrm{I}} \\ i_{2\mathrm{I}} \end{pmatrix} = \begin{pmatrix} i_{1\mathrm{II}} \\ i_{2\mathrm{II}} \end{pmatrix} = \begin{pmatrix} i_1 \\ i_2 \end{pmatrix} \quad (5.1\,\mathrm{a})$$

Reihenschaltung $\boldsymbol{Z}_{\mathrm{I}} + \boldsymbol{Z}_{\mathrm{II}} = \boldsymbol{Z}$ (5.1)

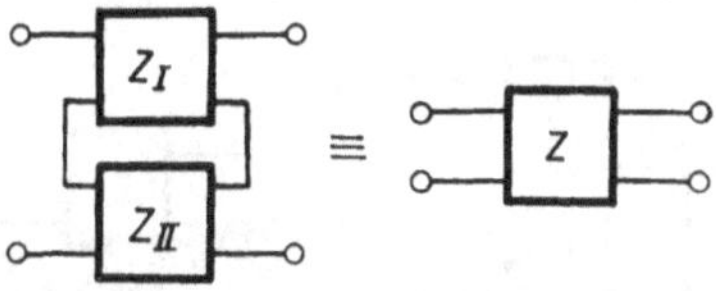

Bild 5.1: Reihenschaltung

Aus Bild 5.2:

$$\begin{pmatrix} i_{1\mathrm{I}} \\ i_{2\mathrm{I}} \end{pmatrix} + \begin{pmatrix} i_{1\mathrm{II}} \\ i_{2\mathrm{II}} \end{pmatrix} = \begin{pmatrix} i_1 \\ i_2 \end{pmatrix}, \begin{pmatrix} u_{1\mathrm{I}} \\ u_{2\mathrm{I}} \end{pmatrix} = \begin{pmatrix} u_{1\mathrm{II}} \\ u_{2\mathrm{II}} \end{pmatrix} = \begin{pmatrix} u_1 \\ u_2 \end{pmatrix} \quad (5.2\,\mathrm{a})$$

Parallelschaltung $\boldsymbol{Y}_{\mathrm{I}} + \boldsymbol{Y}_{\mathrm{II}} = \boldsymbol{Y}$ (5.2)

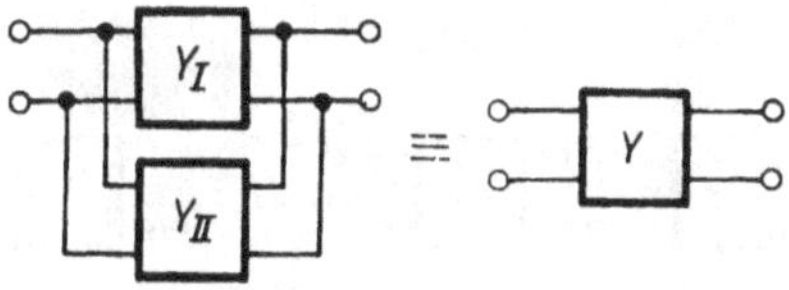

Bild 5.2: Parallelschaltung

Aus Bild 5.3:

$$\begin{pmatrix} u_{1\mathrm{I}} \\ i_{2\mathrm{I}} \end{pmatrix} + \begin{pmatrix} u_{1\mathrm{II}} \\ i_{2\mathrm{II}} \end{pmatrix} = \begin{pmatrix} u_1 \\ i_2 \end{pmatrix}, \begin{pmatrix} u_{2\mathrm{I}} \\ i_{1\mathrm{I}} \end{pmatrix} = \begin{pmatrix} u_{2\mathrm{II}} \\ i_{1\mathrm{II}} \end{pmatrix} = \begin{pmatrix} u_2 \\ i_1 \end{pmatrix} \tag{5.3a}$$

Reihenparallelschaltung $\boldsymbol{D}_{\mathrm{I}} + \boldsymbol{D}_{\mathrm{II}} = \boldsymbol{D}$ (5.3)

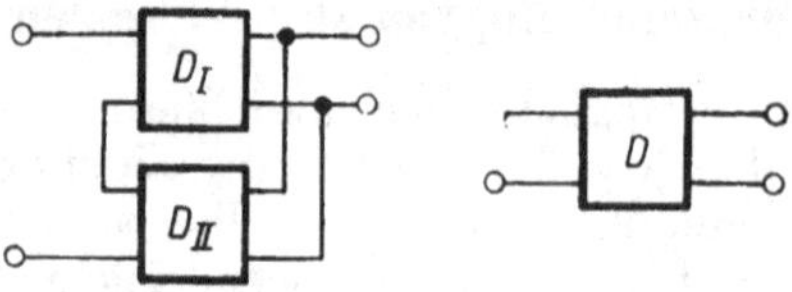

Bild 5.3: Reihenparallelschaltung

Aus Bild 5.4:

$$\begin{pmatrix} i_{1\mathrm{I}} \\ u_{2\mathrm{I}} \end{pmatrix} + \begin{pmatrix} i_{1\mathrm{II}} \\ u_{2\mathrm{II}} \end{pmatrix} = \begin{pmatrix} i_1 \\ u_2 \end{pmatrix}, \begin{pmatrix} i_{2\mathrm{I}} \\ u_{1\mathrm{I}} \end{pmatrix} = \begin{pmatrix} i_{2\mathrm{II}} \\ u_{1\mathrm{II}} \end{pmatrix} = \begin{pmatrix} i_2 \\ u_1 \end{pmatrix} \tag{5.4a}$$

Parallelreihenschaltung $\boldsymbol{C}_{\mathrm{I}} + \boldsymbol{C}_{\mathrm{II}} = \boldsymbol{C}$ (5.4)

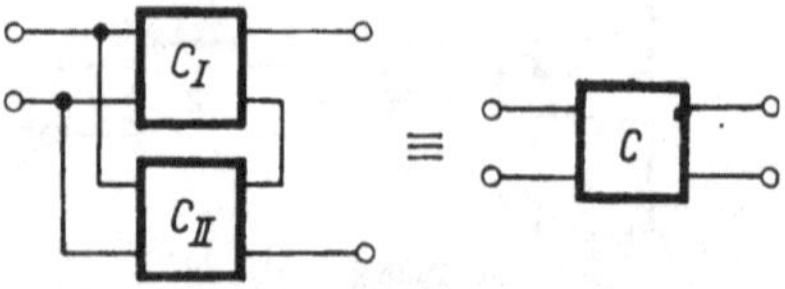

Bild 5.4: Parallelreihenschaltung

Aus Bild 5.5:

$$\begin{pmatrix} u_{2\mathrm{I}} \\ i_{2\mathrm{I}} \end{pmatrix} = \begin{pmatrix} u_{1\mathrm{II}} \\ i_{1\mathrm{II}} \end{pmatrix}, \begin{pmatrix} u_{1\mathrm{I}} \\ i_{1\mathrm{I}} \end{pmatrix} = \begin{pmatrix} u_1 \\ i_1 \end{pmatrix}, \quad \begin{pmatrix} u_{2\mathrm{II}} \\ i_{2\mathrm{II}} \end{pmatrix} = \begin{pmatrix} u_2 \\ i_2 \end{pmatrix} \tag{5.5a}$$

Kettenschaltung $\boldsymbol{A}_{\mathrm{I}} \cdot \boldsymbol{A}_{\mathrm{II}} = \boldsymbol{A}$ (5.5)

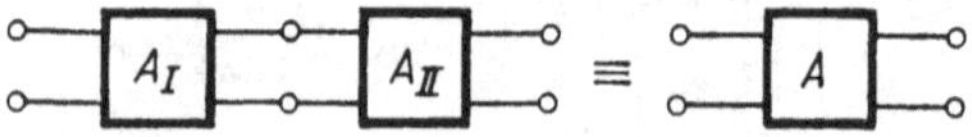

Bild 5.5: Kettenschaltung

Die Begründung für die obigen Gleichungen mit a-Nummern folgt aus den zugehörigen Schaltbildern mit den Kirchhoffschen Regeln (1.76) und (1.77), während sich die anderen Formeln aus den zugehörigen Gleichungen mit a-Nummern unter Benutzung der entsprechenden Vierpolgleichungen ergeben.

Während die Beziehungen (5.1a) bis (5.4a) stets nur Eingangsgrößen (Index 1) miteinander oder Ausgangsgrößen (Index 2) miteinander verknüpfen und somit die aus ihnen hergeleiteten Gln. (5.1) bis (5.4) auch für die aktiven Matrizen $\check{\boldsymbol{Z}}$, $\check{\boldsymbol{Y}}$, $\check{\boldsymbol{D}}$, $\check{\boldsymbol{C}}$ gültig sind, ist dies für (5.5a) nicht der Fall, so daß die Gl. (5.5) für die Multiplikation aktiver Kettenmatrizen $\check{\boldsymbol{A}}$ (mit der üblichen Matrizenmultiplikationsregel (1.4)) versagt. Dies ist besonders im Kapitel 11. zu beachten und stellt einen Nachteil der in 2.2. für aktive Vierpole gewählten Zählpfeilrichtung des Ausgangsstroms i_2 dar.

Mit den in (5.1) bis (5.5) genannten Matrizengesetzen für die fünf Schaltungsarten erklären sich nun auch die im Kapitel 3. gewählten Bezeichnungen für die Formen der Vierpolgleichungen.

BEISPIEL 5.1

Mit den bisher bekannten elementaren Vierpolen (Beispiele in Kapitel 3.) ist für die „T-Schaltung“ (Bild 5.6) eine Vierpolmatrix herzuleiten.

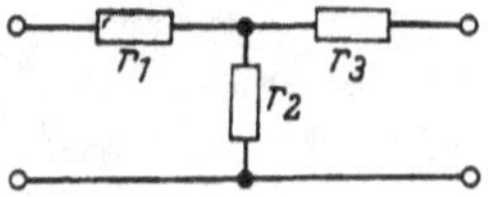

Bild 5.6: T-Schaltung

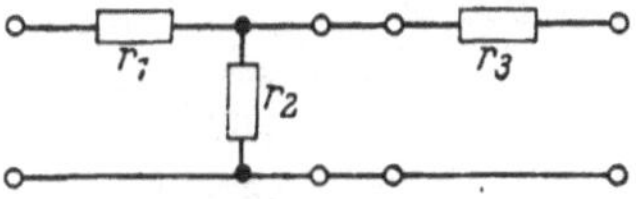

Bild 5.7: Ersatzschaltbild für die T-Schaltung

Lösung: Mit den Kettenmatrizen der Schaltungen „Halbglied Tπ“ (Beispiel 3.2) und „Längswiderstand“ (Beispiel 3.4) findet man entsprechend der Ersatzschaltung im Bild 5.7 nach der für die Kettenschaltung gültigen Matrizengleichung (5.5) bei Beachtung von (1.4):

$$\boldsymbol{A}_T = \boldsymbol{A}_{T\pi} \cdot \boldsymbol{A}_L = \begin{pmatrix} \frac{r_1 + r_2}{r_2} & r_1 \\ \frac{1}{r_2} & 1 \end{pmatrix} \cdot \begin{pmatrix} 1 & r_3 \\ 0 & 1 \end{pmatrix}$$

$$= \begin{pmatrix} \frac{r_1 + r_2}{r_2} & \frac{r_1 r_2 + r_2 r_3 + r_3 r_1}{r_2} \\ \frac{1}{r_2} & \frac{r_2 + r_3}{r_2} \end{pmatrix}$$

BEISPIEL 5.2

Für die „π-Schaltung“ (Bild 5.8) ist eine Vierpolmatrix herzuleiten.

Lösung: Mit den Kettenmatrizen der Schaltungen „Querwiderstand“ (Beispiel 3.3) und „Halbglied Tπ“ (Beispiel 3.2) findet man entsprechend der Ersatzschaltung im Bild 5.9 nach (5.5) mit (1.4):

$$\boldsymbol{A}_\pi = \boldsymbol{A}_Q \cdot \boldsymbol{A}_{T\pi} = \begin{pmatrix} \frac{r_2 + r_3}{r_3} & r_2 \\ \frac{r_1 + r_2 + r_3}{r_1 r_3} & \frac{r_1 + r_2}{r_1} \end{pmatrix}$$

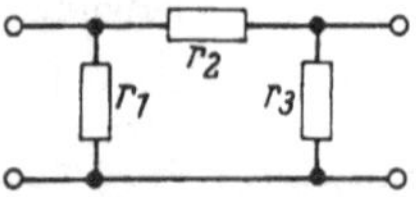

Bild 5.8 π-Schaltung

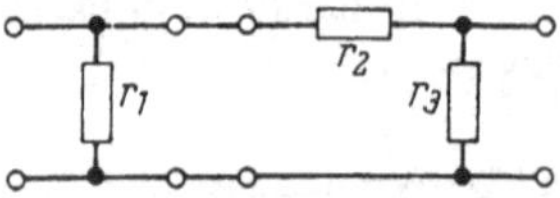

Bild 5.9: Ersatzschaltbild für die π-Schaltung

BEISPIEL 5.3

Für das Halbglied πT (Bild 5.10)[1]) ist eine Vierpolmatrix herzuleiten.

[1]) Wird auch Γ-Vierpol I genannt; das Tπ-Halbglied (Bild 3.1) heißt auch Γ-Vierpol II [39].

1. Lösung:

Setzt man in der T-Schaltung des Beispiels 5.1 (Bild 5.6) $r_1 \to 0$, $r_3 \to r_1$, so erhält man

$$A_{\pi T} = \begin{pmatrix} 1 & r_1 \\ \frac{1}{r_2} & \frac{r_1 + r_2}{r_2} \end{pmatrix}$$

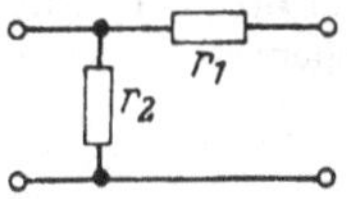

Bild 5.10. Halbglied πT

2. Lösung:

Wird in der π-Schaltung des Beispiels 5.2 (Bild 5.8) $r_1 \to r_2$, $r_2 \to r_1$, $r_3 \to \infty$ gesetzt, so führt dies zu

$$A_{\pi T} = \lim_{r_3 \to \infty} A_\pi = \lim_{r_3 \to \infty} \begin{pmatrix} \frac{r_1}{r_3} + 1 & r_1 \\ \frac{1}{r_3} + \frac{r_1}{r_2 r_3} + \frac{1}{r_2} & \frac{r_1 + r_2}{r_2} \end{pmatrix}$$

$$= \begin{pmatrix} 1 & r_1 \\ \frac{1}{r_2} & \frac{r_1 + r_2}{r_2} \end{pmatrix}$$

BEISPIEL 5.4

Für die π-Schaltung ist aus der Kettenmatrix A_π (Beispiel 5.2) die Widerstandsmatrix Z_π allgemein und für das Zahlenbeispiel $r_1 = 4\,\Omega + \mathrm{j} \cdot 4\,\Omega$, $r_2 = 10\,\Omega - \mathrm{j} \cdot 2\,\Omega$, $r_3 = 6\,\Omega + \mathrm{j} \cdot 8\,\Omega$ zu berechnen.

Lösung: Mit Tafel 2 wird aus dem Ergebnis des Beispiels 5.2:

$$Z_\pi = \begin{pmatrix} \frac{r_1(r_2 + r_3)}{r_1 + r_2 + r_3} & -\frac{r_1 r_3}{r_1 + r_2 + r_3} \\ \frac{r_1 r_3}{r_1 + r_2 + r_3} & -\frac{r_3(r_1 + r_2)}{r_1 + r_2 + r_3} \end{pmatrix}$$

Bei Beachtung von (1.19) ergibt sich für das Zahlenbeispiel:

$$z_{11} = 3{,}36\,\Omega + \mathrm{j}\cdot 2{,}72\,\Omega; \qquad z_{12} = -0{,}8\,\Omega - \mathrm{j}\cdot 2{,}4\,\Omega$$

$$z_{21} = 0{,}8\,\Omega + \mathrm{j}\cdot 2{,}4\,\Omega; \qquad z_{22} = 5{,}2\,\Omega + \mathrm{j}\cdot 3{,}6\,\Omega$$

BEISPIEL 5.5

Es ist für die im Bild 5.11 dargestellte Schaltung die Leitwertmatrix $\boldsymbol{Y}$ zu bestimmen.

Lösung: Für die Vierpole I und II im Bild 5.11 entnimmt man den Beispielen 3.2 und 3.3 die entsprechenden Kettenparameter. Aus ihnen ergibt sich mit Tafel 2:

$$\boldsymbol{Z}_I = \begin{pmatrix} \mathrm{j}X_C + R_1 & -R_1 \\ R_1 & -R_1 \end{pmatrix}, \quad \boldsymbol{Z}_{II} = \begin{pmatrix} R_2 & -R_2 \\ R_2 & -R_2 \end{pmatrix}$$

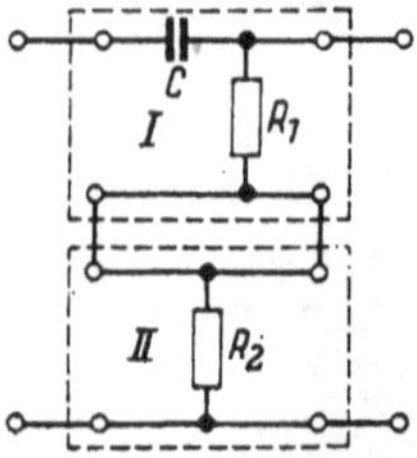

Bild 5.11: Reihenschaltung von Halbglied Tπ und Querwiderstand

Da nach Bild 5.11 eine Reihenschaltung der Vierpole I und II vorliegt, erhält man nach (5.1) die Widerstandsmatrix $\boldsymbol{Z}$ und aus dieser mit Tafel 2:

$$\boldsymbol{Y} = \begin{pmatrix} \dfrac{1}{\mathrm{j}X_C} & -\dfrac{1}{\mathrm{j}X_C} \\ \dfrac{1}{\mathrm{j}X_C} & -\left(\dfrac{1}{\mathrm{j}X_C} + \dfrac{1}{R_1 + R_2}\right) \end{pmatrix}$$

BEISPIEL 5.6

Für die im Bild 5.12 dargestellte Schaltung ist die Widerstandsmatrix $\boldsymbol{Z}$ zu ermitteln.

Lösung: Aus den Beispielen 3.4 und 3.5 findet man mit (5.5) $\boldsymbol{A}_{\mathrm{I/II}}$. Tafel 2 ergibt die zugehörige Matrix $\boldsymbol{D}_{\mathrm{I/II}}$. Beispiel 5.1 liefert für den Vierpol III die Kettenmatrix $\boldsymbol{A}_{\mathrm{III}}$, woraus man mit

Tafel 2 $\boldsymbol{D}_{\mathrm{III}}$ erhält. Gleichung (5.3) ergibt für die Reihenparallelschaltung $\boldsymbol{D} = \boldsymbol{D}_{\mathrm{I/II}} + \boldsymbol{D}_{\mathrm{III}}$ und somit

$$\boldsymbol{Z} = \begin{pmatrix} R_1 + R_2 + \mathrm{j}X_L & \mathrm{j}X_L \\ -\mathrm{j}X_L & -\mathrm{j}(X_C + X_L) \end{pmatrix}$$

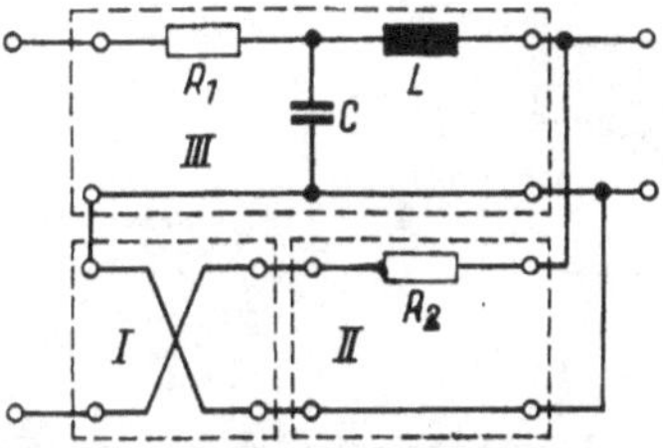

Bild 5.12: Reihenparallel- und Kettenschaltung von T-Glied, Kreuzverbindung und Längswiderstand

AUFGABEN

5.1 Wie lautet die Kettenmatrix für die Schaltung in Bild 5.13?

5.2 Zur Verringerung von HF-Spannungen werden sog. Widerstandskaskaden entsprechend Bild 5.14 benutzt. Es ist die Kettenmatrix für diese Schaltung zu berechnen.

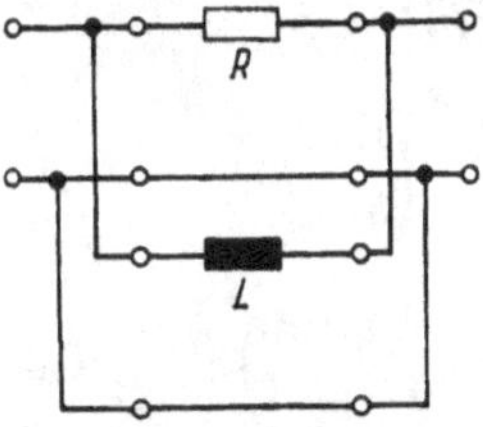

Bild 5.13: Parallelschaltung zweier Längswiderstände

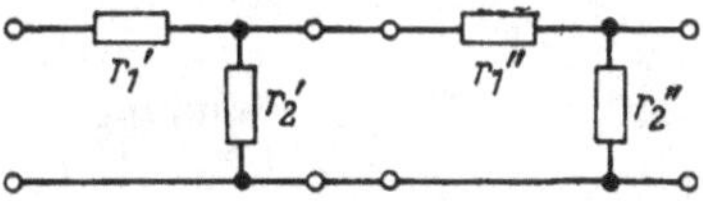

Bild 5.14: Widerstandskaskade

5.3 Die Kettenmatrix des T-Vierpols ist aus dem Netzwerk Bild 5.14 herzuleiten. Für die Ermittlung von $\boldsymbol{A}$ kann das Ergebnis von Aufgabe 5.2 benutzt werden.

5.4 Wie lautet die Widerstandsmatrix für die Parallelreihenschaltung eines Querwiderstands und eines Längswiderstands (Bild 5.15)?

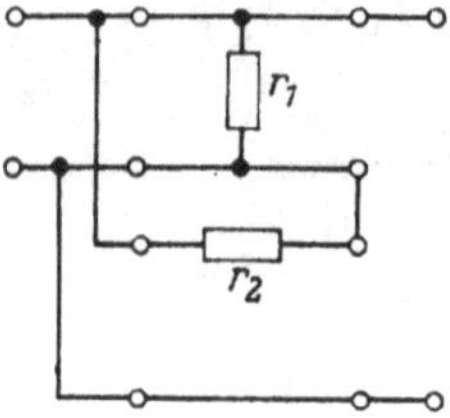

Bild 5.15: Parallelreihenschaltung von Quer- und Längswiderstand

6. Berechnung der Matrizen der elementaren Vierpole

6.1. Querwiderstand, Längswiderstand, Kreuzverbindung, Halbglied Tπ, *Halbglied* πT, T-*Schaltung*, π-*Schaltung*

In den Beispielen 3.2, 3.3, 3.4, 3.5, 5.1, 5.2, 5.3 sind bisher folgende *Kettenmatrizen* hergeleitet worden:

Querwiderstand (Bild 3.2)
$$A = \begin{pmatrix} 1 & 0 \\ \frac{1}{r} & 1 \end{pmatrix} \tag{6.1}$$

Längswiderstand (Bild 3.3)
$$A = \begin{pmatrix} 1 & r \\ 0 & 1 \end{pmatrix} \tag{6.2}$$

Kreuzverbindung (Bild 3.4)
$$A = \begin{pmatrix} -1 & 0 \\ 0 & -1 \end{pmatrix} \tag{6.3}$$

Halbglied Tπ (Bild 3.1)
$$A = \begin{pmatrix} \frac{r_1 + r_2}{r_2} & r_1 \\ \frac{1}{r_2} & 1 \end{pmatrix} \tag{6.4}$$

Halbglied πT (Bild 5.10)

$$A = \begin{pmatrix} 1 & r_1 \\ \dfrac{1}{r_2} & \dfrac{r_1 + r_2}{r_2} \end{pmatrix} \tag{6.5}$$

T-Schaltung (Bild 5.6)

$$A = \begin{pmatrix} \dfrac{r_1 + r_2}{r_2} & \dfrac{r_1 r_2 + r_2 r_3 + r_3 r_1}{r_2} \\ \dfrac{1}{r_2} & \dfrac{r_2 + r_3}{r_2} \end{pmatrix} \tag{6.6}$$

π-Schaltung (Bild 5.8)

$$A = \begin{pmatrix} \dfrac{r_2 + r_3}{r_3} & r_2 \\ \dfrac{r_1 + r_2 + r_3}{r_1 r_3} & \dfrac{r_1 + r_2}{r_1} \end{pmatrix} \tag{6.7}$$

6.2. U-Schaltung und X-Schaltung

Aus den Regeln (1.76), (1.77) und (1.78) ergeben sich für die U-Schaltung (Bild 6.1) und die X-Schaltung (Bild 6.2) nach einigen Umformungen die *Widerstandsmatrizen:*

U-Schaltung

$$Z = \begin{pmatrix} r_1 & 0 \\ 0 & -r_2 \end{pmatrix} \tag{6.8}$$

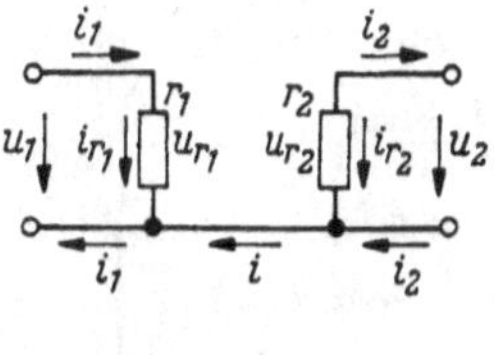

Bild 6.1: U-Schaltung

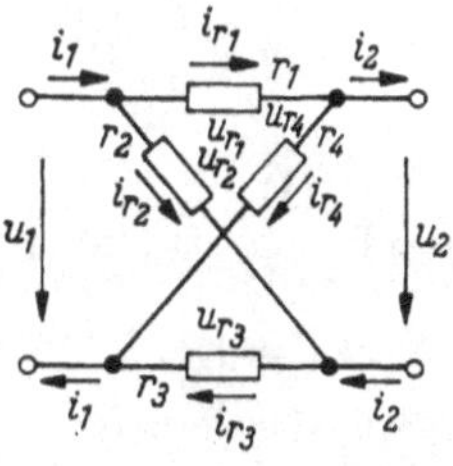

Bild 6.2: X-Schaltung

Allgemeine X-Schaltung

$$\mathbf{Z} = \begin{pmatrix} \dfrac{(r_1 + r_4)(r_2 + r_3)}{r_1 + r_2 + r_3 + r_4} & \dfrac{-r_1 r_3 + r_2 r_4}{r_1 + r_2 + r_3 + r_4} \\ \dfrac{-r_1 r_3 + r_2 r_4}{r_1 + r_2 + r_3 + r_4} & \dfrac{(r_1 + r_2)(r_3 + r_4)}{r_1 + r_2 + r_3 + r_4} \end{pmatrix} \tag{6.9}$$

6.3. Verlustbehafteter Lufttransformator mit Streuung

Aus den Gln. (1.76), (1.77), (1.78) findet man für den Transformator mit gleichsinniger (Bild 6.3) bzw. gegensinniger Kopplung (Bild 6.4) bei Beachtung von (1.67) und (1.97):

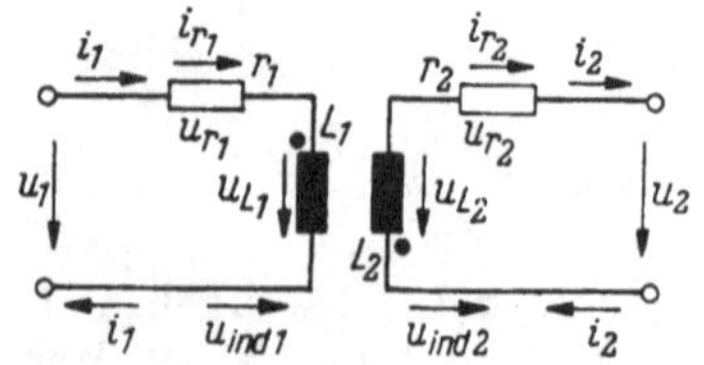

Bild 6.3: Transformator mit gleichsinniger Kopplung (vgl. Bild 1.6)

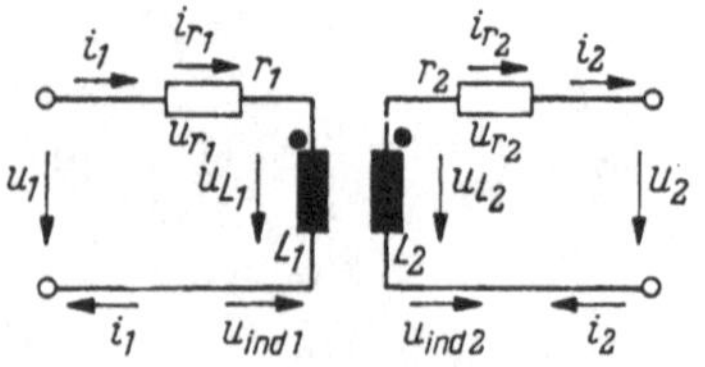

Bild 6.4: Transformator mit gegensinniger Kopplung (vgl. Bild 1.7)

$$\left.\begin{aligned} i_1 &= i_{r1} \\ i_2 &= i_{r2} \end{aligned}\right\} \text{(I)} \qquad \left.\begin{aligned} u_{r1} + u_{L1} - u_{\text{ind}1} - u_1 &= 0 \\ -u_{r2} + u_{L2} + u_{\text{ind}2} - u_2 &= 0 \end{aligned}\right\} \text{(II)}$$

$$\left.\begin{aligned} u_{r1} &= r_1 i_{r1}, & u_{r2} &= r_2 i_{r2} \\ u_{L1} &= \mathrm{j}\omega L_1 i_1, & u_{L2} &= -\mathrm{j}\omega L_2 i_2 \\ u_{\text{ind}1} &= \mp \mathrm{j}\omega M i_2, & u_{\text{ind}2} &= \mp \mathrm{j}\omega M i_1 \end{aligned}\right\} \text{(III)}$$

Mit (I), (II) und (III) folgt für die aus Tafel 1a entnommenen Widerstandsparameter:

$$\left.\begin{aligned}
z_{11} &= \left.\frac{u_1}{\dot{i}_1}\right|_{i_2=0} = \left.\frac{u_{r1} + u_{L1} - u_{\text{ind}1}}{\dot{i}_1}\right|_{i_2=0} = \left.\frac{r_1\dot{i}_1 + \mathrm{j}\omega L_1\dot{i}_1 \pm \mathrm{j}\omega M\dot{i}_2}{\dot{i}_1}\right|_{i_2=0} = r_1 + \mathrm{j}\omega L_1 \\
z_{21} &= \left.\frac{u_2}{\dot{i}_1}\right|_{i_2=0} = \left.\frac{-u_{r2} + u_{L2} + u_{\text{ind}2}}{\dot{i}_1}\right|_{i_2=0} = \left.\frac{-r_2\dot{i}_2 - \mathrm{j}\omega L_2\dot{i}_2 \mp \mathrm{j}\omega M\dot{i}_1}{\dot{i}_1}\right|_{i_2=0} = \mp\mathrm{j}\omega k\sqrt{L_1L_2} \\
z_{12} &= \left.\frac{u_1}{\dot{i}_2}\right|_{i_1=0} = \left.\frac{u_{r1} + u_{L1} - u_{\text{ind}1}}{\dot{i}_2}\right|_{i_1=0} = \left.\frac{r_1\dot{i}_1 + \mathrm{j}\omega L_1\dot{i}_1 \pm \mathrm{j}\omega M\dot{i}_2}{\dot{i}_2}\right|_{i_1=0} = \pm\mathrm{j}\omega k\sqrt{L_1L_2} \\
z_{22} &= \left.\frac{u_2}{\dot{i}_2}\right|_{i_1=0} = \left.\frac{-u_{r2} + u_{L2} + u_{\text{ind}2}}{\dot{i}_2}\right|_{i_1=0} = \left.\frac{-r_2\dot{i}_2 - \mathrm{j}\omega L_2\dot{i}_2 \mp \mathrm{j}\omega M\dot{i}_1}{\dot{i}_2}\right|_{i_1=0} = -(r_2 + \mathrm{j}\omega L_2)
\end{aligned}\right\} \quad \text{(IV)}$$

Aus (IV) ergibt sich die *Widerstandsmatrix* für den

Lufttransformator mit Streuung und gleichsinniger bzw. gegensinniger Kopplung

$$\boldsymbol{Z} = \begin{pmatrix} r_1 + \mathrm{j}\omega L_1 & \mathrm{j}\omega k\sqrt{L_1 L_2} \\ -\mathrm{j}\omega k\sqrt{L_1 L_2} & -(r_2 + \mathrm{j}\omega L_2) \end{pmatrix} \tag{6.10}$$

$$\boldsymbol{Z} = \begin{pmatrix} r_1 + \mathrm{j}\omega L_1 & -\mathrm{j}\omega k\sqrt{L_1 L_2} \\ \mathrm{j}\omega k\sqrt{L_1 L_2} & -(r_2 + \mathrm{j}\omega L_2) \end{pmatrix} \tag{6.11}$$

In der Tafel 3 sind für die betrachteten elementaren Vierpole die fünf wichtigen Vierpolmatrizen $\boldsymbol{Z}$, $\boldsymbol{Y}$, $\boldsymbol{D}$, $\boldsymbol{C}$, $\boldsymbol{A}$ zusammengefaßt.

AUFGABEN

6.1 Wie lautet die Widerstandsmatrix für das Netzwerk Bild 6.5?

6.2 Es ist die Leitwertmatrix für das Netzwerk Bild 6.6 zu ermitteln.

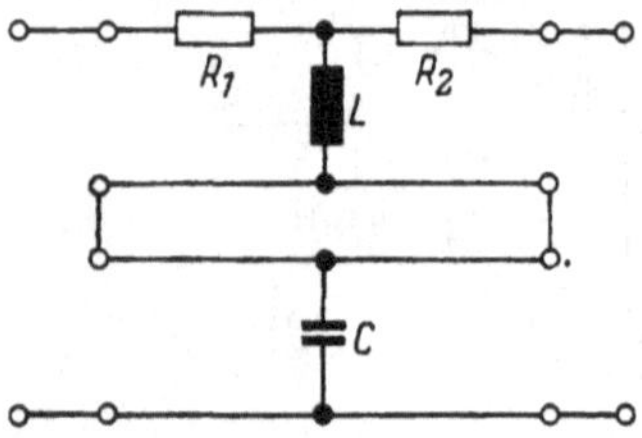

Bild 6.5: Reihenschaltung von T-Glied und Querwiderstand

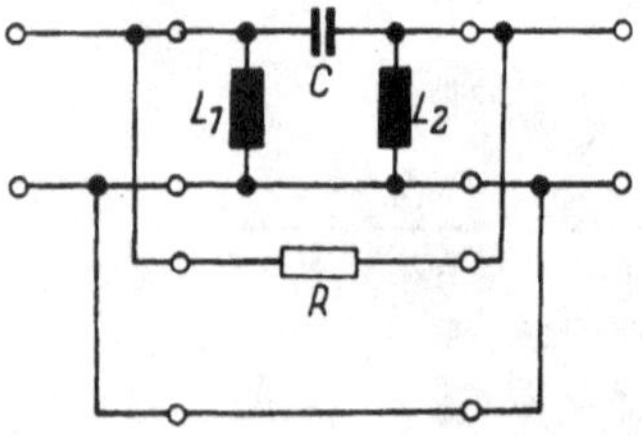

Bild 6.6: Parallelschaltung von π-Glied und Längswiderstand

Tafel 3: Matrizen der elementaren passiven Vierpole

Vierpol		Z	Y	D	C	A
Querwiderstand	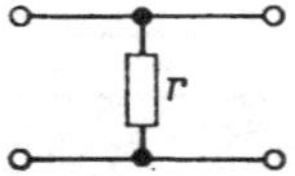	$\begin{matrix} r & -r \\ r & -r \end{matrix}$	existiert nicht	$\begin{matrix} 1 & 0 \\ -\frac{1}{r} & 1 \end{matrix}$	$\begin{matrix} 1 & \frac{1}{r} \\ 0 & 1 \end{matrix}$	$\begin{matrix} 1 & 0 \\ \frac{1}{r} & 1 \end{matrix}$
Längswiderstand	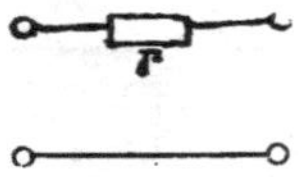	existiert nicht	$\begin{matrix} \frac{1}{r} & -\frac{1}{r} \\ \frac{1}{r} & -\frac{1}{r} \end{matrix}$	$\begin{matrix} 1 & r \\ 0 & 1 \end{matrix}$	$\begin{matrix} 1 & 0 \\ -r & 1 \end{matrix}$	$\begin{matrix} 1 & r \\ 0 & 1 \end{matrix}$
Kreuzverbindung		existiert nicht	existiert nicht	$\begin{matrix} -1 & 0 \\ 0 & -1 \end{matrix}$	$\begin{matrix} -1 & 0 \\ 0 & -1 \end{matrix}$	$\begin{matrix} -1 & 0 \\ 0 & -1 \end{matrix}$
Halbglied Tπ	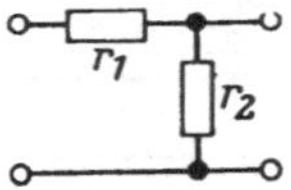	$\begin{matrix} r_1 + r_2 & -r_2 \\ r_2 & -r_2 \end{matrix}$	$\begin{matrix} \frac{1}{r_1} & -\frac{1}{r_1} \\ \frac{1}{r_1} & -\frac{r_1 + r_2}{r_1 r_2} \end{matrix}$	$\begin{matrix} 1 & r_1 \\ -\frac{1}{r_2} & 1 \end{matrix}$	$\begin{matrix} \frac{r_2}{r_1 + r_2} & \frac{1}{r_1 + r_2} \\ -\frac{r_1 r_2}{r_1 + r_2} & \frac{r_2}{r_1 + r_2} \end{matrix}$	$\begin{matrix} \frac{r_1 + r_2}{r_2} & r_1 \\ \frac{1}{r_2} & 1 \end{matrix}$

Tafel 3: (Fortsetzung)

Vierpol		Z	Y	D	C	A
Halbglied πT	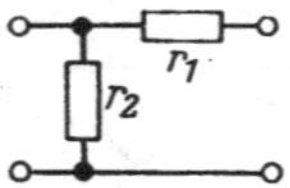	$\begin{matrix} r_2 & -r_2 \\ r_2 & -(r_1+r_2) \end{matrix}$	$\begin{matrix} \frac{r_1+r_2}{r_1r_2} & -\frac{1}{r_1} \\ \frac{1}{r_1} & -\frac{1}{r_1} \end{matrix}$	$\begin{matrix} \frac{r_2}{r_1+r_2} & \frac{r_1r_2}{r_1+r_2} \\ -\frac{1}{r_1+r_2} & \frac{r_2}{r_1+r_2} \end{matrix}$	$\begin{matrix} 1 & \frac{1}{r_2} \\ -r_1 & 1 \end{matrix}$	$\begin{matrix} 1 & r_1 \\ \frac{1}{r_2} & \frac{r_1+r_2}{r_2} \end{matrix}$
T-Schaltung	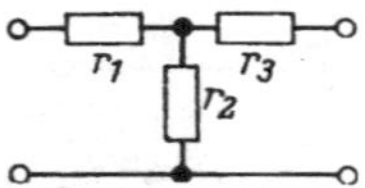	$\begin{matrix} r_1+r_2 & -r_2 \\ r_2 & -(r_2+r_3) \end{matrix}$	$\begin{matrix} \frac{r_2+r_3}{[P_1]} & -\frac{r_2}{[P_1]} \\ \frac{r_2}{[P_1]} & -\frac{r_1+r_2}{[P_1]} \end{matrix}$	$\begin{matrix} \frac{r_2}{r_2+r_3} & \frac{[P_1]}{r_2+r_3} \\ -\frac{1}{r_2+r_3} & \frac{r_2}{r_2+r_3} \end{matrix}$	$\begin{matrix} \frac{r_3}{r_1+r_2} & \frac{1}{r_1+r_2} \\ -\frac{[P_1]}{r_1+r_2} & \frac{r_2}{r_1+r_2} \end{matrix}$	$\begin{matrix} \frac{r_1+r_2}{r_2} & \frac{[P_1]}{r_2} \\ \frac{1}{r_2} & \frac{r_2+r_3}{r_2} \end{matrix}$
π-Schaltung	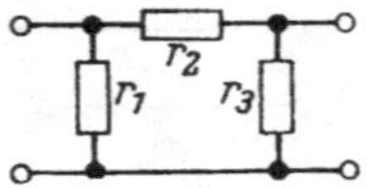	$\begin{matrix} \frac{K_1}{[R_1]} & -\frac{r_1r_3}{[R_1]} \\ \frac{r_1r_3}{[R_1]} & -\frac{K_2}{[R_1]} \end{matrix}$	$\begin{matrix} \frac{K_2}{r_1r_2r_3} & -\frac{r_1r_3}{r_1r_2r_3} \\ \frac{r_1r_3}{r_1r_2r_3} & -\frac{K_1}{r_1r_2r_3} \end{matrix}$	$\begin{matrix} \frac{r_1}{r_1+r_2} & \frac{r_1r_2}{r_1+r_2} \\ -\frac{[R_1]}{K_2} & \frac{r_1}{r_1+r_2} \end{matrix}$	$\begin{matrix} \frac{r_3}{r_2+r_3} & \frac{[R_1]}{K_1} \\ -\frac{r_2r_3}{r_2+r_3} & \frac{r_3}{r_2+r_3} \end{matrix}$	$\begin{matrix} \frac{r_2+r_3}{r_3} & r_2 \\ \frac{[R_1]}{r_1r_3} & \frac{r_1+r_2}{r_1} \end{matrix}$
U-Schaltung	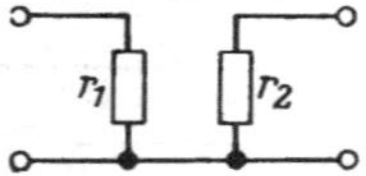	$\begin{matrix} r_1 & 0 \\ 0 & -r_2 \end{matrix}$	$\begin{matrix} \frac{1}{r_1} & 0 \\ 0 & -\frac{1}{r_2} \end{matrix}$	$\begin{matrix} 0 & r_1 \\ -\frac{1}{r_2} & 0 \end{matrix}$	$\begin{matrix} 0 & \frac{1}{r_1} \\ -r_2 & 0 \end{matrix}$	existiert nicht

Tafel 3: (Fortsetzung)

Vierpol		Z	Y	D	C	A
X-Schaltung	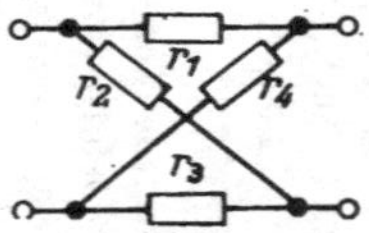	$\begin{pmatrix} \frac{K_3}{[R_2]} & -\frac{[P_2]}{[R_2]} \\ \frac{[P_2]}{[R_2]} & -\frac{K_4}{[R_2]} \end{pmatrix}$	$\begin{pmatrix} \frac{K_4}{[P_3]} & -\frac{[P_2]}{[P_3]} \\ \frac{[P_2]}{[P_3]} & -\frac{K_3}{[P_3]} \end{pmatrix}$	$\begin{pmatrix} \frac{[P_2]}{K_4} & \frac{[P_3]}{K_4} \\ -\frac{[R_2]}{K_4} & \frac{[P_2]}{K_4} \end{pmatrix}$	$\begin{pmatrix} \frac{[P_2]}{K_3} & \frac{[R_2]}{K_3} \\ -\frac{[P_3]}{K_3} & \frac{[P_2]}{K_3} \end{pmatrix}$	$\begin{pmatrix} \frac{K_3}{[P_2]} & \frac{[P_3]}{[P_2]} \\ \frac{[R_2]}{[P_2]} & \frac{K_4}{[P_2]} \end{pmatrix}$
Verlustbehafteter Lufttransformator mit Streuung und gleichsinniger Kopplung	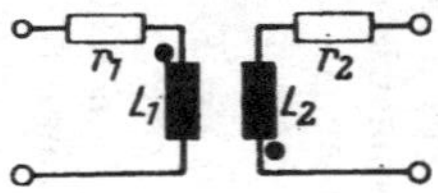	$\begin{pmatrix} r_1' & jX_M \\ -jX_M & -r_2' \end{pmatrix}$	$\begin{pmatrix} \frac{r_2'}{S} & \frac{jX_M}{S} \\ -\frac{jX_M}{S} & -\frac{r_1'}{S} \end{pmatrix}$	$\begin{pmatrix} -\frac{jX_M}{r_2'} & \frac{S}{r_2'} \\ -\frac{1}{r_2'} & -\frac{jX_M}{r_2'} \end{pmatrix}$	$\begin{pmatrix} -\frac{jX_M}{r_1'} & \frac{1}{r_1'} \\ -\frac{S}{r_1'} & -\frac{jX_M}{r_1'} \end{pmatrix}$	$\begin{pmatrix} -\frac{r_1'}{jX_M} & -\frac{S}{jX_M} \\ -\frac{1}{jX_M} & -\frac{r_2'}{jX_M} \end{pmatrix}$
Verlustbehafteter Lufttransformator mit Streuung und gegensinniger Kopplung	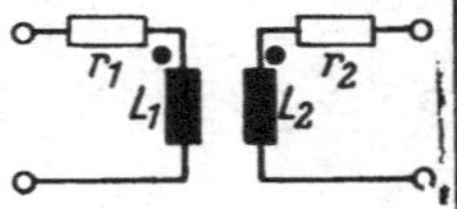	$\begin{pmatrix} r_1' & -jX_M \\ jX_M & -r_2' \end{pmatrix}$	$\begin{pmatrix} \frac{r_2'}{S} & -\frac{jX_M}{S} \\ \frac{jX_M}{S} & -\frac{r_1'}{S} \end{pmatrix}$	$\begin{pmatrix} \frac{jX_M}{r_2'} & \frac{S}{r_2'} \\ -\frac{1}{r_2'} & \frac{jX_M}{r_2'} \end{pmatrix}$	$\begin{pmatrix} \frac{jX_M}{r_1'} & \frac{1}{r_1'} \\ -\frac{S}{r_1'} & \frac{jX_M}{r_1'} \end{pmatrix}$	$\begin{pmatrix} \frac{r_1'}{jX_M} & \frac{S}{jX_M} \\ \frac{1}{jX_M} & \frac{r_2'}{jX_M} \end{pmatrix}$

Abkürzungen: $[P_1] = r_1r_2 + r_2r_3 + r_3r_1$; $K_1 = r_1(r_2 + r_3)$; $K_2 = r_3(r_1 + r_2)$; $[R_1] = r_1 + r_2 + r_3$;
$K_3 = (r_1 + r_4)(r_2 + r_3)$; $K_4 = (r_1 + r_2)(r_3 + r_4)$; $[P_2] = -r_1r_3 + r_2r_4$;
$[P_3] = r_1r_2r_3 + r_1r_2r_4 + r_1r_3r_4 + r_2r_3r_4$; $[R_2] = r_1 + r_2 + r_3 + r_4$; $jX_M = j\omega k\sqrt{L_1L_2}$; $r_1' = r_1 + j\omega L_1$;
$r_2' = r_2 + j\omega L_2$; $S = r_1r_2 - \omega^2L_1L_2(1 - k^2) + j\omega(L_1r_2 + L_2r_1)$

6.3 Für die H-Schaltung (Bild 6.7) ist nach Wahl einer geeigneten Ersatzschaltung, z. B. mit zwei T-Schaltungen und zwei Kreuzverbindungen, die Widerstandsmatrix zu berechnen.

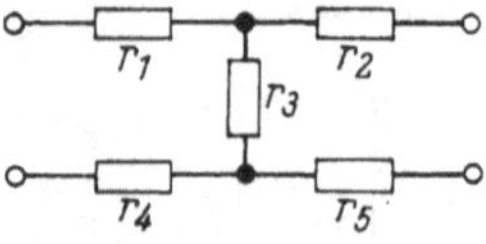

Bild 6.7: H-Schaltung

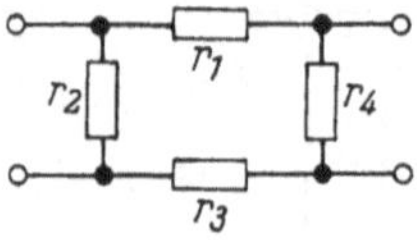

Bild 6.8: Viereckschaltung

6.4 Für die Viereckschaltung (Bild 6.8) ist eine Ersatzschaltung, beispielsweise mit einem Halbglied πT, zwei Kreuzverbindungen, einem Längswiderstand und einem Querwiderstand, festzulegen und die Kettenmatrix zu bestimmen.

6.5 Wie lauten die Widerstandsmatrizen für das Integrierglied (Bild 6.9) und das Differenzierglied (Bild 6.10)?

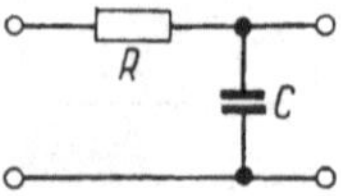

Bild 6.9: Integrierglied (Siebglied)

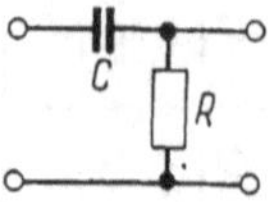

Bild 6.10: Differenzierglied (Koppelglied)

6.6 Für alle in Tafel 3 aufgeführten elementaren passiven Vierpole sind die zu den Vierpolmatrizen $\boldsymbol{Z}$, $\boldsymbol{Y}$, $\boldsymbol{D}$, $\boldsymbol{C}$, $\boldsymbol{A}$ gehörigen Determinanten zu berechnen. In den Lösungen sind die in Tafel 3 benutzten Abkürzungen zu verwenden.

6.7 Aus Tafel 3 sind zunächst die Kettengleichungen (3.4) für einen verlust- und streuungsfreien Transformator in gleich- und gegensinniger Kopplung herzuleiten, indem $r_1 = r_2 = 0$, $k = 1$ und (1.99) gesetzt sowie (1.95) beachtet werden. Das Ergebnis ist durch $\Lambda \to \infty$ für den idealen Übertrager zu spezialisieren, wobei beim Übersetzungsverhältnis $\ddot{u}$ die Gln. (1.98) zu berücksichtigen sind. Es sind Aussagen über den Phasenunterschied von Spannung und Strom am Ein- und Ausgang des Übertragers sowie über den Zusammenhang von Übersetzungsverhältnis und Wicklungssinn zu machen.

7. Betriebsparameter abgeschlossener Vierpole

Ein Vierpol heißt *beiderseits abgeschlossen*, wenn die Eingangsklemmen E_1 und E_2 durch einen *Quellwiderstand* z_Q, die Ausgangsklemmen A_1 und A_2 durch einen *Lastwiderstand* z_L überbrückt sind und für Vorwärtsbetrieb

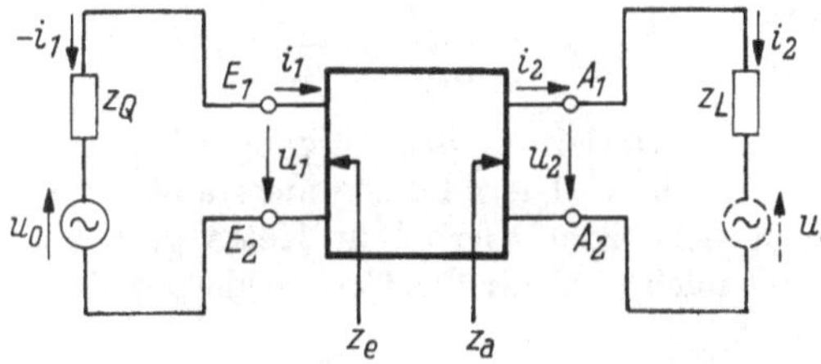

Bild 7.1: Beiderseits abgeschlossener Vierpol. Spannungsquelle für Vorwärtsbetrieb (von links nach rechts) ist ausgezogen, Spannungsquelle für Rückwärtsbetrieb ist gestrichelt

bei z_Q bzw. Rückwärtsbetrieb bei z_L eine *Spannungsquelle* angeschlossen ist (Bild 7.1).

Die *Betriebsparameter* des abgeschlossenen Vierpols sind der *Eingangswiderstand* z_e, der *Ausgangswiderstand* z_a, die *Spannungsverstärkung* v_u, die *Stromverstärkung* v_i. Ihre Größe hängt von der Art des Abschlusses ab.

Im folgenden wird der Eingangswiderstand für Vorwärtsbetrieb hergeleitet. Aus der Kettenform der Vierpolgleichungen (3.4) folgt durch Division beider Gleichungen:

$$\frac{u_1}{i_1} = \frac{a_{11}u_2 + a_{12}i_2}{a_{21}u_2 + a_{22}i_2} = \frac{a_{11}\,\dfrac{u_2}{i_2} + a_{12}}{a_{21}\,\dfrac{u_2}{i_2} + a_{22}} \tag{I}$$

Nach Bild 7.1 bedeuten für Vorwärtsbetrieb

Eingangs-widerstand
$$z_e = \frac{u_1}{i_1} \tag{7.1}$$

Last-widerstand
$$z_L = \frac{u_2}{i_2} \text{ [1]} \tag{7.2}$$

Aus (I) ergibt sich mit (7.1) und (7.2) der

Eingangs-widerstand
$$z_e = \frac{a_{11}z_L + a_{12}}{a_{21}z_L + a_{22}} \tag{7.3}$$

Zur exakten Herleitung des Ausgangswiderstandes bei Vorwärtsbetrieb wird ein Längswiderstand r (Bild 3.3) mit einem beliebigen Vierpol in Kette geschaltet. Gl. (6.2) ergibt nach (5.5) für den Gesamtvierpol die Kettenmatrix

$$\boldsymbol{A}' = \begin{pmatrix} a_{11} + a_{21}r & a_{12} + a_{22}r \\ a_{21} & a_{22} \end{pmatrix}$$

Hierzu gehört folgende Kettenform der Vierpolgleichungen nach (3.4), wenn man bedenkt, daß der Widerstand r zum Quellwiderstand z_Q des Vierpols mit der Kettenmatrix $\boldsymbol{A}'$ wird:

$$\left.\begin{aligned} u_1 &= (a_{11} + a_{21}z_Q)u_2 + (a_{12} + a_{22}z_Q)i_2 \\ i_1 &= \qquad a_{21}u_2 \qquad + \qquad a_{22}i_2 \end{aligned}\right\} \tag{II}$$

Der Vierpol mit der Kettenmatrix $\boldsymbol{A}'$ sei mit z_L abgeschlossen. Für ihn werde eine Ersatzschaltung betrachtet, bei der z_a gewissermaßen den Innenwiderstand der den Vierpol vorwärts betreibenden Ersatzspannungsquelle u_0 darstellt. Für diese Ersatzschaltung findet man aus (1.77) $u_0 = u_2 + u_a = z_L i_2 + z_a i_1$ oder wegen $i_1 = i_2$:

$$u_0 = u_2 + z_a i_2 \tag{III}$$

---

[1] Das Verbinden der Ausgangsklemmen des Vierpols mit den Klemmen des Lastwiderstandes bedeutet praktisch, daß das Verhältnis von Ausgangsspannung und Ausgangsstrom zu z_L festgelegt wird.

Aus der ersten Gleichung von (II) ergibt sich einerseits, wenn $i_2 = 0$ gesetzt wird:

$$u_1 = (a_{11} + a_{21} z_Q) u_2$$

Diese Gleichung gilt also bei Leerlauf für Vorwärtsbetrieb. Ferner folgt aus (III) für $i_2 = 0$ die Übereinstimmung der Leerlaufspannung u_2 mit der elektromotorischen Kraft u_0. Mit $u_2 = u_0$ geht die letzte Gleichung über in

$$u_0 = \frac{u_1}{a_{11} + a_{21} z_Q} \tag{IV}$$

Aus der ersten Gleichung von (II) ergibt sich andererseits durch Division mit $a_{11} + a_{21} z_Q$ und bei Beachtung von (IV):

$$u_0 = u_2 + \frac{a_{22} z_Q + a_{12}}{a_{21} z_Q + a_{11}} \, i_2 \tag{V}$$

Durch Vergleich von (III) und (V) findet man schließlich den

Ausgangs-widerstand

$$z_a = \frac{a_{22} z_Q + a_{12}}{a_{21} z_Q + a_{11}} \tag{7.4}$$

Nun gilt folgender

Satz 7:

Der Ausgangswiderstand bei Vorwärtsbetrieb, z_{av} genannt (in (7.4) hergeleitet), stimmt mit dem „Ausgangs"-Widerstand z_{ar} bei Rückwärtsbetrieb überein. Entsprechendes gilt für den Eingangswiderstand z_{ev} bei Vorwärtsbetrieb (in (7.3) hergeleitet) und den „Eingangs"-Widerstand z_{er} bei Rückwärtsbetrieb:

$$z_{av} = z_{ar}, \qquad z_{ev} = z_{er} \tag{7.5}$$

Beweis:

Speist man den Vierpol gemäß Bild 7.2 rückwärts, dann gelten bei Belassung der alten Stromrichtungspfeile und Bezeichnungen

Quellwiderstand $$z_Q = \frac{u_1}{-i_1}\ ^{1)} \qquad (7.6)$$

und

$$z_{ar} = \frac{u_2}{-i_2} \qquad (7.7\,a)$$

oder allgemeiner (für die Annahme der Gültigkeit von (7.5))

Ausgangs-widerstand $$z_a = \frac{u_2}{-i_2} \qquad (7.7)$$

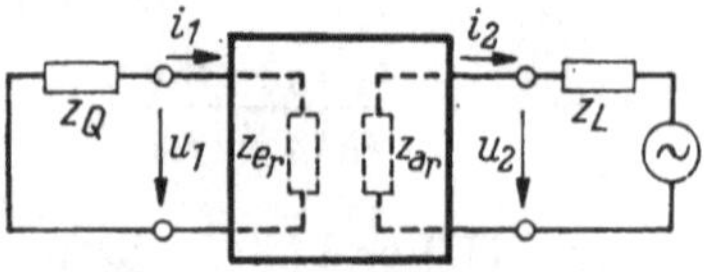

Bild 7.2: Abgeschlossener Vierpol bei Rückwärtsbetrieb

Werden (7.6) und (7.7a) in die Gln. (3.4) eingesetzt und die dann entstehenden beiden Gleichungen durcheinander dividiert, so erhält man durch Umformung

$$z_{ar} = \frac{a_{22}z_Q + a_{12}}{a_{21}z_Q + a_{11}} \qquad (VI)$$

Gl. (VI) stimmt mit dem für Vorwärtsbetrieb abgeleiteten Ausgangswiderstand (7.4) überein. Entsprechend verläuft der Beweis für $z_{ev} = z_{er}$. q. e. d.

Mit diesem Beweis für (7.5) ergibt sich erst die Berechtigung, den Ausgangswiderstand z_a auch durch Betrachtung am rückwärts betriebenen Vierpol zu gewinnen:

[1]) Analog zu Fußnote Seite 78.

Aus (3.4) bekommt man durch Auflösung nach u_2 und i_2

$$u_2 = \frac{a_{22}u_1 - a_{12}i_1}{\Delta A}, \qquad i_2 = \frac{a_{11}i_1 - a_{21}u_1}{\Delta A}$$

und durch deren Division bei Beachtung von (7.6) und (7.7) dieselbe Formel (7.4) für den Ausgangswiderstand.

BEISPIEL 7.1

Gegeben sei eine T-Schaltung (Bild 5.6) mit den Widerständen $r_1 = 30\,\Omega$, $r_2 = 10\,\Omega$, $r_3 = 20\,\Omega$. Gesucht sind z_e, z_a für $z_Q = 10\,\Omega$ und $z_L = 70\,\Omega$.

Lösung: Für die T-Schaltung entnimmt man aus Tafel 3 die Widerstandsmatrix. Diese liefert mit den gegebenen Widerständen bei Beachtung von Tafel 2 und der Gln. (7.3) und (7.4): $z_e = 39\,\Omega$, $z_a = 28\,\Omega$.

Es werden definiert

Spannungsverstärkung $$v_u = \frac{u_2}{u_1} \tag{7.8}$$

Stromverstärkung $$v_i = \frac{i_2}{i_1} \tag{7.9}$$

Die beiden Gleichungen (3.4) ergeben mit (7.8), (7.9) und (7.2)

Spannungsverstärkung $$v_u = \frac{z_L}{a_{11}z_L + a_{12}} \tag{7.10}$$

Stromverstärkung $$v_i = \frac{1}{a_{21}z_L + a_{22}} \tag{7.11}$$

BEISPIEL 7.2

Für die T-Schaltung des Beispiels 7.1 erhält man mit den dort vorgegebenen Widerständen nach (7.10) und (7.11): $v_u = 0{,}18$; $v_i = 0{,}10$.

Aus (7.3), (7.4), (7.10), (7.11) findet man mit den Beziehungen in Tafel 2 die Tafel 4.

Tafel 4: Betriebsparameter für abgeschlossene passive Vierpole

Betriebsparameter	Ausgedrückt in den Elementen der Vierpolmatrix		
	$\boldsymbol{Z}$	$\boldsymbol{Y}$	$\boldsymbol{A}$
$z_e =$	$\dfrac{z_{11}z_L - \Delta\boldsymbol{Z}}{z_L - z_{22}}$	$\dfrac{y_{22}z_L - 1}{\Delta\boldsymbol{Y}z_L - y_{11}}$	$\dfrac{a_{11}z_L + a_{12}}{a_{21}z_L + a_{22}}$
$z_a =$	$-\dfrac{z_{22}z_Q + \Delta\boldsymbol{Z}}{z_Q + z_{11}}$	$-\dfrac{y_{11}z_Q + 1}{\Delta\boldsymbol{Y}z_Q + y_{22}}$	$\dfrac{a_{22}z_Q + a_{12}}{a_{21}z_Q + a_{11}}$
$v_u =$	$\dfrac{z_{21}z_L}{z_{11}z_L - \Delta\boldsymbol{Z}}$	$\dfrac{y_{21}z_L}{-y_{22}z_L + 1}$	$\dfrac{z_L}{a_{11}z_L + a_{12}}$
$v_i =$	$\dfrac{z_{21}}{z_L - z_{22}}$	$\dfrac{y_{21}}{-\Delta\boldsymbol{Y}z_L + y_{11}}$	$\dfrac{1}{a_{21}z_L + a_{22}}$

BEISPIEL 7.3

Für die im Bild 7.3 dargestellte belastete Brückenschaltung sollen Ein- und Ausgangswiderstand, Spannungs- und Stromverstärkung berechnet werden. Gegeben seien folgende Daten: $R_1 = 2500\,\Omega$, $R_2 = 800\,\Omega$, $C = 2652{,}6\,\text{nF}$, $f = 100\,\text{Hz}$, $z_Q = 500\,\Omega$, $z_L = 1000\,\Omega$.

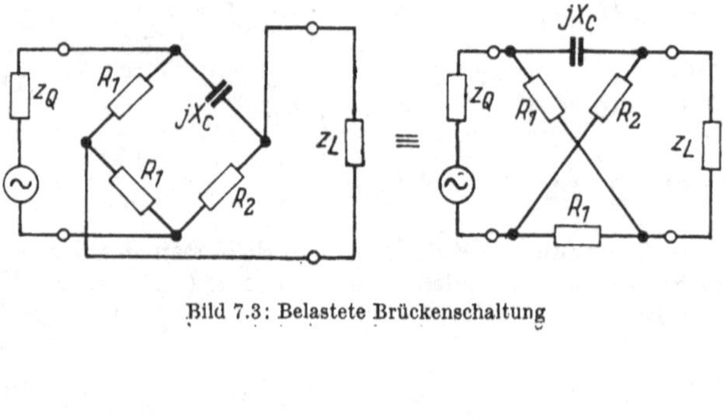

Bild 7.3: Belastete Brückenschaltung

Lösung: Aus (1.60) und (1.68) kann man jX_C mit den gegebenen Werten berechnen:

$$jX_C = -\frac{j}{\omega C} = -\frac{j}{628{,}32\,\frac{1}{s}\cdot 2652{,}6\cdot 10^{-9}\,\frac{As}{V}} = -j\;600\,\Omega$$

Aus Tafel 3 liest man für den im Bild 7.3 eingezeichneten Ersatzvierpol die Kettenmatrix ab:

$$A = \begin{pmatrix} 2\dfrac{R_2 + jX_C}{R_2 - jX_C} & \dfrac{R_1R_2 + jX_C(R_1 + 2R_2)}{R_2 - jX_C} \\ \dfrac{2R_1 + R_2 + jX_C}{R_1(R_2 - jX_C)} & \dfrac{(R_1 + R_2)(R_1 + jX_C)}{R_1(R_2 - jX_C)} \end{pmatrix}$$

Dies ergibt:

$$a_{11} = 0{,}56 - 1{,}92\,j; \qquad a_{12} = 124\,\Omega - j\,3168\,\Omega$$

$$a_{21} = 1{,}71\,mS - j\,1{,}58\,mS; \qquad a_{22} = 2{,}16 - 2{,}61\,j.$$

Aus (7.3), (7.4), (7.10), (7.11) erhält man somit:

$$z_e = 736\,\Omega - j\,518\,\Omega; \qquad z_a = 1480\,\Omega - j\,306\,\Omega$$

$$v_u = 0{,}94 + 7{,}00\,j; \qquad v_i = 0{,}12 + 0{,}13\,j.$$

8. Besondere Vierpole

8.1. Kern- und Widerstandsgleichheit, Symmetrie, Umkehrbarkeit

Definitionen:

Ein Vierpol heißt

1. *kerngleich,* wenn Leerlauf-Eingangskernwiderstand und Leerlauf-Ausgangskernwiderstand übereinstimmen:

$$^{K}z_{1l} = {}^{K}z_{2l} = {}^{K}z \tag{8.1}$$

2. *widerstandsgleich,* wenn Leerlauf-Eingangswiderstand und Leerlauf-Ausgangswiderstand gleich sind:

$$z_{1l} = z_{2l} = z \tag{8.2}$$

3. *längssymmetrisch* — auch kurz *symmetrisch* genannt — bzw. *quersymmetrisch*, wenn der Vierpol entweder geometrisch gesehen symmetrisch zur Mittellinie aufgebaut ist, die senkrecht bzw. parallel zur Energieübertragungsrichtung verläuft, oder elektrisch gesehen die gleichbenannte Symmetrie aufweist,
4. *umkehrbar*, wenn die durch eine EMK bei Vorwärts- und Rückwärtsbetrieb erzeugten Empfangsströme i_2 und $-i_1$ (Bild 7.1) gleich sind.

8.2. *Dualer Vierpol und Gyrator*

Definition:

Zwei Vierpole heißen zueinander ***dual****, wenn die Widerstandsmatrix* $\mathbf{Z}$ *des einen proportional zur Leitwertmatrix* $\bar{\mathbf{Y}}$ *des anderen ist:*

$$\bar{\mathbf{Y}} = \frac{1}{z_0^2}\mathbf{Z} \tag{8.3}$$

z_0 *ist ein konstanter Widerstand und heißt* ***Dualitätsinvariante*** [2].

Duale Beziehungen:

Ohmscher Widerstand R	dual zu	$\bar{R} = \frac{z_0^2}{R}$	(8.4)
Ohmscher Widerstand $R = z_0$	dual zu sich selbst	$\bar{R} = z_0$	
Induktivität L	dual zu	$\bar{C} = \frac{L}{z_0^2}$	
Kapazität C	dual zu	$\bar{L} = z_0^2 C$	
Spannungsquelle	dual zur	Stromquelle	
Knoten	dual zur	Masche	
Kurzschluß	dual zum	Leerlauf	
Reihenschaltung	dual zur	Parallelschaltung	

Definition:

Ein ***Gyrator*** *ist ein spezieller Invertor, nämlich ein Vierpol, für dessen Eingangswiderstand z_e und Lastwiderstand z_L die Beziehung*

$$z_e = \frac{z_0^2}{z_L} \tag{8.5}$$

gilt und dessen Kettenmatrix

$$\boldsymbol{A}_G = \begin{pmatrix} 0 & z_0 \\ \frac{1}{z_0} & 0 \end{pmatrix} \quad (8.6) \qquad \text{mit} \qquad \Delta \boldsymbol{A}_G = -1 \quad (8.7)$$

lautet. z_0 ist mit der Dualitätsinvariante identisch und heißt hier ***Inversionswiderstand****.*

Ein *Negativgyrator* erfüllt die Funktionen von Gyrator und Konverter (Vorzeichenumkehr) gleichzeitig. Für ihn gilt:

$$z_e = -\frac{z_0^2}{z_L} \quad (8.5\,\text{a}) \qquad \boldsymbol{A}_{nG} = \begin{pmatrix} 0 & z_0 \\ -\frac{1}{z_0} & 0 \end{pmatrix} \quad (8.6\,\text{a})$$

$$\Delta \boldsymbol{A}_{nG} = 1 \tag{8.7 a}$$

Der Gyrator wird zur Herstellung von spulenlosen Induktivitäten, der Negativgyrator von spulenfreien Kompensationsschaltungen benutzt [6].

Satz 8.1:

Der zu einem Vierpol mit der Kettenmatrix $\boldsymbol{A}$ *duale Vierpol hat die Kettenmatrix*

$$\bar{\boldsymbol{A}} = \boldsymbol{A}_G \cdot \boldsymbol{A} \cdot \boldsymbol{A}_G = \begin{pmatrix} a_{22} & z_0^2 a_{21} \\ \frac{1}{z_0^2} a_{12} & a_{11} \end{pmatrix} \tag{8.8}$$

Nach [2] ergibt sich bei Kettenschaltungen der duale Vierpol, indem jeder Widerstand im Längs- bzw. Querweg durch den zugehörigen dualen Widerstand im Quer- bzw. Längsweg ersetzt wird.

BEISPIEL 8.1

Im Bild 8.1 gilt nach (8.4): $\bar{L}_1 = z_0^2 C_1$, $\bar{C}_2 = \frac{L_2}{z_0^2}$, $\bar{C}_3 = \frac{L_3}{z_0^2}$, $\bar{L}_4 = z_0^2 C_4$, $\bar{L}_5 = z_0^2 C_5$.

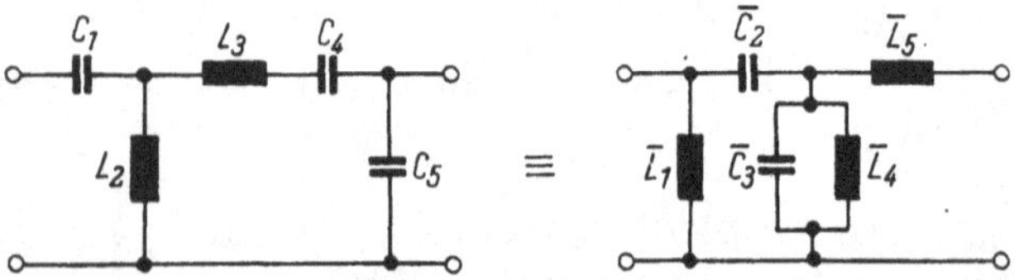

Bild 8.1: Duale Vierpole

8.3. *Umkehrbarer Vierpol*

Aus (1.77) und (1.78) erhält man für Bild 7.1:

Vorwärtsbetrieb:
$$\left.\begin{aligned} u_0 &= u_1 + z_Q i_1 \\ u_2 &= z_L i_2 \end{aligned}\right\} \qquad \text{(I)}$$

Rückwärtsbetrieb:
$$\left.\begin{aligned} u_0 &= u_2 - z_L i_2 \\ u_1 &= -z_Q i_1 \end{aligned}\right\} \qquad \text{(II)}$$

Multipliziert man die zweite Gleichung von (3.4) mit z_Q und addiert die erste Gleichung von (3.4), so ergibt sich mit (I):

$$u_0 = i_2(a_{11} z_L + a_{12} + a_{21} z_Q z_L + a_{22} z_Q) \qquad \text{(III)}$$

Werden die Gln. (3.4) mit der Cramerschen Regel (1.9) nach u_2 und i_2 aufgelöst und die entstandene Gl. für u_2 zur mit $-z_L$ multiplizierten Gl. für i_2 addiert, so erhält man mit (II):

$$u_0 = -\frac{i_1}{\Delta A}\,(a_{11}z_L + a_{12} + a_{21}z_Q z_L + a_{22}z_Q) \qquad \text{(IV)}$$

Aus (III) und (IV) ergibt sich mit Tafel 1a und 2:

$$\frac{i_2}{-i_1} = \frac{1}{\Delta A} = \frac{z_{21}}{-z_{12}} = \frac{{}^K z_{1l}}{{}^K z_{2l}} \qquad (8.9)$$

Formel (8.9) liefert den

Satz 8.2:

Die Ströme i_2 und $-i_1$ im Verbraucher z_L bzw. z_Q beim Vorwärts- bzw. Rückwärtsbetrieb, gleiche Eingangs-EMK vorausgesetzt, verhalten sich wie die entsprechenden Kernwiderstände ${}^K z_{1l}$ und ${}^K z_{2l}$.

Mit den Definitionen 1. und 4. in 8.1. und Gl. (8.9) folgt

Satz 8.3 (Umkehrungssatz der Vierpoltheorie)[1]:

Ein passiver Vierpol ist genau dann ***umkehrbar****, wenn Kerngleichheit besteht, d. h. wenn*

$${}^K z_{1l} = {}^K z_{2l} \quad \text{bzw.} \quad z_{21} = -z_{12} \qquad (8.10)$$

und damit

$$\Delta A = 1 \qquad (8.11)$$

gilt.

Bis auf Ausnahmen (vgl. Gyrator in 8.2) haben alle passiven Vierpole, die aus beliebigen linearen Netzwerken bestehen und in diesen Netzwerken keine elektromotorischen Kräfte enthalten, die Eigenschaft der Kerngleichheit und sind daher umkehrbar.

---

[1]) Beispielsweise in [14] wird gezeigt, daß alle Vierpole, auf die die Kirchhoffschen Regeln anwendbar sind, nur einen einzigen Leerlauf-Kernwiderstand ${}^K z_l$ und einen einzigen Kurzschluß-Kernleitwert ${}^K y_k$ (vgl. Tafel 1a) haben und somit umkehrbar sind.

Aus diesem Satz ergibt sich, daß ein *umkehrbarer Vierpol durch drei Vierpolmatrizenelemente eindeutig bestimmt* ist.

Zum Beispiel sind alle aus Widerständen, Spulen, Kondensatoren, Leitungen, Transformatoren usw. beliebig aufgebauten Netzwerke ohne Strom- und Spannungsquellen kerngleiche und damit umkehrbare Vierpole.

Im folgenden werden nur noch kerngleiche passive Vierpole zugelassen.

8.4. Symmetrischer (längssymmetrischer) Vierpol

Aus der Definition in 8.1. folgt unmittelbar

Satz 8.4:

Ein Vierpol ist ***symmetrisch,*** *wenn Ein- und Ausgangsklemmen vertauschbar sind, ohne daß sich die Vierpolmatrizen ändern.*

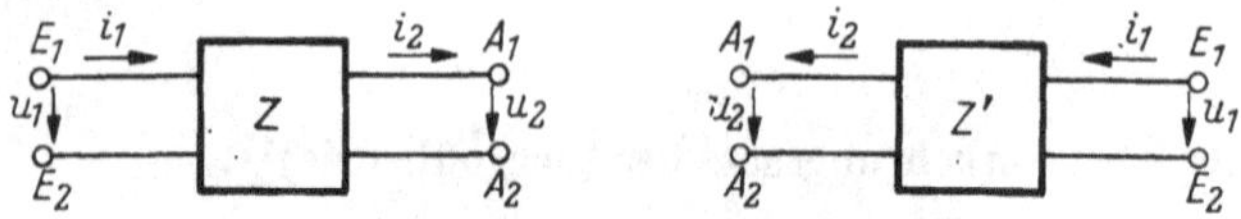

Bild 8.2: Vierpole mit vertauschten Klemmenpaaren

$\boldsymbol{Z}'$ gehe aus $\boldsymbol{Z}$ hervor, wenn Ein- und Ausgangsklemmen vertauscht werden (Bild 8.2):

$$\boldsymbol{Z} = \begin{pmatrix} \dfrac{u_1}{i_1} & \dfrac{u_1}{i_2} \\[2ex] \dfrac{u_2}{i_1} & \dfrac{u_2}{i_2} \end{pmatrix} = \begin{pmatrix} z_{11} & z_{12} \\ z_{21} & z_{22} \end{pmatrix} \qquad \text{(I)}$$

Hieraus mit Bild 8.2:

$$\boldsymbol{Z}' = \begin{pmatrix} \dfrac{u_2}{-i_2} & \dfrac{u_2}{-i_1} \\[2ex] \dfrac{u_1}{-i_2} & \dfrac{u_1}{-i_1} \end{pmatrix} = \begin{pmatrix} -z_{22} & -z_{21} \\ -z_{12} & -z_{11} \end{pmatrix} = \begin{pmatrix} z_{11}' & z_{12}' \\ z_{21}' & z_{22}' \end{pmatrix} \qquad \text{(II)}$$

Für einen symmetrischen Vierpol gilt wegen des Vergleichs zwischen (I) und (II):

$$z_{11} = -z_{22}, \quad z_{12} = -z_{21} \tag{III}$$

Aus Tafel 2 findet man bei Berücksichtigung von (III):

$$\boldsymbol{A} = \begin{pmatrix} \dfrac{z_{11}}{z_{21}} & -\dfrac{\Delta \boldsymbol{Z}}{z_{21}} \\ \dfrac{1}{z_{21}} & -\dfrac{z_{22}}{z_{21}} \end{pmatrix} = \begin{pmatrix} -\dfrac{z_{11}}{z_{12}} & -\dfrac{z_{11}^2 - z_{12}^2}{z_{12}} \\ -\dfrac{1}{z_{12}} & -\dfrac{z_{11}}{z_{12}} \end{pmatrix}$$

$$= \begin{pmatrix} a_{11} & a_{12} \\ a_{21} & a_{22} \end{pmatrix}$$

Hieraus folgt:

$$a_{11} = a_{22}, \qquad \Delta \boldsymbol{A} = 1$$

Daher gilt der

Satz 8.5:

Ein passiver Vierpol ist genau dann ***symmetrisch,*** *wenn*

Kerngleichheit $\left\{ \begin{array}{l} {}^{K}z_{1l} = {}^{K}z_{2l} \quad \textit{bzw.} \quad z_{21} = -z_{12} \qquad (8.10) \\ \textit{und damit} \qquad \Delta \boldsymbol{A} = 1 \qquad (8.11) \end{array} \right.$

und

Widerstandsgleichheit $\left\{ \begin{array}{l} z_{1l} = z_{2l} \quad \textit{bzw.} \quad z_{11} = -z_{22} \qquad (8.12) \\ \textit{und damit} \qquad a_{11} = a_{22} \qquad (8.13) \end{array} \right.$

bestehen.

Aus diesem Satz ergibt sich, daß ein *symmetrischer Vierpol durch zwei Vierpolmatrizenelemente eindeutig bestimmt* ist.

BEISPIEL 8.2

a) Alle bisher kennengelernten elementaren passiven Vierpole sind umkehrbare Vierpole und daher kerngleich.

b) Von den bisher betrachteten elementaren passiven Vierpolen sind die Vierpole Querwiderstand und Kreuzverbindung symmetrische Vierpole und daher kern- und widerstandsgleich. Von den restlichen elementaren Vierpolen können folgende Vierpole in symmetrische überführt werden:

T-Schaltung für $r_3 = r_1$,
π-Schaltung für $r_3 = r_1$,
U-Schaltung für $r_2 = r_1$,
X-Schaltung für $r_3 = r_1$, $r_4 = r_2$,
Lufttransformator für $r_2 = r_1$, $L_2 = L_1$.

Satz 8.6:

Wird ein nicht-kerngleicher Vierpol mit $\boldsymbol{A} = \begin{pmatrix} a_{11} & a_{12} \\ a_{21} & a_{22} \end{pmatrix}$ *entgegengesetzt betrieben, so daß sich Ein- und Ausgangsklemmen vertauschen, d. h. so daß sich der Vierpol umkehrt, dann ergibt sich ein Vierpol mit* $\boldsymbol{A}' = \dfrac{1}{\Delta \boldsymbol{A}} \begin{pmatrix} a_{22} & a_{12} \\ a_{21} & a_{22} \end{pmatrix}$.

Der Beweis für diesen Satz folgt aus (I), (II) von 8.4., Tafel 2 und Gl. (8.9). Für einen kerngleichen, also umkehrbaren Vierpol ist in $\boldsymbol{A}'$ die Gl. (8.11) zu beachten.

So wie jeder Vierpol, der beim Umkehren der Betriebsrichtung erhalten bleibt, symmetrisch heißt, wird ein Vierpol, der beim Umkehren in seinen dualen Vierpol übergeht, *antimetrisch* genannt.

8.5. Quersymmetrischer Vierpol

Vorgegeben sei eine Kettenschaltung dreier Vierpole. I und III sind Kreuzverbindungen, II ein beliebiger Vierpol. Mit (6.3) ergibt sich wegen (5.5) und (1.4):

$$\boldsymbol{A}_{\mathrm{I}} \cdot \boldsymbol{A}_{\mathrm{II}} \cdot \boldsymbol{A}_{\mathrm{III}} = \begin{pmatrix} -1 & 0 \\ 0 & -1 \end{pmatrix} \begin{pmatrix} a_{11} & a_{12} \\ a_{21} & a_{22} \end{pmatrix} \begin{pmatrix} -1 & 0 \\ 0 & -1 \end{pmatrix}$$

$$= \begin{pmatrix} -a_{11} & -a_{12} \\ -a_{21} & -a_{22} \end{pmatrix} \begin{pmatrix} -1 & 0 \\ 0 & -1 \end{pmatrix} = \begin{pmatrix} a_{11} & a_{12} \\ a_{21} & a_{22} \end{pmatrix} = \boldsymbol{A}$$

Da die beiden Kreuzverbindungen am Vierpol II bewirken, daß oben mit unten vertauscht wird, und da für diese Vierpolverkettung trotzdem die ursprüngliche Matrix A erhalten bleibt, gilt der nicht triviale

Satz 8.7:

Nicht nur bei quersymmetrischen, sondern auch bei nicht-quersymmetrischen passiven Vierpolen kann „oben" mit „unten" vertauscht werden, ohne daß sich die Vierpolmatrizen ändern.

BEISPIEL 8.3

Nach dem Satz 8.7 sind beispielsweise die im Bild 8.3 gezeigten nicht-quersymmetrischen Vierpole identisch.

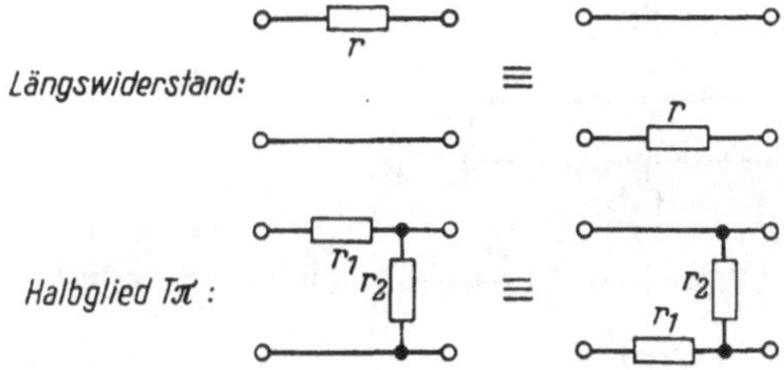

Bild 8.3: Beispiele für identische nicht-quersymmetrische elementare passive Vierpole

BEISPIEL 8.4

Für das im Bild 8.4 dargestellte Netzwerk „Doppelter Längswiderstand" ist die Leitwertmatrix zu berechnen.

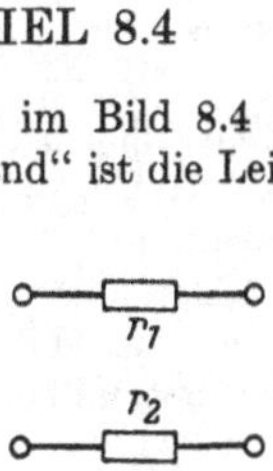

Bild 8.4: Doppelter Längswiderstand

Lösung: Für das Netzwerk Bild 8.4 läßt sich als Ersatzschaltung eine Kettenschaltung zweier Vierpole I und II wählen, wo r_1 im oberen und r_2 im unteren Längsweg auftritt. Wegen (6.2) und des Satzes 8.7 ergeben sich folgende Kettenmatrizen:

$$A_{\mathrm{I}} = \begin{pmatrix} 1 & r_1 \\ 0 & 1 \end{pmatrix}, \quad A_{\mathrm{II}} = \begin{pmatrix} 1 & r_2 \\ 0 & 1 \end{pmatrix}.$$

Aus (5.5): $$A = A_{\mathrm{I}} \cdot A_{\mathrm{II}} = \begin{pmatrix} 1 & r_1 + r_2 \\ 0 & 1 \end{pmatrix}$$

AUFGABEN

8.1 Für die H-Schaltung (Bild 6.7) ist mit Hilfe der Ersatzschaltung im Bild 8.5 und des Satzes 8.7 die Widerstandsmatrix zu berechnen und mit dem Ergebnis von Aufgabe 6.3 zu vergleichen.

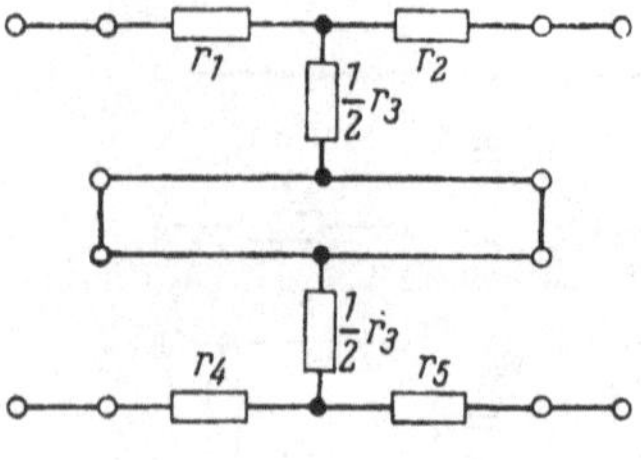

Bild 8.5: H-Ersatzschaltung

8.2 Für die Viereckschaltung (Bild 6.8) ist mit Hilfe einer aus Tπ- und πT-Halbglied bestehenden Ersatzschaltung bei Beachtung des Satzes 8.7 die Kettenmatrix zu bestimmen und mit dem Ergebnis von Aufgabe 6.4 zu vergleichen.

8.3 $n = 10$ Vierpole mit identischen Parametern $a_{11} = 1{,}2$; $a_{12} = 1000\,\Omega$; $a_{21} = 0{,}3$ mS; $a_{22} = 1{,}1$ seien in gleicher Richtung in Kette geschaltet. An- und Abschluß bei Betrieb der Kette durch eine EMK bilden $z_Q = 1000\,\Omega$, $z_L = 1000\,\Omega$. Es sind die Eingangswiderstände z_{ei} $(i = n, n-1, \ldots, 2, 1)$ und die Ausgangswiderstände z_{ai} $(i = 1, 2, \ldots, n)$ allgemein und für das Beispiel zu berechnen. Ferner sind Formeln für die Grenzwerte von Ein- und Ausgangswiderstand bei $n \to \infty$ zu entwickeln.

8.4 Der Satz 8.6 ist zu beweisen.

8.5 $n = 10$ Vierpole mit identischen Parametern $a_{11} = 1{,}2$; $a_{12} = 1000\,\Omega$; $a_{21} = 0{,}3$ mS; $a_{22} = 1{,}1$ seien abwechselnd in entgegengesetzter Richtung in Kette geschaltet. An- und Abschluß bei Betrieb der Kette durch eine EMK bilden $z_Q = 1500\,\Omega$, $z_L = 1000\,\Omega$. Es sind die Ein- und Ausgangswiderstände allgemein und für das Beispiel getrennt nach den beiden Fällen 1. Vierpol vorwärts und 1. Vierpol rückwärts geschaltet zu berechnen, wobei der Satz 8.6 Verwendung findet. Außerdem sind Formeln für die Grenzwerte von Ein- und Ausgangswiderstand bei $n \to \infty$ zu ermitteln.

9. Charakteristische Eigenschaften der passiven Vierpole

Bereits im Satz 8.3 haben wir erkannt, daß die passiven Vierpole bis auf Ausnahmen kerngleich sind. Im folgenden werden weitere wichtige Eigenschaften der passiven Vierpole behandelt.

9.1. T-, π- *und* X-*Ersatzschaltungen*

Wie in 8.3 festgestellt wurde, ist ein kerngleicher Vierpol durch drei Vierpolparameter eindeutig bestimmt.

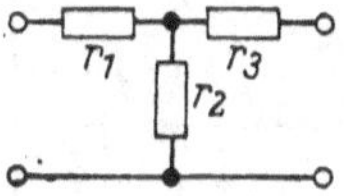

Bild 9.1: T-Vierpol

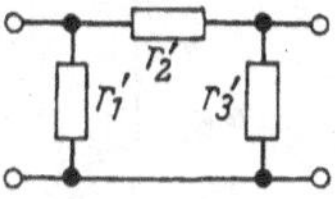

Bild 9.2: π-Vierpol

Daher bieten sich T-Vierpol (Bild 9.1) und π-Vierpol (Bild 9.2), die jeweils über drei Widerstände verfügen, als geeignete Ersatzschaltungen an.

Aus Tafel 3 entnimmt man die Tafel 5.

Aus dem Gleichungssystem (9.1) bzw. (9.2) lassen sich jeweils bei gegebenen Vierpolparametern ${}^{K}z$, z_1, z_2 die

Tafel 5: Kernwiderstand und Leerlaufwiderstände für T- und π-Vierpol

Schaltung	Kernwiderstand $z_{21} = -z_{12} = {}^{K}z_1 = {}^{K}z_2 = {}^{K}z$	Leerlaufwiderstände $z_{11} = z_1$	$-z_{22} = z_2$	
T-Vierpol (Bild 9.1)	r_2	$r_1 + r_2$	$r_2 + r_3$	(9.1)
π-Vierpol (Bild 9.2)	$\frac{r_1' r_3'}{r_1' + r_2' + r_3'}$	$\frac{r_1'(r_2' + r_3')}{r_1' + r_2' + r_3'}$	$\frac{r_3'(r_1' + r_2')}{r_1' + r_2' + r_3'}$	(9.2)

sog. Aufbauwiderstände r_1, r_2, r_3 für den T-Vierpol bzw. r_1', r_2', r_3' für den π-Vierpol berechnen. Man erhält somit den

Satz 9.1: Aufbauwiderstände eines T- bzw. π-Ersatzvierpols

Der einem durch ${}^{K}z$, z_1, z_2 vorgegebenen kerngleichen Vierpol äquivalente T- *oder* π-*Vierpol hat folgende Aufbauwiderstände:*

T-*Vierpol*

$$\left.\begin{aligned} r_1 &= z_1 - {}^{K}z \\ r_2 &= {}^{K}z \\ r_3 &= z_2 - {}^{K}z \end{aligned}\right\} \quad (9.3)$$

π-*Vierpol*

$$\left.\begin{aligned} r_1' &= -\frac{\Delta Z}{z_2 - {}^{K}z} \\ r_2' &= -\frac{\Delta Z}{{}^{K}z} \\ r_3' &= -\frac{\Delta Z}{z_1 - {}^{K}z} \\ \textit{mit} \quad -\Delta Z &= z_1 z_2 - {}^{K}z^2 \end{aligned}\right\} \quad (9.4)$$

BEISPIEL 9.1

Gegeben sei ein Vierpol mit den Widerstandsparametern

$$z_1 = 55\,\Omega + \mathrm{j}\,20\,\Omega,\; z_2 = 25\,\Omega + \mathrm{j}\,10\,\Omega,\; {}^{K}z = 15\,\Omega.$$

Gesucht sind äquivalenter T- und π-Vierpol.

Lösung:

T-Vierpol aus (9.3): $r_1 = 40\,\Omega + j\,20\,\Omega$, $r_2 = 15\,\Omega$, $r_3 = 10\,\Omega + j\,10\,\Omega$.

π-Vierpol aus (9.4): $\Delta\mathbf{Z} = 950\,\Omega^2 + j\,1050\,\Omega^2$; $r_1' = 100\,\Omega + j\,5\,\Omega$, $r_2' = 63{,}3\,\Omega + j\,70\,\Omega$, $r_3' = 29{,}5\,\Omega + j\,11{,}5\,\Omega$.

T-Vierpol (Sternschaltung; Bild 9.3) und π-Vierpol (Dreiecksschaltung; Bild 9.4) können ineinander umgeformt werden: Stern-Dreieck-Transformation.

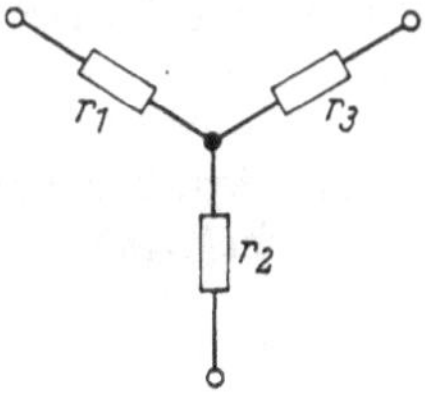

Bild 9.3: Sternschaltung

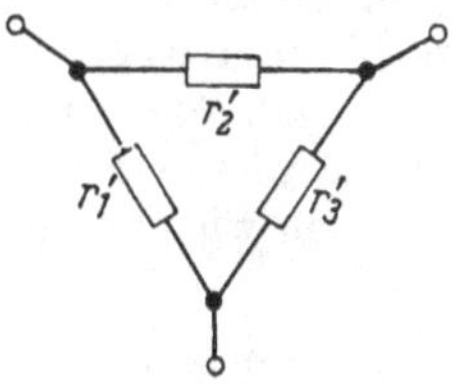

Bild 9.4: Dreieckschaltung

Satz 9.2: T-π-Transformation (Stern-Dreieck-Transformation)

Aus einer

T-*Schaltung*	π-*Schaltung*

mit den gegebenen Widerständen

r_1, r_2, r_3	r_1', r_2', r_3'

ergibt sich die gleichwertige

π-*Schaltung*	T-*Schaltung*

nach den folgenden Formeln:

$$\left.\begin{aligned} r_1' &= r_1 + r_2 + \frac{r_1 r_2}{r_3} \\ r_2' &= r_1 + r_3 + \frac{r_1 r_3}{r_2} \\ r_3' &= r_2 + r_3 + \frac{r_2 r_3}{r_1} \end{aligned}\right\} \quad (9.5) \qquad \left.\begin{aligned} r_1 &= \frac{r_1' r_2'}{r_1' + r_2' + r_3'} \\ r_2 &= \frac{r_1' r_3'}{r_1' + r_2' + r_3'} \\ r_3 &= \frac{r_2' r_3'}{r_1' + r_2' + r_3'} \end{aligned}\right\} \quad (9.6)$$

BEISPIEL 9.2

Gegeben sei ein T-Vierpol mit den Widerständen $r_1 = 40\,\Omega + j\,20\,\Omega$, $r_2 = 15\,\Omega$, $r_3 = 10\,\Omega + j\,10\,\Omega$ (vgl. Beispiel 9.1). Gesucht sind die Widerstände r_1', r_2', r_3' der gleichwertigen π-Schaltung.

Lösung: Nach (9.5) ergibt sich:
$r_1' = 100\,\Omega + j\,5\,\Omega$, $r_2' = 63{,}3\,\Omega + j\,70\,\Omega$, $r_3' = 29{,}5\,\Omega + j\,11{,}5\,\Omega$.

Es gibt Schaltungen, für die sich der zugehörige äquivalente T- und π-Vierpol theoretisch zwar berechnen, aber praktisch nicht realisieren läßt, weil der Realteil eines der Aufbauwiderstände negativ wird. Mit solchen Fällen wollen wir uns im folgenden beschäftigen[1]).

BEISPIEL 9.3

Gegeben sei ein Vierpol mit folgenden Widerstandsparametern: $z_1 = 48\,\Omega$, $z_2 = 42\,\Omega$, ${}^{K}z = -4\,\Omega$. Gesucht sind äquivalenter T- und π-Vierpol.

Lösung:
T-Vierpol aus (9.3): $r_1 = 52\,\Omega$, $r_2 = -4\,\Omega$, $r_3 = 46\,\Omega$.
π-Vierpol aus (9.4): $\Delta \boldsymbol{Z} = 2000\,\Omega^2$, $r_1' = 43{,}48\,\Omega$, $r_2' = -500\,\Omega$, $r_3' = 38{,}46\,\Omega$. T- und π-Vierpol sind hier also nicht realisierbar.

Satz 9.3:

*Die **X-Schaltung** mit vier (verschiedenen) Widerständen stellt die allgemeinste und in jedem Fall und für jede Aufgabe realisierbare Ersatzschaltung für einen vorgegebenen passiven Vierpol dar.*

---

[1]) Die Realisierung eines negativen Ohmschen Widerstandes ist mit aufwendigeren Mitteln doch möglich, z. B. mit der Tunneldiode oder der Vierschichtdiode, wenn der Arbeitspunkt in denjenigen Bereich der Kennlinie $I = f(U)$ gelegt wird, wo $\frac{dI}{dU} < 0$ ist [39]. Ähnliche Eigenschaften zeigen Glimmlampe, Thyristor, Thyratron, Thermistor. Zur Schaltungsrealisierung von Negativimpedanzen vgl. auch [6].

Für den genannten Fall läßt sich folgender Satz beweisen.

Satz 9.4: Aufbauwiderstände eines X-Ersatzvierpols

Für einen durch z_1, z_2, ${}^Kz$ vorgegebenen kerngleichen Vierpol ergibt sich der äquivalente ***X-Vierpol*** *durch Auflösung eines aus 3 Gleichungen bestehenden Gleichungssystems mit 4 Unbekannten. Der Widerstand r_1 werde frei gewählt, die restlichen Aufbauwiderstände werden in der Reihenfolge r_2, r_3, r_4 nach folgenden Formeln berechnet:*

$$\left.\begin{aligned}
r_2 &= \frac{1}{2[(z_1 - {}^Kz) - r_1]} \{[r_1(r_1 - 2z_1) - \Delta \boldsymbol{Z}] \\
&\quad + \sqrt{(r_1{}^2 - \Delta \boldsymbol{Z})^2 + 4r_1(r_1 + {}^Kz)(r_1{}^Kz + \Delta \boldsymbol{Z})}\} \\
r_3 &= \frac{r_2 z_2 - (r_1 + r_2){}^Kz}{(r_1 + r_2) - z_2}, \\
r_4 &= \frac{r_1 r_3 + (r_1 + r_2 + r_3){}^Kz}{r_2 - {}^Kz} \\
\text{mit} \qquad -\Delta \boldsymbol{Z} &= z_1 z_2 - {}^Kz^2
\end{aligned}\right\} \quad (9.7)$$

Sollte sich für einen der Widerstände oder mehrere ein nicht realisierbarer, also negativer Realteil ergeben, so ist r_1 ein zweites Mal günstiger zu wählen, und die anderen drei Widerstände sind nochmals zu berechnen.

BEISPIEL 9.4

Es sei ein Vierpol mit folgenden Widerstandsparametern gegeben: $z_1 = 48\,\Omega$, $z_2 = 42\,\Omega$, ${}^Kz = -4\,\Omega$ (vgl. Beispiel 9.3). Gesucht ist die äquivalente X-Schaltung.

Lösung:

$-\Delta \boldsymbol{Z} = 2000\,\Omega^2$. r_1 wird frei gewählt, z. B.: $r_1 = 40\,\Omega$.

Aus (9.7): $r_2 = \dfrac{1}{24\,\Omega}\{-240\,\Omega^2 + 720\,\Omega^2\} = 20\,\Omega$, $r_3 = 60\,\Omega$, $r_4 = 80\,\Omega$.

9.2. Ein- und Ausgangswiderstände für Leerlauf und Kurzschluß

$$z_{11} = \left.\frac{u_1}{i_1}\right|_{i_2=0} = z_{1l}; \qquad -z_{22} = \left.\frac{u_2}{-i_2}\right|_{i_1=0} = z_{2l}$$

$$d_{12} = \left.\frac{u_1}{i_1}\right|_{u_2=0} = z_{1k}; \qquad -c_{21} = \left.\frac{u_2}{-i_2}\right|_{u_1=0} = z_{2k}$$

Mit den Benennungen in Tafel 1a ergeben sich aus Tafel 2:

Leerlauf-Eingangswiderstand
$$z_{1l} = \frac{a_{11}}{a_{21}} \tag{9.8}$$

Leerlauf-Ausgangswiderstand
$$z_{2l} = \frac{a_{22}}{a_{21}} \tag{9.9}$$

Kurzschluß-Eingangswiderstand
$$z_{1k} = \frac{a_{12}}{a_{22}} \tag{9.10}$$

Kurzschluß-Ausgangswiderstand
$$z_{2k} = \frac{a_{12}}{a_{11}} \tag{9.11}$$

Leerlauf- und Kurzschlußwiderstände eines Vierpols lassen sich verhältnismäßig leicht durch Messung ermitteln. Aus (8.11) und (9.8) bis (9.11) folgen die daher wichtigen Beziehungen:

Kettenparameter aus den Leerlauf- und Kurzschlußwiderständen

$$\left.\begin{aligned}
a_{11} &= \sqrt{\frac{z_{1l}z_{1k}}{z_{2k}(z_{1l}-z_{1k})}} = \sqrt{\frac{z_{1k}z_{2l}}{z_{2k}(z_{2l}-z_{2k})}}\\
a_{12} &= \sqrt{\frac{z_{1l}z_{1k}z_{2k}}{z_{1l}-z_{1k}}} = \sqrt{\frac{z_{1k}z_{2l}z_{2k}}{z_{2l}-z_{2k}}}\\
a_{21} &= \sqrt{\frac{z_{1k}}{z_{1l}z_{2k}(z_{1l}-z_{1k})}} = \sqrt{\frac{z_{2k}}{z_{1k}z_{2l}(z_{2l}-z_{2k})}}\\
a_{22} &= \sqrt{\frac{z_{1l}z_{2k}}{z_{1k}(z_{1l}-z_{1k})}} = \sqrt{\frac{z_{2l}z_{2k}}{z_{1k}(z_{2l}-z_{2k})}}
\end{aligned}\right\} \tag{9.12}$$

BEISPIEL 9.5

Drei Leerlauf- und Kurzschlußwiderstände eines beliebigen Vierpols wurden gemessen:

$z_{1l} = 200\,\Omega + \mathrm{j}\,100\,\Omega$, $z_{1k} = 184\,\Omega + \mathrm{j}\,88\,\Omega$, $z_{2k} = 360\,\Omega - \mathrm{j}\,280\,\Omega$.

Wie lauten die Kettenparameter und der Leerlaufwiderstand z_{2l}?

Lösung:

Nach Umwandlung der gegebenen Widerstände und von $z_{1l} - z_{1k}$ in die Exponentialform, Einsetzen in (9.12) und Rückumformung ergibt sich:

$a_{11} = 2{,}23607 \cdot e^{\mathrm{j}\cdot 0{,}46364} = 2 + \mathrm{j}$

$a_{12} = 1019{,}804 \cdot e^{-\mathrm{j}\cdot 0{,}19739}\,\Omega = 1000\,\Omega - \mathrm{j}\,200\,\Omega$

$a_{21} = 10\,\mathrm{mS}$; $a_{22} = 5 \cdot e^{-\mathrm{j}\cdot 0{,}64349} = 4 - \mathrm{j}\cdot 3$

Aus (9.9): $z_{2l} = 500 \cdot e^{\mathrm{j}\cdot 5{,}63968}\,\Omega = 400\,\Omega - \mathrm{j}\,300\,\Omega$.

9.3. Wellenparameter

Im folgenden ist die Gültigkeit des Umkehrungssatzes vorausgesetzt.

9.3.1. Anpassung eines Vierpols an seine Stromquelle und seinen Verbraucher. Wellenwiderstand

Aus (7.3) und (7.4) sowie Bild 7.1 findet man mit

$z_Q = z_e$ (Anpassung an die Stromquelle) und
$z_L = z_a$ (Anpassung an den Verbraucher):

$$z_Q = \frac{a_{11} z_L + a_{12}}{a_{21} z_L + a_{22}} \quad \text{(I)}, \qquad z_L = \frac{a_{22} z_Q + a_{12}}{a_{21} z_Q + a_{11}} \quad \text{(II)}$$

Setzt man einerseits (II) in (I) und andererseits (I) in (II) ein, so ergeben sich die Gln. (9.14) und (9.15). Hieraus folgt bei Beachtung von (9.8) bis (9.11) der

Satz 9.5:

Paßt man gleichzeitig an beiden Seiten eines passiven Vierpols an, macht man also den Quellwiderstand gleich

dem Vierpol-Eingangswiderstand und den Lastwiderstand gleich dem Vierpol-Ausgangswiderstand, so ergibt sich eine

Anpassung nach dem Wellenwiderstand am Ein- und Ausgang

$$\left.\begin{aligned} z_Q &= z_e = z_{We} \\ z_L &= z_a = z_{Wa} \end{aligned}\right\} \qquad (9.13)$$

mit

Eingangs-Wellenwiderstand

$$z_{We} = \sqrt{\frac{a_{11}a_{12}}{a_{21}a_{22}}} = \sqrt{\frac{z_{11}}{z_{22}}\,\Delta\mathbf{Z}} = \sqrt{z_{1l}z_{1k}} \qquad (9.14)$$

Ausgangs-Wellenwiderstand

$$z_{Wa} = \sqrt{\frac{a_{22}a_{12}}{a_{21}a_{11}}} = \sqrt{\frac{z_{22}}{z_{11}}\,\Delta\mathbf{Z}} = \sqrt{z_{2l}z_{2k}} \qquad (9.15)$$

Außer den Wellenwiderständen (9.14) und (9.15) werden für einen kerngleichen Vierpol noch definiert [14]:

Mittlerer Wellenwiderstand

$$z_W = \sqrt{\frac{a_{12}}{a_{21}}} = \sqrt{-\Delta\mathbf{Z}} = \sqrt{z_{1l}z_{2l} - {}^{K}z^2} = \sqrt{z_{1l}z_{2k}} = \sqrt{z_{1k}z_{2l}} \qquad (9.16)$$

Symmetriefaktor $$s = \sqrt{\frac{a_{22}}{a_{11}}} = \sqrt{\frac{z_{2l}}{z_{1l}}} = \sqrt{\frac{z_{2k}}{z_{1k}}} \qquad (9.17)$$

Aus (9.14) bis (9.17) folgt der

Zusammenhang zwischen den Wellenwiderständen

$$z_{We} = \frac{z_W}{s}, \quad z_{Wa} = s \cdot z_W \qquad (9.18)$$

BEISPIEL 9.6

Aus den Vierpolparametern des Beispiels 9.5 sind die vier Wellenparameter z_{We}, z_{Wa}, z_W, s zu berechnen.

Lösung:

$$z_{We} = 213{,}5580 \cdot e^{j \cdot 0{,}45488}\,\Omega = 191{,}84\,\Omega + j \cdot 93{,}83\,\Omega$$

$$z_{Wa} = 477{,}5302 \cdot e^{-j \cdot 0{,}65227}\,\Omega = 379{,}50\,\Omega - j \cdot 289{,}86\,\Omega$$

$$z_{W} = 319{,}3437 \cdot e^{-j \cdot 0{,}09869}\,\Omega = 317{,}79\,\Omega - j \cdot 31{,}47\,\Omega$$

$$s = 1{,}495349 \cdot e^{-j \cdot 0{,}55357} = 1{,}2720 - j \cdot 0{,}7861$$

9.3.2. Wellenübertragungsmaß

Aus (7.10) und (7.11) lassen sich für $z_L = z_{Wa}$ mit (9.15) folgende Beziehungen herleiten, wobei die Schreibweise einer komplexen Zahl mit komplexem Exponenten entsprechend (1.14) benutzt wird:

$$\frac{u_1}{u_2} = a_{11} + \sqrt{\frac{a_{11}a_{12}a_{21}}{a_{22}}} = a_{11} + \frac{a_{12}}{z_{Wa}} = e^{g_u} \qquad (9.19)$$

$$\frac{i_1}{i_2} = a_{22} + \sqrt{\frac{a_{22}a_{12}a_{21}}{a_{11}}} = a_{22} + a_{21}z_{Wa} = e^{g_i} \qquad (9.20)$$

Hierbei heißen

Spannungs-Wellenübertragungsmaß

$$g_u = \ln \frac{u_1}{u_2} \qquad (9.21)$$

Strom-Wellenübertragungsmaß

$$g_i = \ln \frac{i_1}{i_2} \qquad (9.22)$$

Zu beachten ist, daß die Spannungs- und Stromverhältnisse in (9.19) bis (9.22) nur für einen Vierpol mit exakter Anpassung [vgl. (9.13)] gelten und daher i. a. $e^{g_u} \neq \frac{1}{v_u}$, $e^{g_i} \neq \frac{1}{v_i}$ [vgl. (7.8) und (7.9)] ist. Mit letzterem wird definiert

Mittleres Wellenübertragungsmaß

$$g = \frac{1}{2}(g_u + g_i) \qquad (9.23)$$

$$g = a + jb \qquad (9.24)$$

wobei die beiden Teile der komplexen Zahl g *Wellendämpfungsmaß* a und *Wellenphasenmaß* b (auch Winkelmaß genannt) heißen.

Gl. (9.23) führt mit (9.19) und (9.20) auf

$$\frac{u_1}{u_2} \cdot \frac{i_1}{i_2} = e^{g_u} \cdot e^{g_i} = e^{g_u + g_i} = e^{2g} = \left(\sqrt{a_{11} a_{22}} + \sqrt{a_{12} a_{21}}\right)^2,$$

woraus man bei Beachtung von (8.11)

$$e^g = \sqrt{a_{11} a_{22}} + \sqrt{a_{11} a_{22} - 1} \qquad (9.25)$$

erhält, oder wenn (9.12) berücksichtigt wird:

Mittleres Wellenübertragungsmaß

$$g = \ln\left(\sqrt{a_{11} a_{22}} + \sqrt{a_{11} a_{22} - 1}\right) = \ln \frac{\sqrt{z_{1l}} + \sqrt{z_{1k}}}{\sqrt{z_{1l} - z_{1k}}}$$

$$= \ln \frac{\sqrt{z_{2l}} + \sqrt{z_{2k}}}{\sqrt{z_{2l} - z_{2k}}} \qquad (9.26)$$

Gleichung (9.25) ergibt

$$e^{-g} = \sqrt{a_{11} a_{22}} - \sqrt{a_{11} a_{22} - 1} \qquad (9.27)$$

Wegen (1.46), (1.47) und (1.48) führen (9.25) und (9.27) mit (9.12), (8.11) und Tafel 2 auf etwas günstigere Formeln für g:

$$\cosh g = \sqrt{a_{11} a_{22}} = \sqrt{\frac{z_{1l}}{z_{1l} - z_{1k}}} = \sqrt{\frac{z_{2l}}{z_{2l} - z_{2k}}} = \frac{\sqrt{z_{1l} z_{2l}}}{K_Z} \qquad (9.28)$$

$$\sinh g = \sqrt{a_{12} a_{21}} = \sqrt{\frac{z_{1k}}{z_{1l} - z_{1k}}} = \sqrt{\frac{z_{2k}}{z_{2l} - z_{2k}}} = \frac{z_W}{K_Z} \qquad (9.29)$$

$$\tanh g = \sqrt{\frac{a_{12} a_{21}}{a_{11} a_{22}}} = \sqrt{\frac{z_{1k}}{z_{1l}}} = \sqrt{\frac{z_{2k}}{z_{2l}}} = \frac{z_W}{\sqrt{z_{1l} z_{2l}}} \qquad (9.30)$$

Mit (9.16) und (9.17) erhält man wegen (9.28), (9.29) und (3.5) die

Kettenform der Vierpolgleichungen in Wellenparametern

$$\begin{pmatrix} u_1 \\ i_1 \end{pmatrix} = \begin{pmatrix} \dfrac{\cosh g}{s} & z_W \sinh g \\ \dfrac{\sinh g}{z_W} & s \cosh g \end{pmatrix} \cdot \begin{pmatrix} u_2 \\ i_2 \end{pmatrix} \tag{9.31}$$

Zur Charakterisierung eines kerngleichen Vierpols können also die Wellenparameter z_W, s, g benutzt werden.

Für das Produkt von reziproker Spannungs- und Stromverstärkung erhält man wegen (1.63) und (9.21) bis (9.23) bei exakter Anpassung

$$\mathrm{e}^{g_u} \cdot \mathrm{e}^{g_i} = \frac{u_1}{u_2} \cdot \frac{i_1}{i_2} = \frac{|u_1|\,|i_1|}{|u_2|\,|i_2|}\,\mathrm{e}^{\mathrm{j}[(\varphi_{u1}-\varphi_{u2})+(\varphi_{i1}-\varphi_{i2})]} = \mathrm{e}^{2g} \tag{I}$$

und bei Berücksichtigung von (9.24)

$$\mathrm{e}^{2a+\mathrm{j}2b} = \mathrm{e}^{2a} \cdot \mathrm{e}^{\mathrm{j}2b} \tag{II}$$

Ein Vergleich von (I) und (II) ergibt mit (1.25) und (1.26):

Wellendämpfungsmaß

$$a = \frac{1}{2} \ln \left| \frac{u_1}{u_2} \cdot \frac{i_1}{i_2} \right| \tag{9.32}$$

Wellenphasenmaß

$$b = \frac{1}{2} [(\varphi_{u1} - \varphi_{u2}) + (\varphi_{i1} - \varphi_{i2})] \tag{9.33}$$

Für $u_1 = u_2$, $i_1 = i_2$ wird $a = 0$, während für $|u_1 i_1| > |u_2 i_2|$ bzw. $|u_1 i_1| < |u_2 i_2|$ der Vierpol Verlust- bzw. Verstärkereigenschaften aufweist, d. h. $a > 0$ bzw. $a < 0$ ist. Es gilt daher der

Satz 9.6:

Das ***Wellendämpfungsmaß*** *wird für passive Vierpole $a > 0$ und für aktive Vierpole $a < 0$.*

BEISPIEL 9.7

Aus den Vierpolparametern des Beispiels 9.5 sind Dämpfungs- und Phasenmaß a, b zu bestimmen.

Lösung:

$$\sqrt{a_{11}a_{22}} = \sqrt{(2+\mathrm{j})(4-3\mathrm{j})} = \sqrt{11-2\mathrm{j}} = \sqrt{11{,}1803 \cdot e^{\mathrm{j}\cdot 6{,}10334}}$$

$$= \pm\, 3{,}34370 \cdot e^{\mathrm{j}\cdot 3{,}05167} = \pm\,(3{,}33019 - \mathrm{j}\cdot 0{,}30024)$$

$$\sqrt{a_{11}a_{22}-1} = \sqrt{10-2\mathrm{j}} = \sqrt{10{,}1980 \cdot e^{\mathrm{j}\cdot 6{,}08579}}$$

$$= \pm 3{,}19343 \cdot e^{\mathrm{j}\cdot 3{,}04290} = \pm(3{,}17789 - \mathrm{j}\cdot 0{,}31466)$$

Somit aus (9.26):

$$g = \begin{Bmatrix} \ln(\pm 6{,}50808 \mp \mathrm{j}\cdot 0{,}61490) \\ \ln(\pm 0{,}15230 \pm \mathrm{j}\cdot 0{,}01442) \end{Bmatrix} = \begin{Bmatrix} \ln(6{,}5371 \cdot e^{\mathrm{j}\cdot 6{,}189}) \\ \ln(0{,}1530 \cdot e^{\mathrm{j}\cdot 0{,}094}) \\ \ln(0{,}1530 \cdot e^{\mathrm{j}\cdot 3{,}236}) \\ \ln(6{,}5371 \cdot e^{\mathrm{j}\cdot 3{,}048}) \end{Bmatrix}$$

$$g = \begin{Bmatrix} -1{,}877 + \mathrm{j}\cdot 0{,}094 \\ -1{,}877 + \mathrm{j}\cdot(0{,}094+\pi) \\ +1{,}877 + \mathrm{j}\cdot(\pi - 0{,}094) \\ +1{,}877 + \mathrm{j}\cdot(2\pi - 0{,}094) \end{Bmatrix}$$

Nach dem Satz 9.6 muß für den vorgegebenen passiven Vierpol $a > 0$ sein. Also folgen zwei Lösungen:

Übertragungsmaß:	Dämpfungsmaß:	Phasenmaß:
$g_1 = 1{,}877 + \mathrm{j}\cdot 3{,}048$	$a_{1,2} = 1{,}877$	$b_1 = 3{,}048 \approx 174{,}6°$
$g_2 = 1{,}877 + \mathrm{j}\cdot 6{,}189$		$b_2 = 6{,}189 \approx 354{,}6°$

BEISPIEL 9.8

Für das Halbglied Tπ (Bild 3.1) sind Formeln für die Wellenparameter aus den Widerständen r_1, r_2 herzuleiten und deren Werte für das Beispiel $r_1 = 288\,\Omega$, $r_2 = 50\,\Omega$ zu berechnen.

Lösung:

Einsetzen der aus (6.4) folgenden Kettenparameter in (9.16), (9.17), (9.18) und (9.26) liefert:

Wellenparameter des Halbgliedes Tπ

$$\left.\begin{aligned} g &= \ln\left(\sqrt{1+\frac{r_1}{r_2}}+\sqrt{\frac{r_1}{r_2}}\right), \quad z_W = \sqrt{r_1 r_2}, \quad s = \frac{1}{\sqrt{1+\frac{r_1}{r_2}}} \\ z_{We} &= \sqrt{r_1 r_2}\sqrt{1+\frac{r_1}{r_2}}, \quad z_{Wa} = \sqrt{r_1 r_2}\,\frac{1}{\sqrt{1+\frac{r_1}{r_2}}} \end{aligned}\right\} \quad (9.34)$$

(9.34) ergibt für das Beispiel:

$g = 1{,}60944$; $z_W = 120\ \Omega$; $s = 0{,}385$; $z_{We} = 312\ \Omega$; $z_{Wa} = 46{,}15\ \Omega$.

9.3.3. Kettenschaltung

Es seien zwei verschiedene beliebige Vierpole 1 und 2 in Kette geschaltet, wobei der Ausgangs-Wellenwiderstand des ersten Vierpols mit dem Eingangs-Wellenwiderstand des zweiten Vierpols übereinstimmen soll: $z_{Wa1} = z_{We2}$. Bei dieser Kettenschaltung mit Anpassung entsteht ein Vierpol, dessen äußere Wellenwiderstände gleich den entsprechenden Wellenwiderständen der einzelnen Vierpole sind, also $z_{We} = z_{We1}$, $z_{Wa} = z_{Wa2}$, und für den die Gleichungen $g = g_1 + g_2$, $a = a_1 + a_2$, $b = b_1 + b_2$ gelten. In Verallgemeinerung dieser Erkenntnis folgt der

Satz 9.7:

Schaltet man n ***nach dem Wellenwiderstand angepaßte Vierpole,*** *also für die* $z_{Wa,\nu} = z_{We,\nu+1}$ $(\nu = 1, \ldots, n-1)$ *ist,* ***in Kette****, so gilt für den entstandenen*

Kettenvierpol $z_{We} = z_{We1}$, $z_{Wa} = z_{Wan}$ *sowie*

$$\left.\begin{aligned} g &= g_1 + g_2 + \cdots + g_n \\ a &= a_1 + a_2 + \cdots + a_n \\ b &= b_1 + b_2 + \cdots + b_n \end{aligned}\right\} \quad (9.35)$$

wobei g, a, b das Gesamtwellenübertragungs-, Gesamtwellendämpfungs-, Gesamtwellenphasenmaß des Kettenvierpols darstellen.

Stimmen die Eingangswiderstände z_{ei} einer Kette von n Vierpolen untereinander und mit dem Lastwiderstand z_L, der die Kette abschließt, überein, so spricht man von *Kettenanpassung*. Aus ihr folgt wegen (7.1), daß Spannungs- und Stromverstärkung eines jeden Vierpols nach (7.8) und (7.9) gleich sind. Während die Kettenanpassung für symmetrische Vierpole nicht unzweckmäßig ist, erscheint sie im allgemeinen Fall ungeeignet, wirkt in gewissen Fällen künstlich und versagt z. B. beim idealen Übertrager mit einem Übersetzungsverhältnis $|ü| \neq 1$ völlig [14].

9.4. Wichtige Dämpfungsarten

Als Maß für die Übertragungsfähigkeit eines zwischen eine gegebene Stromquelle ($u_{0\text{eff}}$: Effektivwert der Leerlaufspannung bzw. EMK, z_Q: Innenwiderstand) und einen gegebenen Verbraucher z_L geschalteten Vierpols wird die

Dämpfung $$a_0 = \ln \sqrt{\frac{P_0}{P}} \quad (9.36)$$

definiert, bei der die an den Verbraucher übergehende Leistung P zu einer zweckmäßig gewählten Vergleichsleistung P_0 ins Verhältnis gesetzt ist (Bild 7.1). Die Dämpfung wird dabei am besten so festgelegt, daß a_0 bei beidseitiger Anpassung in das Wellendämpfungsmaß a

des Vierpols übergeht und daß P_0 nur von den Eigenschaften der Stromquelle und des Verbrauchers abhängt, aber nicht — wie z. B. die in den Vierpol einströmende Leistung — von den Eigenschaften des Vierpols. Im genannten Fall wäre die Dämpfung nur ein Maß für die im Vierpol entstehenden Verluste. Das darf aber nicht sein, weil bei einem verlustfreien Vierpol die Wellendämpfung ohne weiteres von Null verschieden sein kann. Im übrigen muß P_0 möglichst groß gewählt werden.

9.4.1. *Wirkdämpfung*

Wählt man für P_0 die in 1.6. für die Anpassungsbedingung $z_L = z_Q^*$ (1.88) berechnete, von der Stromquelle an den Verbraucher-Zweipol z_L maximal abgebbare Wirkleistung

$$P_{W\,\max} = \frac{|u_{0\mathrm{eff}}|^2}{4R_Q}, \qquad (1.89)$$

so ist P die vom Verbraucher aufgenommene Wirkleistung nach (1.82)

$$P_W = |i_{2\mathrm{eff}}|^2 R_L,$$

was nach (9.36) und (1.81) die

Wirk-dämpfung
$$a_W = \ln\sqrt{\frac{P_{W\,\max}}{P_W}} = \ln\frac{|u_0|}{2\,|i_2|\,\sqrt{R_Q R_L}} \qquad (9.37)$$

ergibt.

Ist $z_L = R_L$ ein rein-Ohmscher Widerstand, so gilt wegen $u_2 = z_L i_2$ die Beziehung $|i_2| = |u_2|/R_L$, womit (9.37) in

$$a_W = \ln\left|\frac{u_0}{2u_2}\right| + \frac{1}{2}\ln\frac{R_L}{R_Q} \qquad (9.38)$$

übergeht. Aus (1.81) folgt, daß die in (9.37) und (9.38) vorkommenden Spannungen und Ströme keine Effektivwerte sein müssen, solange sie als Quotienten auftreten. Dasselbe gilt auch im folgenden.

9.4.2. Betriebsdämpfung

Wird als Vergleichsleistung die für $z_L = z_Q$ ermittelte Scheinleistung

$$P_{S0} = \frac{|u_{0\text{eff}}|^2}{4\,|z_Q|} \tag{1.94}$$

gesetzt, so ergibt sich mit der an z_L nach (1.82) abgegebenen Scheinleistung

$$P_S = \frac{|u_{2\text{eff}}|^2}{|z_L|}$$

bei Berücksichtigung von (1.30) und $u_2 = z_L i_2$ die

Betriebs-dämpfung

$$a_B = \ln \frac{|u_0|}{2\,|i_2|\,\left|\sqrt{z_Q z_L}\right|} = \ln \left|\frac{u_0}{2u_2}\right| + \frac{1}{2} \ln \left|\frac{z_L}{z_Q}\right| \tag{9.39}$$

Man beachte, daß P_{S0} nicht maximal, sondern mehr oder weniger willkürlich ist (vgl. 1.6.), was zu negativen Werten für a_B führen kann. Trotzdem wird hauptsächlich a_B, aber a_W so gut wie gar nicht angewendet, da a_B mit der Wellendämpfung a in einem einfacheren Zusammenhang steht als a_W.

Im Sonderfall rein-Ohmscher Widerstände geht (9.39) in (9.37) bzw. (9.38) über.

9.4.3. Wellendämpfung

Beachtet man nach (1.79) $u_0 = \dfrac{z_Q + z_e}{z_e} u_1$, so ergibt sich bei beiderseitiger exakter Anpassung des Vierpols entsprechend (9.13) wegen $u_1 = \frac{u_0}{2}$ aus (9.39) die mit dem Wellendämpfungsmaß (9.32) übereinstimmende

Wellendämpfung
$$a = \ln \sqrt{\frac{P_{Se}}{P_{Sa}}} = \ln \left|\frac{u_1}{u_2}\right| + \frac{1}{2} \ln \left|\frac{z_{Wa}}{z_{We}}\right|^{1)} \quad (9.40)$$

Die linke Seite der Gl. (9.40) folgt aus der rechten Seite von (9.39). Dabei bedeuten P_{Se}, P_{Sa} die Ein- bzw. Ausgangsscheinleistung und u_1, u_2 die Ein- bzw. Ausgangsspannung bei exakter Anpassung.

9.4.4. *Reflexionsfaktoren, Echodämpfung*

Wenn für einen Vierpol die Gln. (9.13) nicht genau erfüllt sind, dann entstehenden Anpassungsfehler, die sog. Reflexionen hervorrufen. Sie werden durch die

Reflexionsfaktoren für Ein- und Ausgang
$$\varrho_e = \frac{z_e - z_{We}}{z_e + z_{We}}, \quad \varrho_a = \frac{z_a - z_{Wa}}{z_a + z_{Wa}} \quad (9.41)$$
$$\varrho_Q = \frac{z_Q - z_{We}}{z_Q + z_{We}}, \quad \varrho_L = \frac{z_L - z_{Wa}}{z_L + z_{Wa}} \quad (9.42)$$
$$\varrho_1 = \frac{z_e - z_Q}{z_e + z_Q}, \quad \varrho_2 = \frac{z_a - z_L}{z_a + z_L} \quad (9.43)$$

sowie beispielsweise durch die

Echo-, Fehler- oder Rückflußdämpfung
$$a_{E1,2} = \ln \sqrt{\frac{P_{\max}}{P_{Re,a}}} = \ln \left|\frac{1}{\varrho_{1,2}}\right| \quad (9.44)$$

gemessen, wobei

$P_{We,a}$: vom Vierpol aufgenommene bzw. abgegebene Wirkleistung,

---

1) Hier ist $\ln \left|\frac{u_1}{u_2}\right| = \mathrm{Re}\,(g_u)$ [vgl. (9.21)], nicht aber $\frac{u_1}{u_2} = \frac{1}{v_u}$ [vgl. (7.8)] zu setzen.

$P_{\max}$: vom Vierpol maximal aufnehmbare bzw. abgebbare Wirkleistung,

$P_{Re,a} = P_{\max} - P_{We,a}$: am Vierpolein- bzw. -ausgang reflektierte Wirkleistung

darstellen.

Ist bei einem mit R_Q und R_L abgeschlossenen Reaktanzvierpol[1]) $P_{We} = P_{Wa}$, so gelten [2]:

$$e^{-2a_B} + e^{-2a_{E1}} = 1\,, \quad a_B = \frac{1}{2} \ln \frac{1}{1 - |\varrho_1|^2} \tag{9.45}$$

Nach [14, 18] ergibt sich der

Fehlersatz $$\varrho_e = e^{-2g} \cdot \varrho_L\,, \qquad \varrho_a = e^{-2g} \cdot \varrho_Q \tag{9.46}$$

Die Gln. (9.46) bedeuten physikalisch, daß ein ausgangsseitiger Anpassungsfehler ϱ_L einen proportionalen Reflexionsfaktor ϱ_e am Eingang, also eine Abweichung des Eingangswiderstands vom Wellenwiderstand, hervorruft, dasselbe gilt für ϱ_Q und ϱ_a.

9.4.5. *Stoßdämpfungen*

Es werden definiert:

Stoßdämpfung:

für einen Vierpol auf Grund des ein- bzw. ausgangsseitigen Anpassungsfehlers

$$a_{StQ} = \ln \left| \frac{z_Q + z_{We}}{2\sqrt{z_Q z_{We}}} \right| \tag{9.47}$$

$$a_{StL} = \ln \left| \frac{z_L + z_{Wa}}{2\sqrt{z_L z_{Wa}}} \right| \tag{9.48}$$

zwischen 2 Vierpolen I und II

$$a_{StI/II} = \ln \left| \frac{z_{WaI} + z_{WeII}}{2\sqrt{z_{WaI} z_{WeII}}} \right| \tag{9.49}$$

Sind die beiden die Stoßdämpfung hervorrufenden Widerstände komplex, so kann a_{St} sowohl positiv als auch negativ oder Null sein [14]. Sind sie hingegen rein-

---

[1]) Ein Reaktanzvierpol enthält nur Blindwiderstände.

Ohmschen Charakters, so wird $a_{St} \geqq 0$, da das geometrische Mittel zweier positiver reeller Zahlen höchstens gleich dem arithmetischen Mittel, im allgemeinen aber kleiner ist.

Es läßt sich u. a. mit (9.28) und (9.29) folgende Formel für das Betriebsübertragungsmaß $g_B = a_B + jb_B$ herleiten [14]:

$$g_B = \ln\left[\frac{\cosh g}{2}\left(s\sqrt{\frac{z_Q}{z_L}} + \frac{1}{s}\sqrt{\frac{z_L}{z_Q}}\right) + \frac{\sinh g}{2}\left(\frac{z_W}{\sqrt{z_Q z_L}} + \frac{\sqrt{z_Q z_L}}{z_W}\right)\right] \quad (9.50)$$

Setzt man hierin (1.46), (1.47), (9.18), (9.42), (9.47), (9.48) ein, so ergibt sich für die

Betriebsdämpfung

$$a_B = a + a_{StQ} + a_{StL} + \ln|1 - \varrho_Q \varrho_L e^{-2g}| \quad (9.51)$$

BEISPIEL 9.9

Gegeben seien die Kettenparameter des in den Beispielen 9.5, 9.6, 9.7 betrachteten Vierpols:

$a_{11} = 2{,}23607 \cdot e^{j \cdot 0{,}46364} = 2 + j$; $a_{12} = 1019{,}804 \cdot e^{-j \cdot 0{,}19739}\,\Omega$
$= 1000\,\Omega - j \cdot 200\,\Omega$
$a_{21} = 10$ mS; $a_{22} = 5 \cdot e^{-j \cdot 0{,}64349} = 4 - j \cdot 3$

Von den bereits berechneten Größen werden weiterhin gebraucht:

$z_{We} = 213{,}5580 \cdot e^{j \cdot 0{,}45488}\,\Omega = 191{,}84\,\Omega + j \cdot 93{,}83\,\Omega$
$z_{Wa} = 477{,}5302 \cdot e^{-j \cdot 0{,}65227}\,\Omega = 379{,}50\,\Omega - j \cdot 289{,}86\,\Omega$
$g = 3{,}5793 \cdot e^{j \cdot 1{,}0186} = 1{,}8775 + j \cdot 3{,}0474$

Der Vierpol soll mit einer Spannungsquelle der EMK $u_0 = 12$ V und dem Innenwiderstand $z_Q = 200\,\Omega$ betrieben und mit einem Lastwiderstand $z_L = 500 \cdot e^{-j \cdot 0{,}52360}\,\Omega = 433{,}03\,\Omega - j \cdot 250\,\Omega$ abgeschlossen werden. Gesucht sind z_e, z_a; g_u, g_i; $1/v_u$, $1/v_i$; u_1, u_2; i_1, i_2; a_W, a_B; a nach (9.40); ϱ_Q, ϱ_L; a_{StQ}, a_{StL}. Kontrolle mit (9.51).

Lösung:

(7.3): $z_e = 213{,}66418 \cdot e^{j \cdot 0{,}45804}\,\Omega = 191{,}64\,\Omega + j \cdot 94{,}48\,\Omega$
(7.4): $z_a = 376{,}47\,\Omega - j \cdot 294{,}12\,\Omega$

(9.19): $g_u = \ln(4{,}37161 \cdot e^{j \cdot 0{,}45937}) = 1{,}4751 + j \cdot 0{,}4594$
(9.20): $g_i = \ln(9{,}77525 \cdot e^{j \cdot 5{,}63511}) = 2{,}2799 + j \cdot 5{,}6351$
Probe mit (9.23): $g = 1{,}8775 + j \cdot 3{,}0473$
(7.10): $1/v_u = 4{,}26560 \cdot e^{j \cdot 0{,}39809} = 3{,}9320 + j \cdot 1{,}6536$
(7.11): $1/v_i = 9{,}98218 \cdot e^{j \cdot 5{,}69964} = 8{,}3303 - j \cdot 5{,}5000$
(1.79): $u_1 = z_e u_0/(z_e + z_Q) = 6{,}36436 \cdot e^{j \cdot 0{,}22133}\ \mathrm{V} = 6{,}2089\ \mathrm{V} + j \cdot 1{,}3970\ \mathrm{V}$
Aus u_1 und v_u (nicht g_u): $u_2 = 1{,}49203 \cdot e^{-j \cdot 0{,}17676}\ \mathrm{V} = 1{,}4688\ \mathrm{V} - j \cdot 0{,}2624\ \mathrm{V}$
Aus (7.1) und z_e: $i_1 = 29{,}78675 \cdot e^{-j \cdot 0{,}23671}\ \mathrm{mA} = 28{,}9561\ \mathrm{mA} - j \cdot 6{,}9852\ \mathrm{mA}$
Aus (7.2) und z_L: $i_2 = 2{,}98406 \cdot e^{j \cdot 0{,}34684}\ \mathrm{mA} = 2{,}8064\ \mathrm{mA} + j \cdot 1{,}0144\ \mathrm{mA}$
Probe mit v_i [vgl. (7.9)]: $i_1/i_2 = 9{,}98195 \cdot e^{j \cdot 5{,}69963}$
(9.37): $a_W = 1{,}922$ (9.39): $a_B = 1{,}850$ (9.40): $a = 1{,}877$
(9.42): $\varrho_Q = 0{,}23376 \cdot e^{j \cdot 4{,}56410}$; $\varrho_L = 0{,}06842 \cdot e^{j \cdot 1{,}22650}$
(9.47) und (9.48): $a_{StQ} = -0{,}0255$; $a_{StL} = -0{,}0018$

Ferner: $\ln|1 - \varrho_Q \varrho_L e^{-2g}| = -0{,}0004$
Probe mit (9.51): $a_B = 1{,}8498 \approx 1{,}850$
Aus dem Beispiel ist ersichtlich, daß durchaus nicht immer $a_B > a$ sein muß. Im hiesigen Fall werden die Stoßdämpfungen negativ, so daß sich $a_B < a$ ergibt.

9.5. Besonderheiten symmetrischer Vierpole

Symmetrische Vierpole sind kern- und widerstandsgleich (vgl. Satz 8.5), woraus sich gewisse Besonderheiten und Vorteile ergeben.

9.5.1. Leerlauf- und Kurzschlußwiderstände

Aus (9.8) bis (9.12) erhält man mit (8.2) und (8.13):

$$z = z_{1l} = z_{2l} = \frac{a_{11}}{a_{21}} \tag{9.52}$$

$$z_k = z_{1k} = z_{2k} = \frac{a_{12}}{a_{11}} \tag{9.53}$$

$$a_{11} = a_{22} = \sqrt{\frac{z}{z - z_k}}, \quad a_{12} = z_k \sqrt{\frac{z}{z - z_k}},$$

$$a_{21} = \sqrt{\frac{1}{z(z - z_k)}} \tag{9.54}$$

BEISPIEL 9.10

Durch Messung an einem unbekannten Vierpol erhielt man für beide Seiten die gleichen Werte $z_{1l} = z_{2l} = 100\,\Omega$, $z_{1k} = z_{2k} = 75\,\Omega$. Wie lauten die Kettenparameter des Vierpols?

Lösung:
Der Vierpol ist symmetrisch. Aus (9.54) findet man:

$$a_{11} = a_{22} = 2, \quad a_{12} = 150\,\Omega, \quad a_{21} = 0{,}02\,\mathrm{S}.$$

9.5.2. Wellenparameter

Gln. (9.52), (9.53) und (8.13) ergeben für exakte Anpassung (vgl. (9.13) bis (9.33)):

$$z_Q = z_e = z_{We} = z_L = z_a = z_{Wa} = z_W \tag{9.55}$$

$$z_W = \sqrt{\frac{a_{12}}{a_{21}}} = \sqrt{-\Delta \mathbf{Z}} = \sqrt{z^2 - {}^K z^2} = \sqrt{z z_k} \tag{9.56}$$

$$s = 1 \tag{9.57}$$

$$\mathrm{e}^g = \mathrm{e}^{g_u} = \mathrm{e}^{g_i} = \frac{u_1}{u_2} = \frac{i_1}{i_2} = a_{11} + \sqrt{a_{11}^2 - 1} \tag{9.58}$$

$$g = g_u = g_i = \ln \frac{u_1}{u_2} = \ln \frac{i_1}{i_2} = \ln \left(a_{11} + \sqrt{a_{11}^2 - 1}\right)$$

$$= \ln \frac{\sqrt{z} + \sqrt{z_k}}{\sqrt{z - z_k}} \tag{9.59}$$

$$\left.\begin{aligned} \cosh g &= a_{11} = \sqrt{\frac{z}{z - z_k}} = \frac{z}{\kappa_z}, \\ \sinh g &= \sqrt{a_{11}^2 - 1} = \sqrt{\frac{z_k}{z - z_k}} = \frac{z_W}{\kappa_z} \\ \tanh g &= \sqrt{1 - \frac{1}{a_{11}^2}} = \sqrt{\frac{z_k}{z}} = \frac{z_W}{z} \end{aligned}\right\} \tag{9.60}$$

$$\begin{pmatrix} u_1 \\ i_1 \end{pmatrix} = \begin{pmatrix} \cosh g & z_W \sinh g \\ \dfrac{\sinh g}{z_W} & \cosh g \end{pmatrix} \begin{pmatrix} u_2 \\ i_2 \end{pmatrix} \tag{9.61}$$

$$a = \ln \left|\frac{u_1}{u_2}\right| = \ln \left|\frac{i_1}{i_2}\right| \tag{9.62}$$

$$b = \varphi_{u1} - \varphi_{u2} = \varphi_{i1} - \varphi_{i2} \tag{9.63}$$

Wird die sich aus (9.32) ergebende Gleichung $e^{2a} = \dfrac{|u_1|\,|i_1|}{|u_2|\,|i_2|}$ rechts mit $\dfrac{1}{2}\cos\varphi$ erweitert, so findet man bei Beachtung von (1.61), (1.82) und der aus (9.63) folgenden Gleichung $\varphi = \varphi_{u1} - \varphi_{i1} = \varphi_{u2} - \varphi_{i2}$ die Beziehung

$$e^{2a} = \frac{P_{We}}{P_{Wa}}, \tag{9.64}$$

d. h. bei symmetrischen Vierpolen kann in (9.40) das Verhältnis von Eingangs- und Ausgangswirkleistung statt des Quotienten der Scheinleistungen gesetzt werden.

BEISPIEL 9.11

Durch Messung mit Ohmmeter, Induktivitäts- und Kapazitätsmesser seien für einen unbekannten passiven symmetrischen Vierpol Leerlauf- und Kurzschlußwiderstand bestimmt: $z = 12{,}5\,\Omega + \mathrm{j}\cdot 21{,}65\,\Omega$, $z_k = 8\,\Omega - \mathrm{j}\cdot 13{,}86\,\Omega$. Gesucht sind die Wellenparameter z_W und g einschließlich des Dämpfungs- und Phasenmaßes sowie der Reflexionsfaktor ϱ_L, wenn der Lastwiderstand z_L um $\pm 2\,\Omega$ von z_W abweicht. Außerdem ist das Verhältnis von Ein- und Ausgangswirkleistung zu berechnen.

Lösung:

Für (9.59) werden die Zwischengrößen $\sqrt{z}$, $\sqrt{z_k}$, $\sqrt{z - z_k}$ berechnet. Dabei werden (1.12) und (1.23) benutzt:

$$\sqrt{z} = \sqrt{25\,\Omega\,(\cos 60^\circ + \mathrm{j} \cdot \sin 60^\circ)} = \pm(4{,}330 + \mathrm{j} \cdot 2{,}5)\,\sqrt{\Omega}$$

$$\sqrt{z_k} = \sqrt{16\,\Omega\,(\cos 300^\circ + \mathrm{j} \cdot \sin 300^\circ)} = \pm(-3{,}464 + \mathrm{j} \cdot 2)\,\sqrt{\Omega}$$

$$\begin{aligned}\sqrt{z - z_k} &= \sqrt{35{,}79\,\Omega(\cos 82{,}78^\circ + \mathrm{j} \cdot \sin 82{,}78^\circ)} \\ &= \pm(4{,}488 + \mathrm{j} \cdot 3{,}955)\,\sqrt{\Omega}\end{aligned}$$

Hieraus findet man mit (1.21) für das Argument des natürlichen Logarithmus in (9.59) vier Lösungen, wobei die Exponentialform aus (1.10) und (1.12) folgt:

$$\mathrm{e}^g = \begin{Bmatrix} \pm(0{,}606 + \mathrm{j} \cdot 0{,}469) \\ \mp(1{,}033 - \mathrm{j} \cdot 0{,}799) \end{Bmatrix} = \begin{cases} 0{,}766 \cdot \mathrm{e}^{\mathrm{j} \cdot 0{,}659} \\ 0{,}766 \cdot \mathrm{e}^{\mathrm{j} \cdot (0{,}659 + \pi)} \\ 1{,}306 \cdot \mathrm{e}^{\mathrm{j} \cdot (\pi - 0{,}659)} \\ 1{,}306 \cdot \mathrm{e}^{\mathrm{j} \cdot (2\pi - 0{,}659)} \end{cases}$$

Dies ergibt nach (9.59) und (1.24):

$$g = \begin{cases} -0{,}267 + \mathrm{j} \cdot 0{,}659 \\ -0{,}267 + \mathrm{j} \cdot 3{,}800 \\ +0{,}267 + \mathrm{j} \cdot 2{,}483 \\ +0{,}267 + \mathrm{j} \cdot 5{,}625 \end{cases}$$

Nach dem Satz 9.6 muß für den vorgegebenen passiven Vierpol $a > 0$ sein. Also folgen zwei Lösungen:

Übertragungsmaß:	Dämpfungsmaß:	Phasenmaß:
$g_1 = 0{,}267 + \mathrm{j} \cdot 2{,}483$	$a_{1,2} = 0{,}267$	$b_1 = 2{,}483 \approx 142{,}3^\circ$
$g_2 = 0{,}267 + \mathrm{j} \cdot 5{,}625$		$b_2 = 5{,}625 \approx 322{,}3^\circ$

Aus (9.56) folgt mit den Zwischenergebnissen für $\sqrt{z}$ und $\sqrt{z_k}$:

$$z_W = 20\,\Omega$$

Für $z_L = 22\,\Omega$ bzw. $z_L = 18\,\Omega$ erhält man aus $\varrho_L = \dfrac{z_L - z_W}{z_L + z_W}$ analog zu (9.42): $\varrho_{L1} = 0{,}0476 = 4{,}8\%$; $\varrho_{L2} = -0{,}0526 = -5{,}3\%$. Aus (9.64) ergibt sich

$$\frac{P_{We}}{P_{Wa}} = e^{2a} = e^{0{,}534} = 1{,}706\,.$$

9.5.3. Eigenschaften von symmetrischer T-, π- und X-Schaltung

Setzt man $r_3 = r_1$ im Bild 5.6 und $r_1 = r_1'$, $r_2 = r_2'$, $r_3 = r_1'$ im Bild 5.8 sowie $r_1 = r_1''$, $r_2 = r_2''$, $r_3 = r_1''$, $r_4 = r_2''$ im Bild 6.2, so erhält man die Schaltbilder für den symmetrischen T-Vierpol (Bild 9.5), π-Vierpol (Bild 9.6) und X-Vierpol (Bild 9.7).

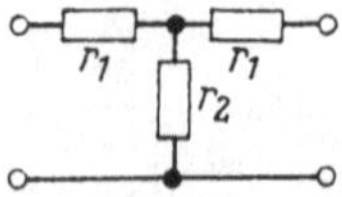

Bild 9.5: Symmetrischer T-Vierpol

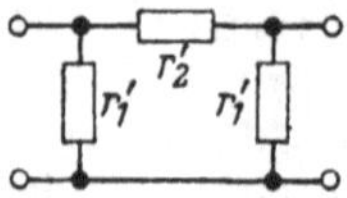

Bild 9.6: Symmetrischer π-Vierpol

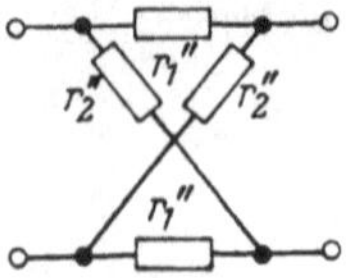

Bild 9.7: Symmetrischer X-Vierpol

Tafel 6: Widerstandsparameter für symmetrischen T-, π- und X-Vierpol

Schaltung	Kernwiderstand $^K z$	Leerlaufwiderstand z	$-\Delta \mathbf{Z} = z^2 - {}^K z^2$	
T-Vierpol (Bild 9.5)	r_2	$r_1 + r_2$	$r_1(r_1 + 2r_2)$	(9.65)
π-Vierpol (Bild 9.6)	$\dfrac{r_1'^2}{2r_1' + r_2'}$	$\dfrac{r_1'(r_1' + r_2')}{2r_1' + r_2'}$	$\dfrac{r_1'^2 r_2'}{2r_1' + r_2'}$	(9.66)
X-Vierpol (Bild 9.7)	$\dfrac{1}{2}(r_2'' - r_1'')$	$\dfrac{1}{2}(r_2'' + r_1'')$	$r_1'' r_2''$	(9.67)

Für einen symmetrischen Vierpol gelten (8.10) und (8.12). Aus Tafel 3 bzw. 5 entnimmt man somit die Tafel 6.

Aus dem Gleichungssystem (9.65) bzw. (9.66) bzw. (9.67) lassen sich jeweils bei gegebenen Widerstandsparametern ${}^{K}z$, z eines beliebigen symmetrischen Vierpols die Aufbauwiderstände r_1, r_2 für den T-Vierpol bzw. r_1', r_2' für den π-Vierpol bzw. r_1'', r_2'' für den X-Vierpol berechnen.

Satz 9.8: Aufbauwiderstände eines symmetrischen T-, π- oder X-Ersatzvierpols

Um für einen durch ${}^{K}z$, z beliebig vorgegebenen symmetrischen Vierpol den äquivalenten T-, π- oder X-*Vierpol zu bestimmen, hat man die Aufbauwiderstände nach folgenden Formeln zu berechnen:*

T-Vierpol

$$\left.\begin{aligned} r_1 &= z - {}^{K}z \\ r_2 &= {}^{K}z \end{aligned}\right\} \quad (9.68)$$

π-Vierpol

$$\left.\begin{aligned} r_1' &= z + {}^{K}z \\ r_2' &= \frac{z^2 - {}^{K}z^2}{{}^{K}z} \end{aligned}\right\} \quad (9.69)$$

X-Vierpol

$$\left.\begin{aligned} r_1'' &= z - {}^{K}z \\ r_2'' &= z + {}^{K}z \end{aligned}\right\} \quad (9.70)$$

BEISPIEL 9.12

Für einen symmetrischen Vierpol seien $z = 750\,\Omega$, $z_k = 416{,}67\,\Omega$ gegeben. Gesucht sind die Aufbauwiderstände des T-, π- und X-Ersatzvierpols.

Lösung:

Aus (9.54) folgt: $a_{11} = a_{22} = 1{,}5$; $a_{12} = 625\,\Omega$; $a_{21} = 0{,}002$ S. Mit Tafel 2 sowie wegen (8.10) und (8.12) ergibt sich:

$$^{K}z = 500\,\Omega, \qquad z = 750\,\Omega.$$

Gln. (9.68), (9.69), (9.70) liefern daher die Aufbauwiderstände:
T-Vierpol: $r_1 = 250\,\Omega$, $r_2 = 500\,\Omega$.
π-Vierpol: $r_1' = 1250\,\Omega$, $r_2' = 625\,\Omega$.
X-Vierpol: $r_1'' = 250\,\Omega$, $r_2'' = 1250\,\Omega$.

Durch Einsetzen der Gln. (9.65), (9.66), (9.67) in (9.68), (9.69), (9.70) erhält man den

Satz 9.9: T-π-X-Transformation für symmetrische Vierpole

Aus einem symmetrischen

T-*Vierpol*	π-*Vierpol*	X-*Vierpol*

ergibt sich der äquivalente symmetrische

π-*Vierpol:*	T-*Vierpol:*	T-*Vierpol*[1]):
$r_1' = r_1 + 2r_2$	$r_1 = \dfrac{r_1' r_2'}{2r_1' + r_2'}$	$r_1 = r_1''$
$r_2' = \dfrac{r_1(r_1 + 2r_2)}{r_2}$	$r_2 = \dfrac{r_1'^2}{2r_1' + r_2'}$	$r_2 = \dfrac{1}{2}(r_2'' - r_1'')$
(9.71)	(9.72)	(9.73)
X-*Vierpol:*	X-*Vierpol:*	π-*Vierpol*[2]):
$r_1'' = r_1$	$r_1'' = \dfrac{r_1' r_2'}{2r_1' + r_2'}$	$r_1' = r_2''$
$r_2'' = r_1 + 2r_2$	$r_2'' = r_1'$	$r_2' = \dfrac{2r_1'' r_2''}{r_2'' - r_1''}$
(9.74)	(9.75)	(9.76)

BEISPIEL 9.13

Gegeben sei ein symmetrischer X-Vierpol mit den Widerständen $r_1'' = 250\,\Omega$, $r_2'' = 1250\,\Omega$ (vgl. Beispiel 9.12). Gesucht sind die Widerstände der gleichwertigen T- und π-Schaltung.

[1]) Für $r_1'' = r_2''$ ergibt sich eine T-Schaltung mit $r_2 = 0$, d. h. statt r_2 läuft eine einfache Leitung.

[2]) Für $r_1'' \to r_2''$ geht der π-Vierpol in eine symmetrische U-Schaltung über, da $r_2' \to \infty$ strebt.

Lösung:

Nach (9.73) und (9.76) findet man:

T-Vierpol: $r_1 = 250\,\Omega$, $r_2 = 500\,\Omega$.

π-Vierpol: $r_1' = 1250\,\Omega$, $r_2' = 625\,\Omega$.

Mit den Werten in Tafel 6 erhält man aus den Gln. (9.56), (1.49), (1.55), (1.56) sowie Tafel 2 und den aus (9.59) und (9.56) resultierenden Beziehungen

$$e^{g} = a_{11} + z_W a_{21}$$

$$e^{-g} = a_{11} - z_W a_{21}$$

die Tafel 7.

9.6. Praktisch wichtige zusammengesetzte Vierpolschaltungen

BEISPIEL 9.14

Gesucht ist für die „Überbrückte T-Schaltung" (Bild 9.8) die Leitwertmatrix.

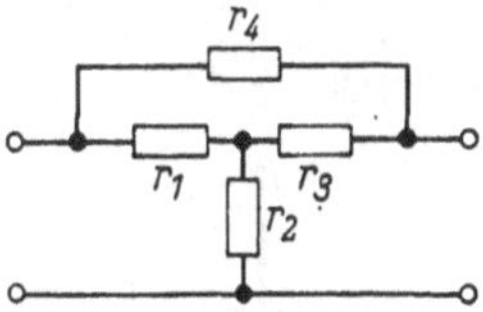

Bild 9.8: Überbrückte T-Schaltung

Lösung:

In der Ersatzschaltung sind die Vierpole I (Längswiderstand r_4) und II (T-Schaltung) parallel zu schalten. Man erhält daher mit

Tafel 7: Ketten- und Wellenparameter

Schaltung	Kettenparameter		
	$a_{11} = a_{22}$	a_{12}	a_{21}
T-Vierpol	$\dfrac{r_1 + r_2}{r_2}$	$\dfrac{r_1(r_1 + 2r_2)}{r_2}$	$\dfrac{1}{r_2}$
π-Vierpol	$\dfrac{r_1' + r_2'}{r_1'}$	r_2	$\dfrac{2r_1' + r_2'}{r_1'^2}$
X-Vierpol	$\dfrac{r_2'' + r_1''}{r_2'' - r_1''}$	$\dfrac{2r_1''r_2''}{r_2'' - r_1''}$	$\dfrac{2}{r_2'' - r_1''}$

den aus Tafel 3 entnommenen Leitwertmatrizen

$$\boldsymbol{Y} = \begin{pmatrix} \dfrac{r_1r_2 + r_2r_3 + r_3r_1 + r_2r_4 + r_3r_4}{(r_1r_2 + r_2r_3 + r_3r_1)r_4} & -\dfrac{r_1r_2 + r_2r_3 + r_3r_1 + r_2r_4}{(r_1r_2 + r_2r_3 + r_3r_1)r_4} \\ \dfrac{r_1r_2 + r_2r_3 + r_3r_1 + r_2r_4}{(r_1r_2 + r_2r_3 + r_3r_1)r_4} & -\dfrac{r_1r_2 + r_2r_3 + r_3r_1 + r_1r_4 + r_2r_4}{(r_1r_2 + r_2r_3 + r_3r_1)r_4} \end{pmatrix} \tag{9.77}$$

für symmetrischen T-, π- und X-Vierpol

Wellenwiderstand z_W	Reziproke Spannungs- und Stromverstärkung $\frac{u_1}{u_2} = \frac{i_1}{i_2} = e^g = a_{11} + z_W a_{21}$	Übertragungsmaß g
$\sqrt{r_1(r_1+2r_2)} = \sqrt{2r_1r_2}\cosh\frac{g}{2}$	$\frac{r_1+r_2+\sqrt{r_1(r_1+2r_2)}}{r_2} = \frac{\sqrt{1+2\frac{r_2}{r_1}}+1}{\sqrt{1+2\frac{r_2}{r_1}}-1}$	$\cosh g = 1+\frac{r_1}{r_2}$ $\sinh\frac{g}{2} = \pm\sqrt{\frac{r_1}{2r_2}}$
$r_1'\sqrt{\frac{r_2'}{2r_1'+r_2'}} = \sqrt{\frac{r_1'r_2'}{2}}\,\frac{1}{\cosh\frac{g}{2}}$	$\frac{r_1'+r_2'+\sqrt{r_2'(2r_1'+r_2')}}{r_1'} = \frac{\sqrt{1+2\frac{r_1'}{r_2'}}+1}{\sqrt{1+2\frac{r_1'}{r_2'}}-1}$	$\cosh g = 1+\frac{r_2'}{r_1'}$ $\sinh\frac{g}{2} = \pm\sqrt{\frac{r_2'}{2r_1'}}$
$\sqrt{r_1''r_2''}$	$\frac{\sqrt{r_2''}+\sqrt{r_1''}}{\sqrt{r_2''}-\sqrt{r_1''}} = \frac{1+\sqrt{\frac{r_1''}{r_2''}}}{1-\sqrt{\frac{r_1''}{r_2''}}}$	$\cosh g = \frac{r_2''+r_1''}{r_2''-r_1''}$ $\tanh\frac{g}{2} = \pm\sqrt{\frac{r_1''}{r_2''}}$

BEISPIEL 9.15

Gesucht ist für die „Doppel-T-Brücke“ (Bild 9.9) die Leitwertmatrix.

Lösung:

Die Ersatzschaltung ergibt zwei parallelgeschaltete T-Vierpole mir r_1, r_2, r_3 und r_1', r_2', r_3'. Mit Tafel 3 erhält man nach (5.2):

$$\mathbf{Y} = \begin{pmatrix} \dfrac{(r_2 + r_3)[P'] + (r_2' + r_3')[P]}{[P][P']} & -\dfrac{r_2[P'] + r_2'[P]}{[P][P']} \\ \dfrac{r_2[P'] + r_2'[P]}{[P][P']} & -\dfrac{(r_1 + r_2)[P'] + (r_1' + r_2')[P]}{[P][P']} \end{pmatrix} \qquad (9.78)$$

mit den Abkürzungen

$$[P] = r_1 r_2 + r_2 r_3 + r_3 r_1$$
$$[P'] = r_1' r_2' + r_2' r_3' + r_3' r_1' \qquad (9.78\,\mathrm{a})$$

Bei der „Doppel-T-Brücke" sind meistens entweder r_1, r_3, r_2' Ohmsche Widerstände und r_1', r_3', r_2 Kapazitäten oder umgekehrt (vgl. Aufgabe. 10.11).

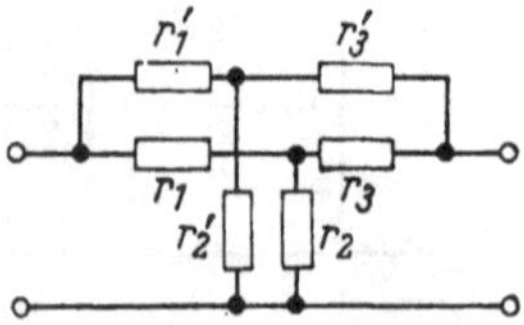

Bild 9.9: Doppel-T-Brücke

BEISPIEL 9.16

Gesucht ist für die „Wiensche Brücke" (Bild 9.10) die Widerstandsmatrix.

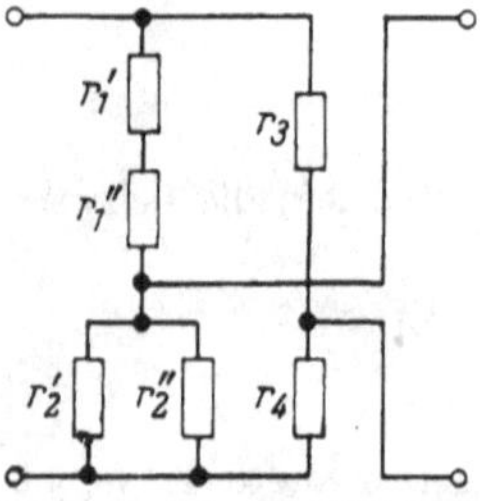

Bild 9.10: Wiensche Brücke

Lösung:

Im Ersatzschaltbild (Bild 9.11) stellen die Vierpole I und II Halbglieder Tπ dar, wobei sich bei I die in Reihe geschalteten Widerstände r_1' und r_1'' addieren

$$r_1 = r_1' + r_1'', \tag{9.79a}$$

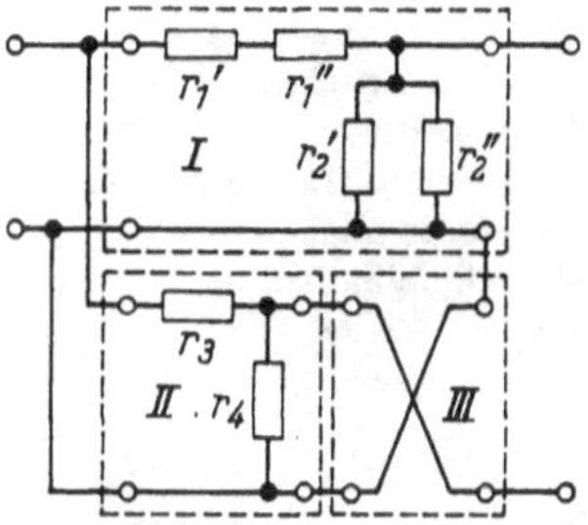

Bild 9.11: Ersatzschaltbild für die Wiensche Brücke

während sich für die parallelgeschalteten Widerstände r_2' und r_2'' eine Addition der Leitwerte ergibt

$$r_2 = \frac{r_2' r_2''}{r_2' + r_2''}. \tag{9.79b}$$

Somit folgen aus (6.4) die Matrizen $A_{\rm I}$, $A_{\rm II}$ und aus (6.3) die Matrix $A_{\rm III}$. Gl. (5.5) liefert $A_{\rm II/III}$. Nun sind die Vierpole parallelreihengeschaltet. Daher werden die zugehörigen Matrizen C gebraucht, die für $A_{\rm I}$ und $A_{\rm II/III}$ aus Tafel 2 abgelesen werden. Mit (5.4) findet man

$$C = \begin{pmatrix} \dfrac{r_2 r_3 - r_1 r_4}{(r_1 + r_2)(r_3 + r_4)} & \dfrac{r_1 + r_2 + r_3 + r_4}{(r_1 + r_2)(r_3 + r_4)} \\[2ex] -\dfrac{r_1 r_2 r_3 + r_1 r_2 r_4 + r_1 r_3 r_4 + r_2 r_3 r_4}{(r_1 + r_2)(r_3 + r_4)} & \dfrac{r_2 r_3 - r_1 r_4}{(r_1 + r_2)(r_3 + r_4)} \end{pmatrix}$$

Aus Tafel 2 ergibt sich schließlich mit $\Delta C = \frac{(r_1 + r_3)(r_2 + r_4)}{(r_1 + r_2)(r_3 + r_4)}$

$$Z = \begin{pmatrix} \frac{(r_1 + r_2)(r_3 + r_4)}{r_1 + r_2 + r_3 + r_4} & -\frac{-r_1 r_4 + r_2 r_3}{r_1 + r_2 + r_3 + r_4} \\ \frac{-r_1 r_4 + r_2 r_3}{r_1 + r_2 + r_3 + r_4} & -\frac{(r_1 + r_3)(r_2 + r_4)}{r_1 + r_2 + r_3 + r_4} \end{pmatrix} \qquad (9.79)$$

Dabei sind die Abkürzungen (9.79a) und (9.79b) zu berücksichtigen. Meistens sind bei der „Wienschen Brücke" r_1'', r_2', r_3, r_4 Ohmsche Widerstände und r_1', r_2'' Kapazitäten.

Wie man durch Vergleich von (6.9) und (9.79) findet, erhält man eine der Wienschen Brücke äquivalente allgemeine X-Schaltung, wenn bei der X-Schaltung folgende Widerstandsumbenennungen vorgenommen werden: $r_2 \to r_3$, $r_3 \to r_4$, $r_4 \to r_2$.

BEISPIEL 9.17

Für die „Differentialschaltung mit angezapftem Übertrager in gleichsinniger Kopplung" (Bild 9.12) ist die Leitwertmatrix zu bestimmen.

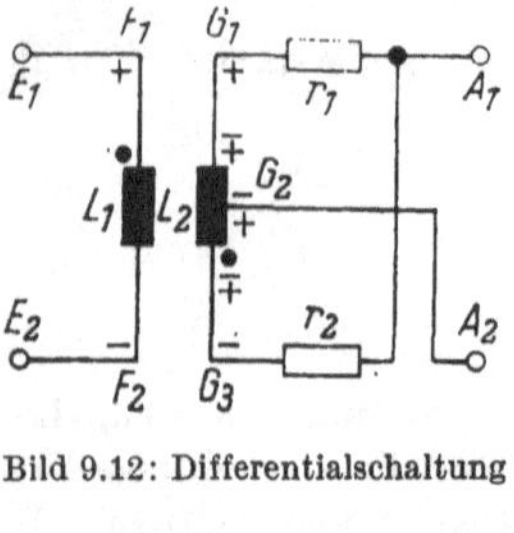

Bild 9.12: Differentialschaltung mit angezapftem Übertrager

Lösung:

Die Definition des Vierpols verlangt, daß an der Klemme E_1 derselbe Strom i_1 in den Vierpol hineinfließt, der an der Klemme E_2 aus dem Vierpol herausfließt. Da sich bei einem rein formal gewählten Ersatzschaltbild eine Reihenparallelschaltung ergeben würde, müßte aus obigem Grund durch beide Spulen des linken Zweiges der gleiche Strom fließen. Um diese nicht akzeptable Zwangsbedingung zu umgehen, wird insgesamt eine Parallelschaltung angewendet (Bild 9.13). Die notwendige Art der Kopplung wird aus Potentialdifferenzen hergeleitet.

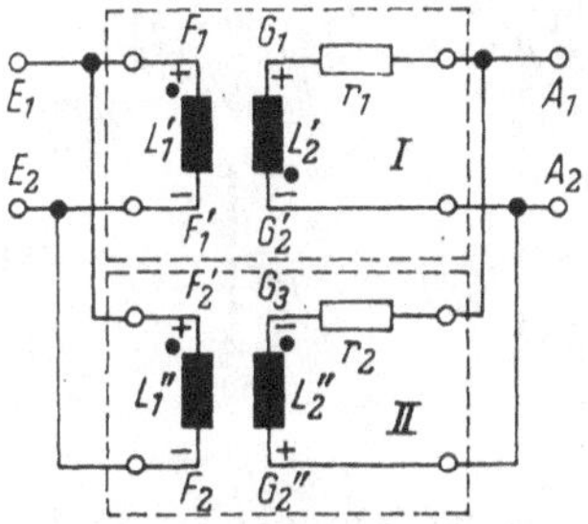

Bild 9.13: Ersatzschaltbild für die Differentialschaltung mit angezapftem Übertrager

Für die induktiven Widerstände wird mit $p > 1$, $q > 1$ gesetzt:

$$\left.\begin{aligned} jX_{L1} &= j\omega L_1, \quad jX_{L1'} = j\omega L_1' = j\omega L_1 p \\ jX_{L2} &= j\omega L_2, \quad jX_{L2'} = j\omega L_2' = j\omega L_2 q \end{aligned}\right\} \tag{I}$$

Daher:

$$jX_{L1''} = \frac{jX_{L1}X_{L1'}}{X_{L1'} - X_{L1}} = j\omega L_1 \frac{p}{p-1} \tag{II}$$

$$jX_{L2''} = j\omega L_2 \frac{q}{q-1} \tag{III}$$

Mit den aus Tafel 3 entnommenen Leitwertmatrizen der Vierpole I und II findet man aus (5.2)

$$\left.\begin{aligned} y_{11} &= \frac{r_1 + j\omega q L_2}{S_1} + \frac{r_2 + j\omega \dfrac{q}{q-1} L_2}{S_2} \\ y_{12} &= j\omega k \sqrt{pqL_1L_2}\left(\frac{1}{S_1} - \frac{1}{S_2\sqrt{(p-1)(q-1)}}\right) \\ y_{21} &= -j\omega k \sqrt{pqL_1L_2}\left(\frac{1}{S_1} - \frac{1}{S_2\sqrt{(p-1)(q-1)}}\right) \\ y_{22} &= -j\omega p L_1 \left(\frac{1}{S_1} + \frac{1}{S_2(p-1)}\right) \end{aligned}\right\} \tag{9.80}$$

Hierbei gelten nach (I) bis (III) die Abkürzungen

$$L_1' = L_1 p, \quad L_2' = L_2 q, \quad L_1'' = L_1 \frac{p}{p-1}, \quad L_2'' = L_2 \frac{q}{q-1} \tag{9.80a}$$

$$\left.\begin{aligned} S_1 &= j\omega p L_1 r_1 - \omega^2 pq L_1 L_2 (1 - k^2) \\ S_2 &= j\omega \frac{p}{p-1} L_1 r_2 - \omega^2 \frac{p}{p-1} \frac{q}{q-1} L_1 L_2 (1 - k^2) \end{aligned}\right\} \tag{9.80b}$$

AUFGABEN

9.1 Es ist die Leitwertmatrix für die im Bild 9.14 dargestellte Differentialschaltung „Überbrückte T-Schaltung mit zwei Induktivitäten" zu berechnen.

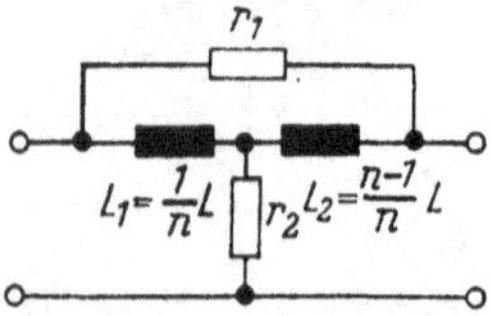

Bild 9.14: Überbrückte T-Schaltung mit zwei Induktivitäten

9.2 Welche Bedingungen müssen die Leerlauf- und Kurzschluß-widerstände z_{1l}, z_{1k}, z_{2l}, z_{2k} eines passiven Vierpols erfüllen?

9.3 Für einen unbekannten unsymmetrischen passiven Vierpol seien die Leerlauf- und Kurzschlußwiderstände gemessen: $z_{1l} = 25\,\Omega$, $z_{1k} = 16\,\Omega - j\,12\,\Omega$, $z_{2l} = 100\,\Omega$, $z_{2k} = 64\,\Omega - j\,48\,\Omega$.
Gesucht sind z_{We}, z_{Wa}, g, a, b, P_{We}/P_{Wa}.

9.4 Von einem beiderseits angepaßt abgeschlossenen passiven Vierpol seien die Stromverstärkung $v_i = 0{,}4$, das Übertragungsmaß durch $\cosh g = 2{,}6$ und der Kurzschluß-Ausgangswiderstand $z_{2k} = 144\,\Omega$ bekannt. Es sind zu berechnen:
a) v_u, z_e, z_a, z_{We}, z_{Wa}, g;
b) die Aufbauwiderstände des dem vorgegebenen äquivalenten T- und π-Ersatzvierpols.

9.5 Ein Vierpol sei durch seine Widerstandsparameter gegeben: $z_{11} = z_1 = 25{,}75\,\Omega - j \cdot 1\,\Omega$, $z_{21} = -z_{12} = {}^{K}z = -17{,}5\,\Omega - j \cdot 6{,}25\,\Omega$, $-z_{22} = z_2 = 24{,}25\,\Omega - j \cdot 1\,\Omega$. Gesucht sind T-

und X-Ersatzvierpol. Es empfiehlt sich, für den X-Vierpol $r_1 = 50\,\Omega + j\,15\,\Omega$ zu wählen.

9.6 Die Formeln (9.8) bis (9.11) sind aus den im Kapitel 7. besprochenen Beziehungen herzuleiten.

9.7 Bei Leerlauf auf der Ausgangsseite eines passiven Vierpols werde eine Eingangsspannung von $u_1 = 22$ V und eine Ausgangsspannung von $u_2 = 10$ V gemessen, bei Kurzschluß am Ausgang sei der Eingangsstrom $i_1 = 66$ mA und der Ausgangsstrom $i_2 = 30$ mA. Der Leerlauf-Eingangswiderstand betrage $z_{1l} = 1100\,\Omega$. Gesucht sind äquivalenter T-, π- und X-Vierpol sowie z_W, g.

9.8 Für die Doppel-T-Brücke (Bild 9.9) sind die Leitwertparameter y_{ij} bei den gegebenen Widerständen $r_1 = 500\,\Omega$, $r_3 = 100\,\Omega$, $r_2' = 200\,\Omega$ und Kapazitäten $C_1' = 0{,}2\,\mu$F, $C_3' = 0{,}25\,\mu$F, $C_2 = 0{,}1\,\mu$F sowie einer Kreisfrequenz $\omega = 20$ kHz zu berechnen.

9.9 Wie lauten die Widerstandsparamter z_{ij} für die Wiensche Brücke (Bild 9.10), wenn die Widerstände $r_1'' = 168\,\Omega$, $r_2' = 300\,\Omega$, $r_3 = 240\,\Omega$, $r_4 = 200\,\Omega$ und die Kapazitäten $C_1' = 219{,}3$ nF, $C_2'' = 250$ nF sowie die Kreisfrequenz $\omega = 10$ kHz gegeben sind?

9.10 Ein Tπ-Halbglied (Bild 3.1) habe die Widerstände $r_1 = 1600\,\Omega$, $r_2 = 900\,\Omega$ und sei mit der Spannungsquelle $u_0 = 6$ V und dem Innenwiderstand $z_Q = 1900\,\Omega$ betrieben sowie mit einem Lastwiderstand $z_L = 700\,\Omega$ abgeschlossen. Gesucht sind ϱ_1, ϱ_2, beide a_{St} und a_W, a_B, a.

10. Anwendungen der passiven Vierpole

10.1. Logarithmische Spannungs-, Strom- und Leistungsangaben

Spannungs-, Strom- und Leistungsverstärkung bzw. -Dämpfung werden meistens in den Einheiten *Neper*[1]), abgekürzt Np, bzw. *Bel*[2]), abgekürzt B, oder *Dezibel*, abgekürzt dB (1 dB = 0,1 B), angegeben. Dabei haben diese Größen nicht den Charakter einer Dimension, sie

[1]) Nach dem schottischen Mathematiker JOHN NAPIER (NEPER), 1550 bis 1617, benannt.

[2]) Nach dem amerikanischen Erfinder ALEXANDER GRAHAM BELL, 1847 bis 1922, schottischer Herkunft, benannt.

dienen lediglich als Hinweis darauf, welche Verhältniszahlen vorliegen.

Logarithmische Spannungs-, Strom- und Leistungsangaben heißen *Pegel*. Sie werden entweder beim relativen Pegel auf den Eingang der Schaltung oder beim absoluten Pegel auf genormte Werte bezogen. Bei den **Verstärkungen** gelten, wenn für den Eingang die Indizes e oder 1 und für den Ausgang die Indizes a oder 2 benutzt werden, für die relativen Pegel:

Spannungspegel $$p_u = \ln \frac{u_2}{u_1}\,\mathrm{Np} = 2\lg \frac{u_2}{u_1}\,\mathrm{B} = 20 \lg \frac{u_2}{u_1}\,\mathrm{dB} \qquad (10.1)$$

Strompegel $$p_i = \ln \frac{\dot{i}_2}{\dot{i}_1}\,\mathrm{Np} = 2\lg \frac{\dot{i}_2}{\dot{i}_1}\,\mathrm{B} = 20 \lg \frac{\dot{i}_2}{\dot{i}_1}\,\mathrm{dB} \qquad (10.2)$$

Leistungspegel $$p = \frac{1}{2} \ln \frac{P_a}{P_e}\,\mathrm{Np} = \lg \frac{P_a}{P_e}\,\mathrm{B} = 10 \lg \frac{P_a}{P_e}\,\mathrm{dB} \qquad (10.3)$$

Für die **Dämpfung** muß beim Leistungsverhältnis im Zähler die Eingangs- und im Nenner die Ausgangsleistung auftreten (vgl. 9.3.2. und 9.4.3.):

Dämpfung $$a = \frac{1}{2} \ln \frac{P_e}{P_a}\,\mathrm{Np} = -p \qquad (10.4)$$

Wie man sieht, bezieht sich Np auf den natürlichen Logarithmus ln und B sowie dB auf den dekadischen Logarithmus lg.

Der Zusammenhang zwischen Np und B bzw. dB folgt aus (10.1) bis (10.3) bei Beachtung des Moduls $\mathrm{M} = 0{,}4343$ der dekadischen Logarithmen:

$$\begin{aligned} 1\,\mathrm{Np} &= 8{,}686\,\mathrm{dB} \\ 1\,\mathrm{dB} &= 0{,}1151\,\mathrm{Np} \end{aligned} \qquad (10.5)$$

10.2. Dämpfungsglieder

Wird vom Übertragungsmaß eines Vierpols bezüglich der Frequenzabhängigkeit ein vorgegebenes Verhalten verlangt, so finden möglichst die T-, π- oder X-Schaltung Anwendung.

Ein ***Dämpfungsglied*** *soll den Energiefluß in einem bestimmten Maß verringern.*

Der Wellenwiderstand des Dämpfungsvierpols muß demjenigen der die Schaltung bildenden Vierpole angepaßt sein, damit die Widerstandsverhältnisse erhalten bleiben.

Dämpfungsglieder werden als sog. Verlängerungsleitungen bei Fernverbindungen, Eichleitungen in der Meßtechnik und zur Verringerung der Reflexion benutzt.

Das Dämpfungsglied wird für ein gefordertes Dämpfungsmaß $a = \text{const}$ meistens als symmetrische T-Schaltung, zuweilen als H-Schaltung ausgeführt. Da es unabhängig von der Frequenz Energie dämpfen soll, dürfen Blindwiderstände nicht Verwendung finden.

Das Dämpfungsglied muß aus ***Ohmschen Widerständen*** *aufgebaut sein. Somit ist wegen* (9.24) und (9.26) *das Phasenmaß $b = 0$ und daher $g = a$. Für variables Dämpfungsmaß a wird oft eine überbrückte* T-*Schaltung angewendet* [24].

Werden für die symmetrische T-Schaltung (Bild 9.5) die Ohmschen Widerstände mit R_1, R_2 bezeichnet, so lassen sich aus den Beziehungen der Tafel 7 bei Berücksichtigung von (1.48) und (1.52) herleiten die

Widerstände für das konstante Dämpfungsglied in symmetrischer T-Schaltung *mit* $a = \text{const}$, $b = 0$, $z_W = \text{const}$ *(also R_1 und R_2 konstant)*

$$R_1 = z_W \tanh \frac{a}{2} \tag{10.6a}$$

$$R_2 = \frac{z_W}{\sinh a} \tag{10.6b}$$

BEISPIEL 10.1

Ein Dämpfungsglied mit der Dämpfung 3 Np und dem Wellenwiderstand $z_W = 2\,\text{k}\Omega$ ist zu berechnen.

Lösung:

Wegen (10.4) ist $a = 3$, somit ergibt sich aus (10.6):

$$R_1 = 2000\,\Omega \cdot 0{,}90515 = 1810{,}3\,\Omega; \quad R_2 = \frac{2000\,\Omega}{10{,}01788} = 199{,}6\,\Omega$$

Soll die im Bild 10.1 dargestellte überbrückte T-Schaltung mit konstantem Wellenwiderstand z_W als variables Dämpfungsglied verwendet werden, so brauchen im Gegensatz zu drei Widerständen bei der T-Schaltung

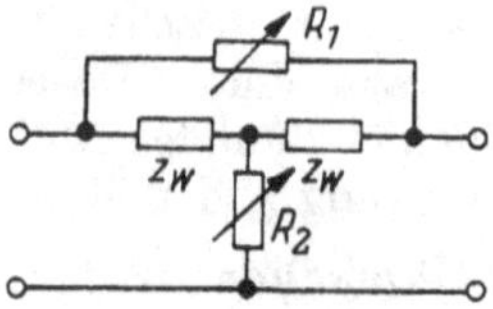

Bild 10.1: Variables Dämpfungsglied in überbrückter T-Schaltung

nur die beiden Widerstände R_1, R_2 variabel zu sein, was vorteilhafter ist. Bild 9.8 geht in Bild 10.1 über, wenn $r_1 = r_3 = z_W$, $r_2 = R_2$, $r_4 = R_1$ sind. Gl. (9.77) ergibt dann:

$$y_{11} = -y_{22} = \frac{z_W(2R_2 + z_W) + R_1(R_2 + z_W)}{R_1 z_W(2R_2 + z_W)},$$

$$y_{21} = -y_{12} = \frac{z_W(2R_2 + z_W) + R_1 R_2}{R_1 z_W(2R_2 + z_W)}$$

$$-\Delta \boldsymbol{Y} = \frac{R_1 + 2z_W}{R_1 z_W(2R_2 + z_W)}$$

Hieraus folgt mit Tafel 2:

$$z_{11} = -z_{22} = \frac{z_W(2R_2 + z_W) + R_1(R_2 + z_W)}{R_1 + 2z_W},$$

$$z_{21} = -z_{12} = \frac{z_W(2R_2 + z_W) + R_1R_2}{R_1 + 2z_W} \qquad \text{(I)}$$

$$-\Delta \mathbf{Z} = \frac{R_1 z_W(2R_2 + z_W)}{R_1 + 2z_W}. \qquad \text{(II)}$$

Aus (II) mit (9.56):

$$z_W = \sqrt{R_1R_2} \qquad \text{(III)}$$

Gln. (9.56), (9.59) liefern bei Berücksichtigung der Tafel 2 sowie der Gln. (8.10), (8.12) und der Bezeichnungen z und ^Kz der Tafel 6 für $b = 0$:

$$\mathrm{e}^a = \frac{z + z_W}{^Kz} \qquad \text{(IV)}$$

Aus (IV) folgt mit (I) und (III):

$$\mathrm{e}^a = \frac{R_1 + R_2 + 2z_W}{R_2 + z_W} \qquad \text{(V)}$$

(V) führt auf die

Widerstände für das variable Dämpfungsglied in überbrückter, symmetrischer T-Schaltung *mit* a = variabel, $b = 0$, z_W = const *(also* R_1 *und* R_2 *variabel)*

$$R_1 = z_W(\mathrm{e}^a - 1)$$

$$R_2 = \frac{z_W}{\mathrm{e}^a - 1} \qquad \text{(10.7)}$$

BEISPIEL 10.2

Für ein variables Dämpfungsglied in überbrückter T-Schaltung (Bild 10.1) sind die variablen Widerstände R_1, R_2 für den konstant vorgegebenen Wellenwiderstand $z_W = 1000\,\Omega$ und eine Dämpfung von $a = 0{,}1;\ 0{,}5;\ 0{,}8;\ 1{,}0;\ 1{,}5;\ 2{,}0$ Np zu bestimmen.

Lösung: Mit (10.7) folgt:

a [Np]	0,1	0,5	0,8	1,0	1,5	2,0
e^a	1,105171	1,648721	2,225541	2,718282	4,481688	7,389056
R_1 [Ω]	105,17	648,72	1225,54	1718,28	3481,69	6389,06
R_2 [Ω]	9508,32	1541,49	815,97	581,98	287,22	156,52

10.3. Siebschaltungen (Filter)

Siebschaltungen (Filter) *sollen die Frequenzen eines gewissen Bereichs zum Ausgang durchlassen,* ***Durchlaßbereich*** *genannt ($a = 0$), und die Frequenzen eines anderen Bereichs zurückhalten,* ***Sperrbereich*** *genannt (a möglichst groß). Für das Phasenmaß b läßt sich nichts vorschreiben* [15].

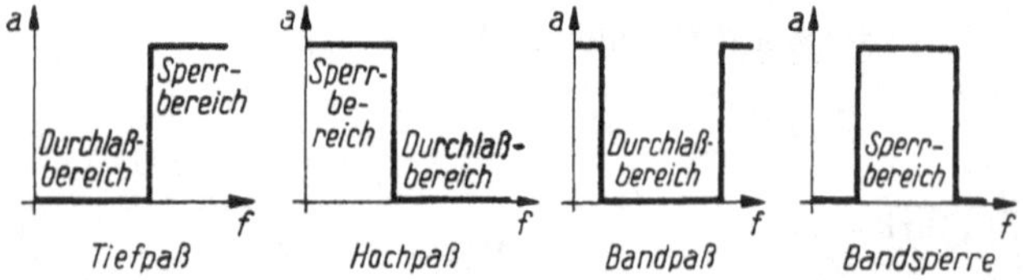

Bild 10.2: Ideale Siebkurven

Je nach Lage der genannten Bereiche unterscheidet man **Tiefpaß**[1]), **Hochpaß**[2]), **Bandpaß**[3]), **Bandsperre**[4]) (Bild 10.2).

---

[1]) Niedrige Frequenzen können passieren.

[2]) Hohe Frequenzen können passieren.

[3]) Frequenzen eines in einem mittleren Bereich liegenden Bandes können passieren.

[4]) Frequenzen eines in einem mittleren Bereich liegenden Bandes werden gesperrt.

Da frequenzabhängige Fehlanpassungen eine Variation von a im Durchlaßbereich und nicht vermeidbare Bauelementverluste eine konstante Grunddämpfung erzeugen, sind die im Bild 10.2 dargestellten Kurven nur annähernd erreichbar. Insbesondere macht es große Schwierigkeiten, im Durchlaßbereich die Dämpfung exakt auf Null zu bringen und den Übergang zwischen zwei verschiedenen Bereichen in absoluter Schärfe zu erhalten.

In der Unterlagerungstelegrafie beispielsweise, wo das unterhalb der Sprechfrequenzen liegende Frequenzband für Gleichstromtelegrafie verwendet wird, werden die Sprechströme von den Telegrafenapparaten durch Tiefpässe und die Telegrafierströme von den Telefonen durch Hochpässe getrennt [14].

***Kondensatoren** und **Spulen** bilden i. a. die Aufbauwiderstände von Siebschaltungen. In bestimmten Fällen sind auch Kombinationen von Ohmschen Widerständen und Kondensatoren, sog. RC-Glieder, zweckmäßig (vgl. Aufgaben 10.10 und 10.11).*

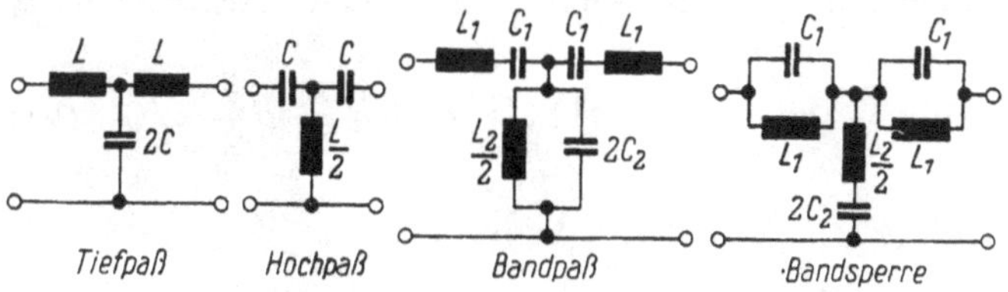

Bild 10.3: Übliche T-Siebschaltungen

Die im Bild 10.3 dargestellten T-Vierpole werden für die vier verschiedenen Filter oft benutzt, desgleichen die π-Vierpole in den Bildern 10.7, 10.8 und 10.9 [24].

Im folgenden wird angenommen, daß die Siebschaltungen für jede Frequenz beiderseits genau angepaßt abgeschlossen und die Verlustfaktoren ihrer Bauelemente Null sind.

10.3.1. Erläuterung der Formelherleitung am Tiefpaß

Für die symmetrische T-Schaltung im Bild 10.3 folgt aus Tafel 7 mit $r_1 = j\omega L$ und $r_2 = \frac{1}{j\omega\, 2C}$:

$$\sinh\frac{g}{2} = j\omega\sqrt{LC} \qquad \text{(I)}$$

Mit den Abkürzungen

$$\omega_g = \frac{1}{\sqrt{LC}} \quad \text{(II)} \qquad\qquad \Omega = \frac{\omega}{\omega_g} \qquad \text{(III)}$$

erhält man aus (I) mit (9.24):

$$\sinh\left(\frac{a}{2} + j\,\frac{b}{2}\right) = j\Omega \qquad \text{(IV)}$$

Bei Beachtung der Beziehungen (1.50), (1.53) und (1.54) ergibt sich aus (IV), weil die linke Seite der Gleichung auch rein imaginär sein muß, wenn es die rechte Seite ist:

$$\sinh\frac{a}{2}\cdot\cos\frac{b}{2} = 0 \quad \text{(V)} \qquad\qquad \cosh\frac{a}{2}\cdot\sin\frac{b}{2} = \Omega \quad \text{(VI)}$$

Gl. (V) führt auf folgende drei Fälle:

1. $\sinh\frac{a}{2} = 0$: $a = 0$ und $\cosh\frac{a}{2} = 1$. Hieraus wegen (VI):

   $\sin\frac{b}{2} = \Omega$ oder $b = 2 \operatorname{arc\,sin} \Omega$. Da $-1 \leqq \sin x \leqq 1$ sein muß, gilt: $0 \leqq \Omega < 1$ und wegen (III) $\omega < \omega_g$.

   Durchlaßbereich: Dämpfung $a = 0$, Phasenmaß b steigt nach arc sin-Funktion von 0 bis π an.

2. $\cos\frac{b}{2} = 0$: $b = \overset{+}{(-)}\pi$ und $\sin\frac{b}{2} = \overset{+}{(-)} 1$. Hieraus wegen (VI):

$$\cosh\frac{a}{2} = \overset{+}{(-)} \Omega \quad \text{oder} \quad a = 2 \operatorname{ar} \cosh \Omega.$$

Da $\cosh x \geqq 1$ sein muß, gilt: $\Omega > 1$ und wegen (III) $\omega > \omega_g$.

Sperrbereich: Dämpfung steigt nach ar cosh-Funktion von 0 bis $+\infty$ an, Phasenmaß $b = \pi$.

3. $\sinh\frac{a}{2} = 0$ und

$\cos\frac{b}{2} = 0$: $a = 0$, $b = \pi$. Hieraus mit (VI): $\Omega = 1$.

Übergang vom Durchlaß- zum Sperrbereich: Aus $\Omega = 1$ folgt mit (III) $\omega = \omega_g$. Gl. (II) stellt also die *Grenzfrequenz* dar.

Aus dem Gang der Phase nach der Funktion $b = 2 \operatorname{arc} \sin \Omega$ ergibt sich für die Laufzeit durch den Filter mit Hilfe der Kettenregel der Differentialrechnung:

$$t_g = \frac{db}{d\omega} = \frac{db}{d\Omega} \cdot \frac{d\Omega}{d\omega} = \frac{2}{\omega_g \sqrt{1 - \Omega^2}} \qquad \text{(VII)}$$

Dämpfungs-, Phasen- und Laufzeitgang für T- und π-Schaltung sind in den Bildern 10.4 und 10.5 dargestellt.

Aus Tafel 7 entnimmt man für den Wellenwiderstand des Tiefpasses von Bild 10.3

$$z_W = \sqrt{\frac{L}{C}} \sqrt{1 - \Omega^2} \qquad \text{(VIII)}$$

Mit der Abkürzung

$$z_N = \sqrt{\frac{L}{C}} \qquad \text{(IX)}$$

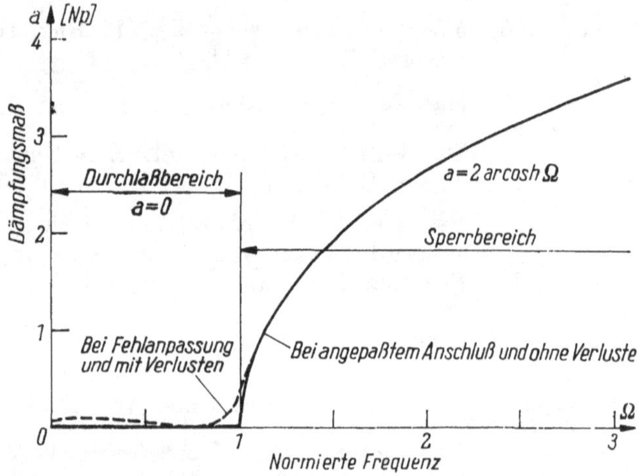

Bild 10.4: Dämpfungsgang eines einfachen Tiefpasses (T- und π-Schaltung)

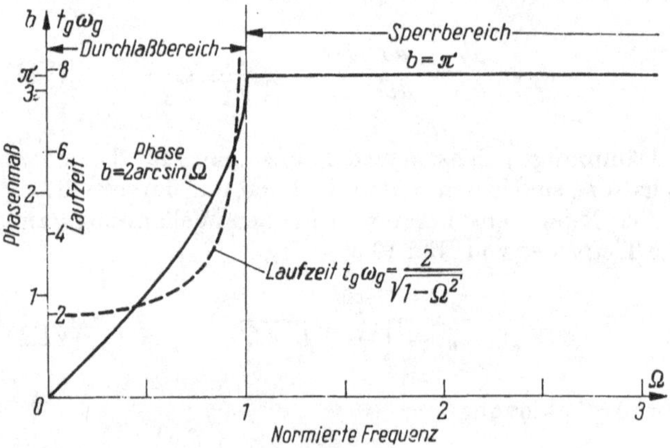

Bild 10.5: Phasen- und Laufzeitgang eines einfachen Tiefpasses (T- und π- Schaltung)

folgt für den

Durchlaßbereich ($\Omega \leqq 1$): $z_W = z_N \sqrt{1 - \Omega^2}$ (reell) (Xa)

Sperrbereich ($\Omega > 1$): $z_W = \mathrm{j} z_N \sqrt{\Omega^2 - 1}$ (Xb)
(imaginär; induktiver Blindwiderstand)

Wie man sieht, ist der Wellenwiderstand eine Funktion der Frequenz, also nicht konstant (Bild 10.6). Da die

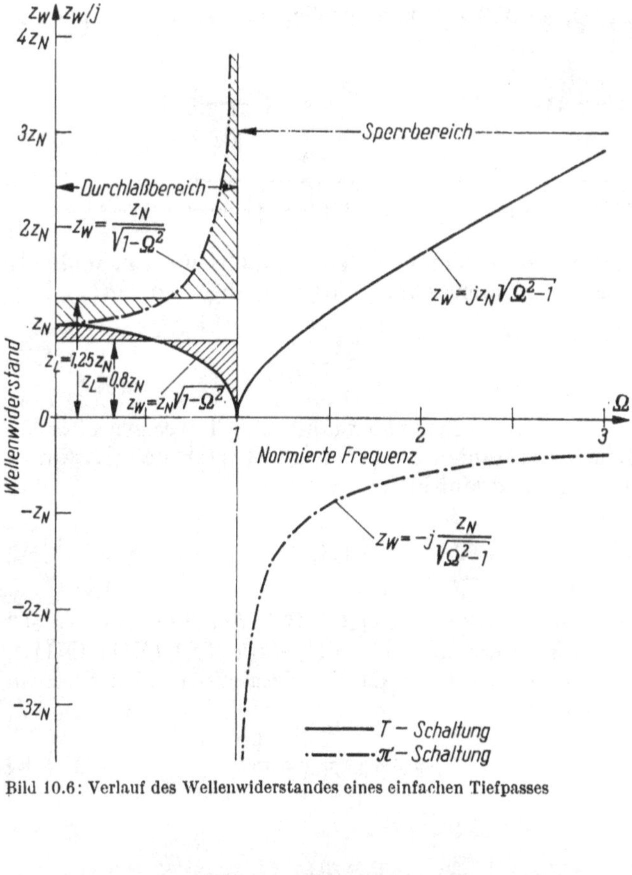

Bild 10.6: Verlauf des Wellenwiderstandes eines einfachen Tiefpasses

Siebschaltung jedoch nur mit einem einzigen festen Widerstand z_L abgeschlossen werden kann, müssen Reflexionen und Änderungen der Dämpfung in Kauf genommen werden. Die Festlegung von z_L erfolgt so, daß diese Nachteile in Grenzen bleiben. Zweckmäßig ist es, wie aus Bild 10.6 folgt, zu wählen

$$z_L = 0{,}8 \cdot z_N \qquad \text{(XI)}$$

Wegen der Fehlanpassung wird, wie man aus Bild 10.4 erkennt, der Durchlaßbereich in der Nähe von ω_g verkürzt, so daß ω_g etwas größer als die höchste noch zu

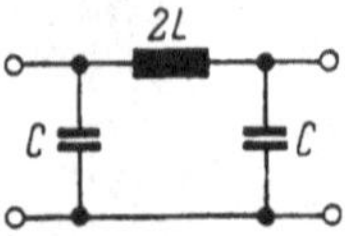

Bild 10.7: Tiefpaß-π-Schaltung

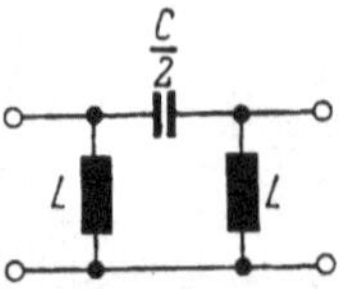

Bild 10.8: Hochpaß-π-Schaltung

übertragende Frequenz ω_h gewählt werden muß. In der Nachrichtentechnik wird z. B. angenommen:

$$\omega_g = \frac{\omega_h}{0{,}9} \qquad \text{(XII)}$$

Die für die Aufbauwiderstände des Tiefpasses erforderlichen Konstanten L und C folgen aus (II) und (IX) durch Division und Multiplikation zu

$$L = \frac{z_N}{\omega_g} \quad \text{(XIII)} \qquad C = \frac{1}{\omega_g z_N} \quad \text{(XIV)}$$

Für ein Tiefpaß-π-Glied (Bild 10.7) findet man aus Tafel 7 dieselben Formeln (I) bis (VII) sowie (IX), (XII), (XIII), (XIV) wie für das T-Glied. Die abweichenden Formeln lauten:

$$z_W = \sqrt{\frac{L}{C}}\,\frac{1}{\sqrt{1 - \Omega^2}} \qquad \text{(VIII')}$$

Durchlaßbereich ($\Omega \leqq 1$): $z_W = z_N \frac{1}{\sqrt{1 - \Omega^2}}$ (reell) (Xa')

Sperrbereich ($\Omega > 1$): $z_W = -\mathrm{j} z_N \frac{1}{\sqrt{\Omega^2 - 1}}$ (Xb')

(imaginär; kapazitiver Blindwiderstand)

Die Anpassung wird hier am besten folgendermaßen gewählt (Bild 10.6):

$$z_L = 1{,}25 z_N \qquad \text{(XI')}$$

10.3.2. Tiefpaß und Hochpaß

In Analogie zu 10.3.1. lassen sich auch entsprechende Formeln für den Hochpaß herleiten. Zusammenfassend ergibt sich folgender

Satz 10.1:

Ein ***einfacher Tiefpaß/Hochpaß*** *für einen Übertragungsbereich* $0 \cdots f_h/f_t \cdots \infty$ *und einen Abschlußwiderstand* z_L *ist nach folgenden Formeln zu berechnen:*

T-Schaltung (Bild 10.3)	***π-Schaltung*** (Bild 10.7/10.8)
Nennwiderstand $z_N = \frac{z_L}{p}$ [1] (10.8)	$z_N = p \cdot z_L$ [1] (10.9)

Grenzfrequenz

Tiefpaß: $\omega_g = \frac{2\pi f_h}{q}$ [2] (10.10)

Hochpaß: $\omega_g = q \cdot 2\pi \cdot f_t$ [2] (10.11)

---

[1]) Für die Konstante p wird zweckmäßigerweise $p = 0{,}8$ gewählt.

[2]) Für die Konstante q wird z. B. in der Nachrichtentechnik häufig $q = 0{,}9$ gesetzt [24], während in anderen elektronischen Schaltungen, bei denen es nicht so sehr auf Phasendrehungen ankommt, üblicherweise $q = 0{,}7$ $\left(\approx \frac{1}{\sqrt{2}}\right)$ oder weniger gewählt wird.

Dimensionierungsformeln

- ***Induktivität*** $L = \frac{z_N}{\omega_g}$ (10.12)
- ***Kapazität*** $C = \frac{1}{\omega_g z_N}$ (10.13)

Für den berechneten Tiefpaß/Hochpaß gelten:

Nennwiderstand $z_N = \sqrt{\frac{L}{C}}$ (10.14)

Grenzfrequenz $\omega_g = \frac{1}{\sqrt{LC}}$ (10.15)

Normierte Frequenz

- ***Tiefpaß*** $(\Omega \geqq 0)$: $\Omega = \frac{\omega}{\omega_g}$ (10.16)
- ***Hochpaß*** $(\Omega \leqq 0)$: $\Omega = -\frac{\omega_g}{\omega}$ (10.17)

Wellenübertragungsmaß g $\sinh \frac{g}{2} = \mathrm{j}\Omega$ (10.18)

Durchlaßbereich

$0 \leqq |\Omega| \leqq 1$

Tiefpaß:

$0 \leqq \Omega \leqq 1$

Hochpaß:

$-1 \leqq \Omega \leqq 0$

- ***Dämpfungsmaß*** $a = 0$ (10.19)
- ***Phasenmaß*** $b = 2 \operatorname{arc} \sin \Omega$ (10.20)
- ***Wellenwiderstand***
  - T: $z_W = z_N \sqrt{1 - \Omega^2}$ (10.21)
  - π: $z_W = \frac{z_N}{\sqrt{1 - \Omega^2}}$ (10.22)
  - z_W *reell (Ohmscher Widerstand)*

Sperrbereich $\lvert\Omega\rvert > 1$	**Dämpfungsmaß**	***Tiefpaß:***	$a = 2 \operatorname{ar\,cosh} \Omega$	(10.23)
		Hochpaß:	$a = 2 \operatorname{ar\,cosh} (-\Omega)$	(10.24)
	Phasenmaß	***Tiefpaß:***	$b = \pi$	(10.25)
		Hochpaß:	$b = -\pi$	(10.26)
Tiefpaß: $1 < \Omega < +\infty$	**Wellenwiderstand** z_W *imaginär*	***Tiefpaß:***	$\text{T}:\ z_W = \mathrm{j} z_N \sqrt{\Omega^2 - 1}$	(10.27)
			$\pi:\ z_W = -\dfrac{\mathrm{j} z_N}{\sqrt{\Omega^2 - 1}}$	(10.28)
			induktiver bzw. kapazitiver Widerstand	
Hochpaß: $-\infty < \Omega < -1$		***Hochpaß:***	$\text{T}:\ z_W = -\mathrm{j} z_N \sqrt{\Omega^2 - 1}$	(10.29)
			$\pi:\ z_W = \dfrac{\mathrm{j} z_N}{\sqrt{\Omega^2 - 1}}$	(10.30)
			kapazitiver bzw. induktiver Widerstand	
Laufzeit		***Tiefpaß:***	$t_g = \dfrac{2 \sqrt{LC}}{\sqrt{1 - \Omega^2}}$	(10.31)
		Hochpaß:	$t_g = \dfrac{2\Omega^2 \sqrt{LC}}{\sqrt{1 - \Omega^2}}$	(10.32)

BEISPIEL 10.3

Ein einfacher Hochpaß ist für einen Durchlaßbereich 3000 Hz$\cdots\infty$ ($q = 0{,}9$) und einen Lastwiderstand $z_L = 600\,\Omega$ ($p = 0{,}8$) in T- und π-Schaltung zu berechnen. Wie groß sind ω, z_W, a, b, t_g für $\Omega = -0{,}8$ und $\Omega = -5{,}05$?

Lösung:

T-Schaltung (Bild 10.3)

$z_N = 750\,\Omega$; $\omega_g = 16964{,}64$ Hz; $L = 44{,}21$ mH; $C = 78{,}59$ nF
$\Omega = -0{,}8$: $\omega = 21205{,}8$ Hz; $z_W = 450\,\Omega$; $a = 0$ Np; $b = -106{,}3°$; $t_g = 125{,}7\,\mu$s.
$\Omega = -5{,}05$: $\omega = 3359{,}3$ Hz; $z_W = -j \cdot 3712{,}5\,\Omega$; $a = 4{,}6052$ Np; $b = -180°$.

π-Schaltung (Bild 10.8)

$z_N = 480\,\Omega$; $\omega_g = 16964{,}64$ Hz; $L = 28{,}29$ mH; $C = 122{,}80$ nF
$\Omega = -0{,}8$: $\omega = 21205{,}8$ Hz; $z_W = 800\,\Omega$; $a = 0$ Np; $b = -106{,}3°$; $t_g = 125{,}7\,\mu$s.
$\Omega = -5{,}05$: $\omega = 3359{,}3$ Hz; $z_W = j \cdot 96{,}97\,\Omega$; $a = 4{,}6052$ Np; $b = -180°$.

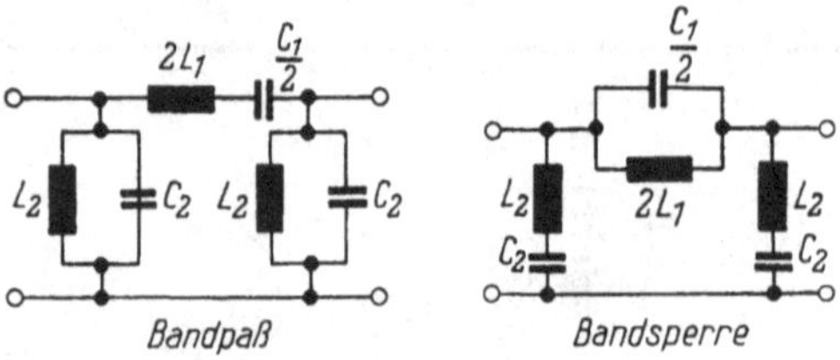

Bild 10.9: π-Schaltungen für Bandpaß und Bandsperre

10.3.3. Bandpaß und Bandsperre

Wie sich zeigen läßt, gilt folgender

Satz 10.2:

Einfacher Bandpaß/einfache Bandsperre *für einen Durchlaßbereich/Sperrbereich $f_t \cdots f_h$ und einen Abschluß-*

widerstand z_L ist nach folgenden Formeln zu berechnen:

	***T*-Schaltung** (Bild 10.3)		**π-Schaltung** (Bild 10.9)	
Nennwiderstand	$z_N = \frac{z_L}{p}$	(10.8)	$z_N = p \cdot z_L$	(10.9)

Grenzfrequenzen

untere: $$\omega_u = q \cdot 2\pi \cdot f_t{}^{1)} \tag{10.33}$$

obere: $$\omega_o = \frac{2\pi \cdot f_h{}^{1)}}{q} \tag{10.34}$$

Bandmittenfrequenz
$$\omega_m = \sqrt{\omega_u \cdot \omega_o} \tag{10.35}$$

Relative Bandbreite
$$B = \frac{\omega_o - \omega_u}{\omega_m} \tag{10.36}$$

Paß *bzw.* ***Sperre***

Dimensionierungsformeln

Induktivitäten

$$L_1 \text{ bzw. } L_2 = \frac{z_N}{B\omega_m} \tag{10.37}$$

$$L_2 \text{ bzw. } L_1 = \frac{z_N B}{\omega_m} \tag{10.38}$$

Kapazitäten

$$C_1 \text{ bzw. } C_2 = \frac{B}{z_N \omega_m} \tag{10.39}$$

$$C_2 \text{ bzw. } C_1 = \frac{1}{z_N B \omega_m} \tag{10.40}$$

Für Bandpaß/Bandsperre gelten:

Nennwiderstand
$$z_N = \sqrt{\frac{L_1}{C_2}} = \sqrt{\frac{L_2}{C_1}} \tag{10.41}$$

[1]) Die Formeln (10.33) und (10.34) sind für Bandpaß *und* Bandsperre gültig, wenn es bei beiden darauf ankommt, die im Band liegenden Frequenzen durchzulassen (Bandpaß) bzw. zu sperren (Bandsperre). Soll bei der Bandsperre Wert darauf gelegt werden, vor allem die in den beiden Durchlaßbereichen liegenden Frequenzen zu übertragen, dann muß in beiden Formeln für q der Kehrwert eingesetzt werden.

Bandmitten-frequenz

$$\omega_m = \frac{1}{\sqrt{L_1 C_1}} = \frac{1}{\sqrt{L_2 C_2}} \tag{10.42}$$

Verstimmung[1]

$$v = \frac{\omega}{\omega_m} - \frac{\omega_m}{\omega} \tag{10.43}$$

Normierte Frequenz

Bandpaß:
$$\Omega = \frac{v}{B} \tag{10.44}$$

Bandsperre:
$$\Omega = -\frac{B}{v} \tag{10.45}$$

Wellenübertragungsmaß g

$$\sinh\frac{g}{2} = \mathrm{j}\Omega \tag{10.18}$$

Durchlaßbereiche $0 \leqq |\Omega| \leqq 1$, *also* $-1 \leqq \Omega \leqq 0$ *und* $0 \leqq \Omega \leqq 1$

Dämpfungsmaß
$$a = 0 \tag{10.19}$$

Phasenmaß
$$b = 2 \operatorname{arc\,sin} \Omega \tag{10.20}$$

Wellenwiderstand
$$\mathrm{T}: \ z_W = z_N \sqrt{1 - \Omega^2} \tag{10.21}$$
$$\pi: \ z_W = \frac{z_N}{\sqrt{1 - \Omega^2}} \tag{10.22}$$

z_W *reell (Ohmscher Widerstand)*

Sperrbereiche $|\Omega| > 1$,

Dämpfungsmaß
$$a = \begin{cases} 2 \operatorname{ar\,cosh}(-\Omega) & (10.24) \\ 2 \operatorname{ar\,cosh} \Omega & (10.23) \end{cases}$$

für $\Omega < -1$ *bzw.* $\Omega > 1$

Phasenmaß
$$b = \begin{cases} -\pi & (10.26) \\ \pi & (10.25) \end{cases}$$

für $\Omega < -1$ *bzw.* $\Omega > 1$

[1] Heißt auch *doppelte relative Verstimmung.*

also $-\infty < \Omega < -1$ *und* $1 < \Omega < +\infty$	**Wellen-widerstand** z_W *imaginär*	T: $z_W = \mathrm{j} z_N \sqrt{\Omega^2 - 1}$ (10.27) $+1 < \Omega < +\infty$ π: $z_W = \dfrac{\mathrm{j} z_N}{\sqrt{\Omega^2 - 1}}$ (10.30) $-\infty < \Omega < -1$ *induktiver Blindwiderstand*
		T: $z_W = -\mathrm{j} z_N \sqrt{\Omega^2 - 1}$ (10.29) $-\infty < \Omega < -1$ π: $z_W = -\dfrac{\mathrm{j} z_N}{\sqrt{\Omega^2 - 1}}$ (10.28) $+1 < \Omega < +\infty$ *kapazitiver Blindwiderstand*

Verlauf von Dämpfungsmaß, Phasenmaß und Wellenwiderstand für Bandpaß und Bandsperre in T- und π-Schaltung siehe Bilder 10.10, 10.11 und 10.12.

Wie Gl. (10.42) zeigt, ist die Dimensionierung der Elemente der auftretenden Parallel- und Reihenschwingkreise (vgl. 1.4.) so gewählt, daß die Resonanzfrequenz [vgl. (1.75)] von Längs- und Querweg der Halbglieder (Bild 10.13) übereinstimmen.

Wird aus 1.4. die Erkenntnis über den „Charakter" von Reihen- und Parallelschwingkreis in Abhängigkeit von der Frequenz auf den am Ein- bzw. Ausgang der T- bzw. π-Schaltung liegenden Schwingkreis (bzw. die reine Induktivität oder Kapazität) angewandt und dabei beachtet, daß bei Anpassung eines symmetrischen Vierpols $z_e = z_a = z_W$, also Gl. (9.55) gilt, so kann man die Art des Wellenwiderstands (ob induktiv oder kapazitiv) unmittelbar aus den Bildern 10.3, 10.7, 10.8, 10.9 ablesen. Vgl. auch Aufgabe 10.3.

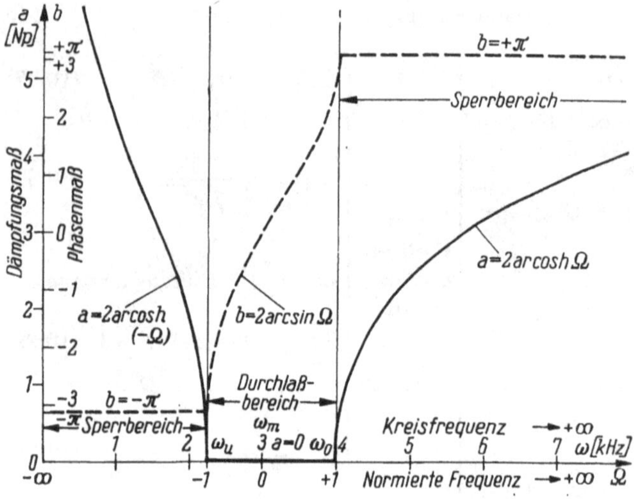

Bild 10.10: Dämpfungs- und Phasengang eines einfachen Bandpasses (T- und π-Schaltung)

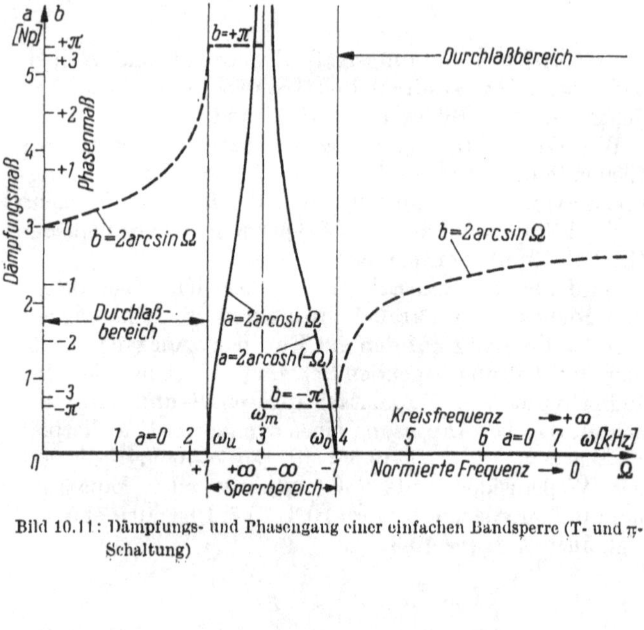

Bild 10.11: Dämpfungs- und Phasengang einer einfachen Bandsperre (T- und π-Schaltung)

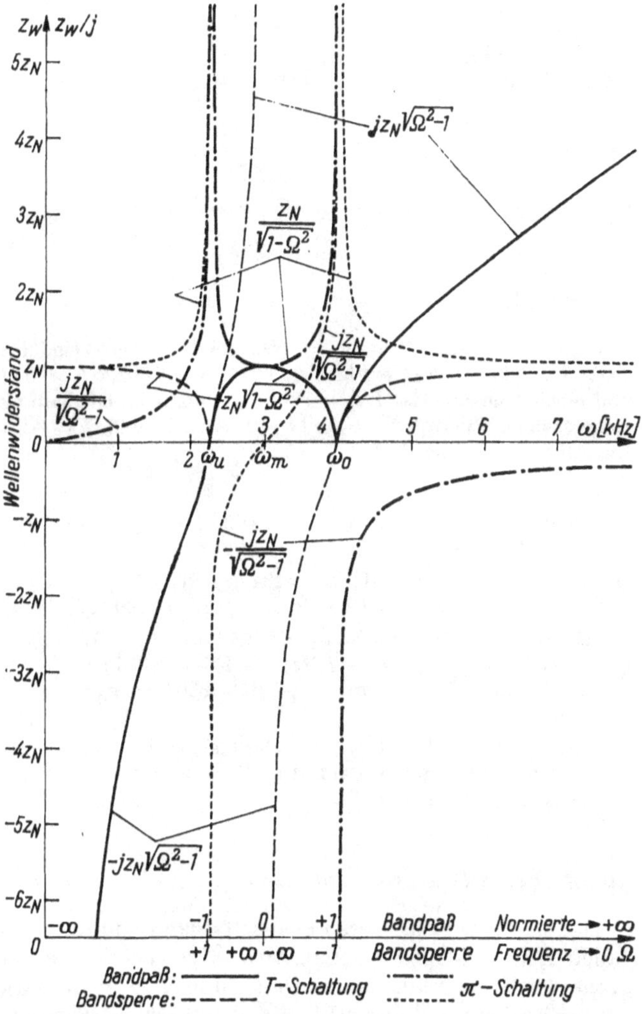

Bild 10.12: Verlauf des Wellenwiderstandes von Bandpaß und Bandsperre

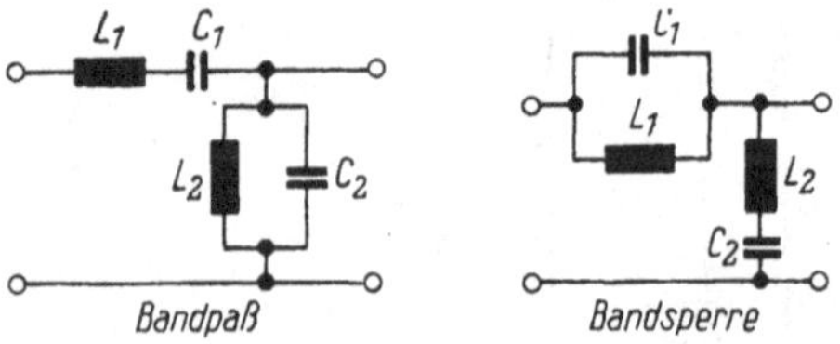

Bild 10.13: Tπ-Halbglieder für Bandpaß und Bandsperre

BEISPIEL 10.4

Ein einfacher Bandpaß und eine einfache Bandsperre sind für einen Durchlaß- bzw. Sperrbereich $f = 398 \cdots 573$ Hz ($q = 0{,}9$) und einen Lastwiderstand $z_L = 800\,\Omega$ ($p = 0{,}8$) in T-Schaltung zu berechnen. Wie groß sind ω und z_W für $\Omega = 0{,}6$ und $\Omega = -2{,}6$ bei beiden Schaltungen?

Lösung:

$z_N = 1000\,\Omega$; $\omega_u = 2250$ Hz; $\omega_0 = 4000$ Hz; $\omega_m = 3000$ Hz; $B = 0{,}5833$.

Bandpaß: $L_1 = 571{,}43$ mH; $L_2 = 194{,}44$ mH; $C_1 = 194{,}44$ nF; $C_2 = 571{,}43$ nF; $\omega(0{,}6) = 3571$ Hz; $\omega(-2{,}6) = 1490$ Hz.

Bandsperre: $L_1 = 194{,}44$ mH; $L_2 = 571{,}43$ mH; $C_1 = 571{,}43$ nF; $C_2 = 194{,}44$ nF; $\omega(0{,}6) = 1877$ Hz; $\omega(-2{,}6) = 3355$ Hz.
Bandpaß und Bandsperre: $z_W(0{,}6) = 800\,\Omega$; $z_W(-2{,}6) = -\mathrm{j} \cdot 2400\,\Omega$.

In den Bildern 10.10, 10.11 und 10.12 sind Dämpfungs- und Phasengang sowie der Verlauf des Wellenwiderstandes dieses Beispiels graphisch dargestellt.

10.3.4. Versteilerte Siebschaltungen

Da bei den bisher besprochenen Sieb-Grundgliedern (auch Wagner-Glieder genannt) im Sperrbereich in der Nähe der Grenzfrequenz das Dämpfungsmaß nicht stark genug ansteigt (Bilder 10.4, 10.10, 10.11), werden am besten **versteilerte Siebglieder** verwendet. Es gibt verschiedene Möglichkeiten der versteilerten Siebschaltungen. Die Entscheidung für einen bestimmten Typ ist von drei Gesichtspunkten aus möglich:

I) Für benachbarte Halbglieder hat der Ausgangs-Wellenwiderstand des vorderen mit dem Eingangs-Wellenwiderstand des hinteren Halbgliedes übereinzustimmen, d. h. die Halbglieder müssen gegenseitig exakt angepaßt sein.

II) Die Schaltung soll möglichst wenig Bauelemente enthalten.

III) Kondensatoren sind bezüglich Güte, Temperatureinfluß, Alterungserscheinungen u. ä. besser als Spulen und daher letzteren gegenüber zu bevorzugen.

Untersucht man daraufhin jeweils die Möglichkeiten für T- und π-Schaltung, so ergeben sich die unten genannten **Vollglieder** (Grundglied einschl. versteilerndes Glied).

Bei den versteilernden Siebgliedern liegt dicht neben der Grenzfrequenz ω_g oder ω_u bzw. ω_o eine *Unendlichkeitsstelle* ω_∞ *oder* $\omega_{u\infty}$ *bzw.* $\omega_{o\infty}$ *der Dämpfung*, Dämpfungspol genannt, d. h. zwischen ω_g und ω_∞ usw. nimmt die Dämpfung stark zu. Bedauerlicherweise sinkt sie hinter dem Pol wieder sehr ab. Deshalb:

Man schaltet ein ***versteilerndes Siebglied*** *oder mehrere versteilernde Siebglieder* ***mit*** *einem einfachen* ***unversteilerten Grundglied in Kette*** *zu einem* ***Vollglied*** *zusammen.*

Damit kann die Dämpfung im Sperrbereich genügend hoch gehalten werden. Die Bemessung der versteilernden Glieder, die wegen des für ihre Berechnung benutzten Faktors m auch **m-Glieder** (Zobel-Glieder genannt) heißen, erfolgt so, daß der Verlauf des Wellenwiderstandes für versteilerndes und Grundglied gleich ist, um Reflexionen auszuschalten. Für die Siebkette gilt daher Gl. (9.35), und ihr Wellenwiderstand stimmt mit demjenigen des Grundgliedes überein. Letzteres (also I)) und

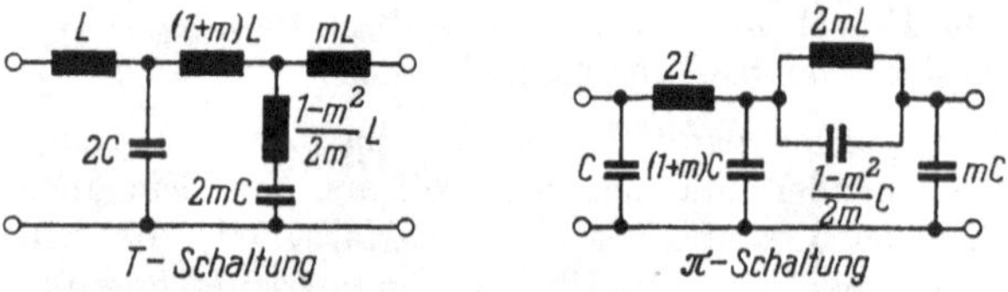

Bild 10.14: Vollglieder eines versteilerten Tiefpasses

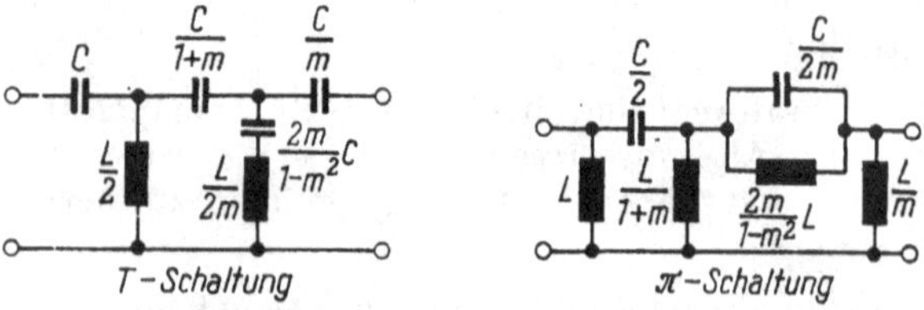

Bild 10.15: Vollglieder eines versteilerten Hochpasses

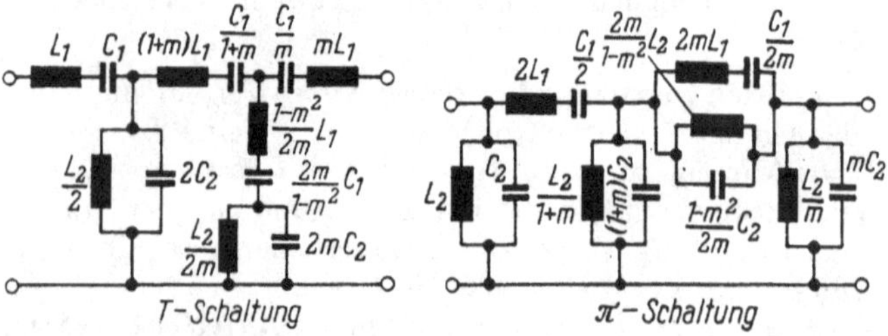

Bild 10.16: Vollglieder eines versteilerten Bandpasses

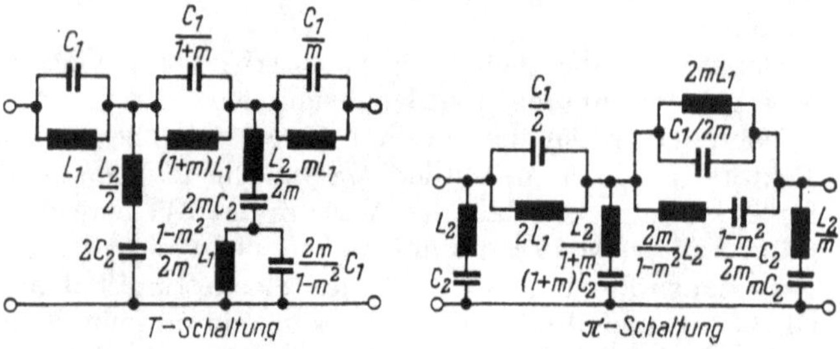

Bild 10.17: Vollglieder einer versteilerten Bandsperre

II) sind bei den Ausführungsformen der Vollglieder der Bilder 10.14 und 10.15 und zusätzlich III) bei den Bildern 10.16 und 10.17 erfüllt.

Auf die Untersuchung der Einzelheiten kann hier nicht eingegangen werden. Daher begnügen wir uns mit dem

Satz 10.3:

Bei vorgegebenem Abschlußwiderstand z_L und gefordertem Durchlaßbereich $0 \cdots f_h$ *bzw.* $f_t \cdots \infty$ *bzw.* $f_t \cdots f_h$ *bzw.* $0 \cdots f_t$ *und* $f_h \cdots \infty$ *sowie vorgegebenen Unendlichkeitsstellen* ω_∞ *bzw.* $\omega_{u\infty}$ *oder* $\omega_{o\infty}$ *des versteilernden Gliedes ist das aus unversteilertem Grundglied und versteilerndem m-Glied bestehende* ***Vollglied*** *für einen* ***Tiefpaß*** (Bild 10.14) *bzw.* ***Hochpaß*** (Bild 10.15) *bzw.* ***Bandpaß*** (Bild 10.16) *bzw. eine* ***Bandsperre*** (Bild 10.17) *aus den folgenden Formeln zu berechnen:*

Nenn-widerstand z_N		T-*Schaltung:*	(10.8)
		π-*Schaltung:*	(10.9)
Grenzfrequenz	ω_g:	*Tiefpaß:*	(10.10)
		Hochpaß:	(10.11)
	ω_u:	*Bandpaß und Bandpserre*	(10.33)
	ω_o:		(10.34)
Bandmittenfrequenz ω_m:		*Bandpaß und Bandsperre*	(10.35)
Relative Bandbreite B:			(10.36)
Dimensionierungsformeln des Grundgliedes		*Tiefpaß und Hochpaß:*	(10.12) *und* (10.13)
		Bandpaß und Bandsperre:	(10.37) *bis* (10.40)

Normierte Frequenz Ω	*Tiefpaß:*	(10.16)	*Hochpaß:*	(10.17)
	Bandpaß:	(10.44)	*Bandsperre:*	(10.45)

Bedingung für beide Unendlichkeitsstellen $\omega_{o\infty}$ und $\omega_{u\infty}$ für Bandpaß und Bandsperre

$$\omega_{u\infty}\omega_{o\infty} = \omega_m^2 \tag{10.46}$$

Normierte Unendlichkeitsstelle

Tiefpaß:
$$\Omega_\infty = \frac{\omega_\infty}{\omega_g} \tag{10.47}$$

Hochpaß:
$$\Omega_\infty = -\frac{\omega_g}{\omega_\infty} \tag{10.48}$$

Bandpaß:
$$\Omega_\infty = \pm\frac{\omega_{o\infty} - \omega_{u\infty}}{B\omega_m} \tag{10.49}$$

Bandsperre:
$$\Omega_\infty = \pm\frac{B\omega_m}{\omega_{o\infty} - \omega_{u\infty}} \tag{10.50}$$

m-Faktor

$$m = \sqrt{1 - \frac{1}{\Omega_\infty^2}} \tag{10.51}$$

$$1 - m^2 = \frac{1}{\Omega_\infty^2} \tag{10.52}$$

Übertragungsmaß g_v des versteilernden m-Gliedes

$$\sinh\frac{g_v}{2} = \sqrt{\eta} \tag{10.53}$$

$$\text{mit}\quad \eta = \frac{\Omega^2(\Omega_\infty^2 - 1)}{\Omega^2 - \Omega_\infty^2} \tag{10.54}$$

Dämpfungsmaß

a_u des unversteilerten Grundgliedes

$|\Omega| \leqq 1$: (10.19)

$1 < |\Omega| \leqq |\Omega_\infty|$: (10.23) bzw.

$|\Omega_\infty| < |\Omega| < \infty$: (10.24)

$|\Omega| \leqq 1$: $a_v = 0$ (10.19)

$1 < |\Omega| \leqq |\Omega_\infty|$:

a_v des versteilernden m-Gliedes

$$a_v = 2 \operatorname{ar\,cosh} \sqrt{-\eta} = \operatorname{ar\,cosh}\,[-(1 + 2\eta)] = 2 \operatorname{ar\,tanh} \frac{\sqrt{\Omega^2 - 1}}{m\Omega} \text{ [1]} \tag{10.55}$$

$|\Omega_\infty| < |\Omega| < +\infty$:

$$a_v = 2 \operatorname{ar\,sinh} \sqrt{\eta} = \operatorname{ar\,cosh}\,(1 + 2\eta) = 2 \operatorname{ar\,tanh} \frac{m\Omega}{\sqrt{\Omega^2 - 1}} \text{ [2]} \tag{10.56}$$

a_{ges} des Vollgliedes

$$a_{ges} = a_u + a_v \tag{10.57}$$

Phasenmaß

b_u des unversteilerten Grundgliedes

$|\Omega| \leqq 1$: (10.20)

$1 < |\Omega| \leqq |\Omega_\infty|$: *bzw.* (10.25)

$|\Omega_\infty| < |\Omega| < \infty$: (10.26)

b_v des versteilernden m-Gliedes

$|\Omega| \leqq 1$:

$$b_v = 2 \arcsin \sqrt{-\eta} = \arccos\,(1 + 2\eta) = 2 \arctan \frac{m\Omega}{\sqrt{1 - \Omega^2}} \text{ [3]} \tag{10.58}$$

$1 < |\Omega| \leqq |\Omega_\infty|$:

$$b_v = \pi \tag{10.25}$$

$|\Omega_\infty| < |\Omega| < \infty$:

$$b_v = 0 \quad \textit{oder} \quad 2\pi \tag{10.59}$$

b_{ges} des Vollgliedes

$$b_{ges} = b_u + b_v \tag{10.60}$$

---

[1] Anwendung von (1.56) und (1.58).

[2] Beachtung von (1.55) und (1.58).

[3] Formeln (1.42) und (1.45) benutzt.

Wellenwiderstand z_W			***T-Schaltung***	***π-Schaltung***
	$\lvert\Omega\rvert \leqq 1$: z_W *reell, Ohmscher Widerstand*		(10.21)	(10.22)
	$\lvert\Omega\rvert > 1$: z_W *imaginär, Blindwiderstand*			
	$1 < \Omega < +\infty$	*Tiefpaß, Bandpaß, Bandsperre:*	(10.27) *induktiv*	(10.28) *kapazitiv*
	$-\infty < \Omega < -1$	*Hochpaß, Bandpaß, Bandsperre:*	(10.29) *kapazitiv*	(10.30) *induktiv*

BEISPIEL 10.5

Es ist ein Hochpaß für eine Fernverbindung zu berechnen, der die Frequenzen über 4000 Hz ($q = 0{,}9$) durchläßt, aus Grundglied und versteilerndem Glied besteht und mit einem Abschlußwiderstand von 640 Ω ($p = 0{,}8$) arbeitet. Die normierte Unendlichkeitsstelle der Dämpfung liege bei $\Omega_\infty = -1{,}2$. Von beiden möglichen Schaltungen (Bild 10.15) ist diejenige mit der kleinsten Spulenzahl zu wählen.

Lösung:

T-Schaltung:

$z_N = 800\,\Omega$; $\omega_g = 2\pi \cdot 3600\text{ Hz} = 11\,310\text{ Hz}$; $\omega_\infty = 9425\text{ Hz}$.

$L = 35{,}37\text{ mH}$; $C = 55{,}26\text{ nF}$.

$$m = 0{,}5528;\; 1 - m^2 = 0{,}6944;\; \frac{m}{1 - m^2} = 0{,}7961.$$

$$C = 55{,}3\text{ nF};\; \frac{C}{1 + m} = 35{,}6\text{ nF};\; \frac{C}{m} = 100{,}0\text{ nF};$$

$$\frac{2m}{1 - m^2}\,C = 88{,}0\text{ nF}.$$

$$\frac{L}{2} = 17{,}7\text{ mH};\; \frac{L}{2m} = 32{,}0\text{ mH}.$$

Dämpfungsgang:

Ω	$-\infty$	-8	-4	-2	$-1,5$	$-1,3$	$-1,2$	$-1,10$	$-1,05$	-1	0
a_u [Np]	∞	5,54	4,12	2,63	1,92	1,51	1,24	0,89	0,63	0	0
a_v [Np]	1,24	1,26	1,30	1,51	1,91	2,63	∞	1,96	1,24	0	0
a_{ges} [Np]	∞	6,80	5,42	4,14	3,83	4,14	∞	2,85	1,87	0	0

Phasengang:

Ω	$-\infty \cdots -1,2$	$-1,2 \cdots -1$	-1	$-0,95$	$-0,9$	$-0,8$	$-0,6$	$-0,4$	$-0,2$	0
b_u	$-\pi$	$-\pi$	$-\pi$	$-2,51$	$-2,24$	$-1,86$	$-1,29$	$-0,82$	$-0,40$	0
b_v	0 oder 2π	$+\pi$	$+\pi$	$+2,07$	$+1,70$	$+1,27$	$+0,79$	$+0,48$	$+0,22$	0
b_{ges}	$-\pi$ oder $+\pi$	0	0	$-0,44$	$-0,54$	$-0,59$	$-0,50$	$-0,34$	$-0,18$	0

Im allgemeinen ist Ω_∞ nicht vorgegeben, sondern aus dem für den Sperrbereich geforderten Dämpfungsverlauf zu ermitteln. Hierzu können Dämpfungskurven ent-

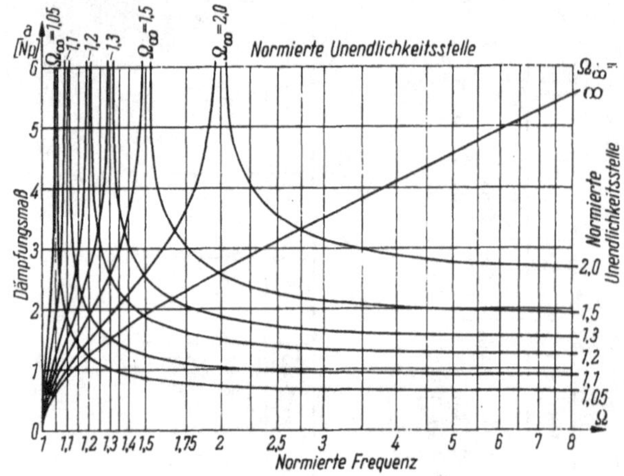

Bild 10.18: Verlauf des Dämpfungsmaßes des versteilernden Siebgliedes für verschiedene Ω_∞ und des Grundgliedes ($\Omega_\infty = \infty$)

sprechend den im Bild 10.18 gezeichneten benutzt werden (vgl. Aufgaben 10.7, 10.8 und 10.9). Dabei wird im Bild 10.18 diejenige Kurve Ω_∞ gesucht, für die der Schnittpunkt mit der Kurve $\Omega_\infty = \infty$ annähernd das halbierte zulässige Dämpfungsminimum als Ordinate a hat.

Das m-Halbglied hat auf derjenigen Seite, wo es mit dem versteilernden Schwingkreis beginnt, einen Wellenwiderstand z_{WmT} bzw. $z_{Wm\pi}$ (versteilernder Schwingkreis liegt auf der T- bzw. π-Seite), der nicht gleich dem Wellenwiderstand z_{WT} bzw. $z_{W\pi}$ der entgegengesetzten Seite des m-Halbgliedes ist, während letzterer mit dem Wellenwiderstand z_{WT} bzw. $z_{W\pi}$ des entsprechenden Grund-Vollgliedes übereinstimmt (Bilder 10.19 bis 10.22; a)

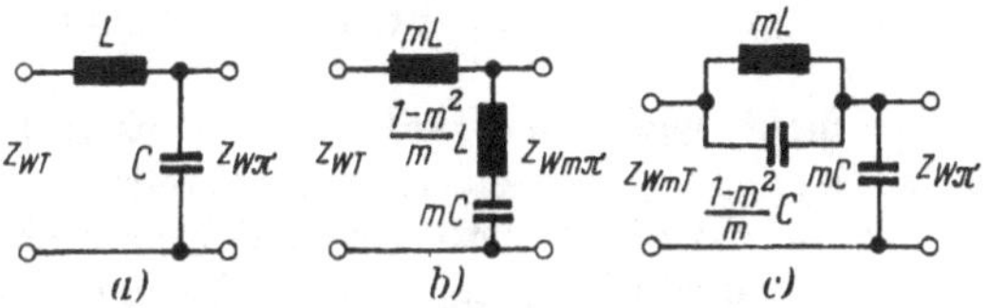

Bild 10.19: Tiefpaß-Halbglieder

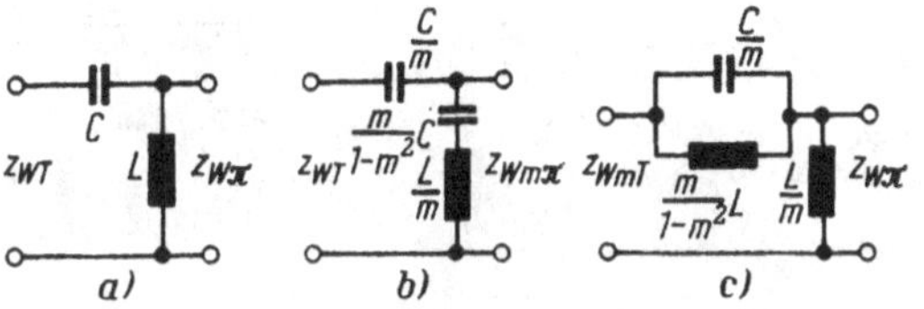

Bild 10.20: Hochpaß-Halbglieder

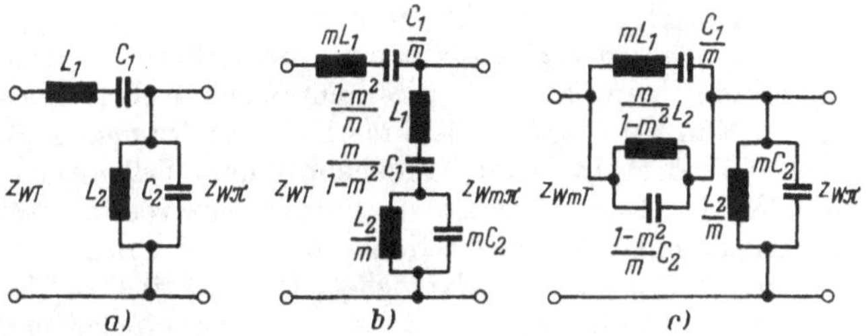

Bild 10.21: Bandpaß-Halbglieder

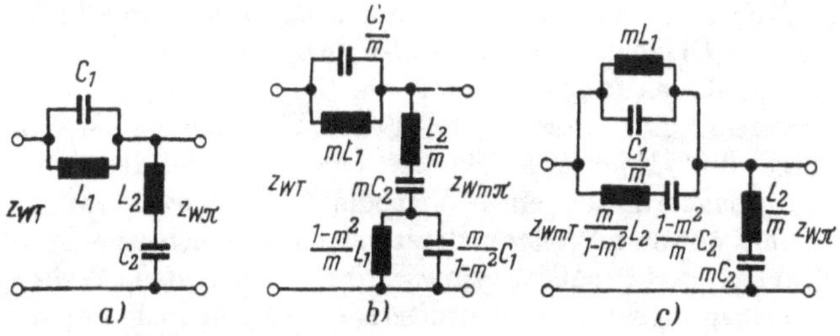

Bild 10.22: Bandsperren-Halbglieder

stellt jeweils das Grund-Halbglied dar, b) und c) sind m-Halbglieder).

Schaltet man nicht, wie in den Bildern 10.14 bis 10.17 dargestellt, das Grundglied mit dem ganzen versteilernden T- oder π-Glied in Kette, sondern vor und hinter das Grundglied jeweils ein m-Halbglied als sog. *Endhalbglied* in der Weise, daß innerhalb der Schaltung exakte An-

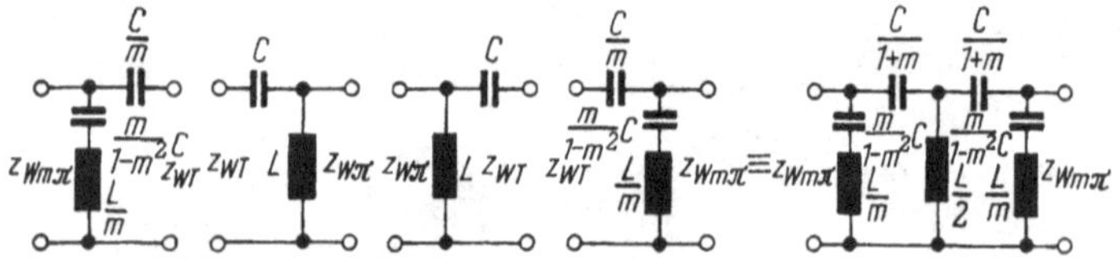

Bild 10.23: Versteilerter Hochpaß mit Endhalbgliedern für ein T-Grundglied

passung erfolgt, dann zeigt ein solches Netzwerk bei geeigneter Wahl des Faktors m im Durchlaßbereich nach außen hin einen nahezu konstanten reellen Wellenwiderstand. Man nennt daher diese Methode, bei der man z. B. $m = 0{,}6$ oder 0,4 setzt, **Einebnung des Wellenwiderstandes.** Im Bild 10.23 ist als Beispiel ein versteilerter Hochpaß mit Endhalbgliedern für ein T-Grundglied (Anfangshalbglied ist πT-Halbglied, Endhalbglied ist Tπ-Halbglied, Siebkette sieht daher wie eine π-Schaltung aus) im Gegensatz zur entsprechenden Schaltung des Bildes 10.15 dargestellt (vgl. Aufgabe 10.15).

Neben der in den Abschnitten 9.3., 9.5.2. und 10.3.1. bis 10.3.4. betriebenen *Wellenparametertheorie* [24, 25] für Siebschaltungen findet die sog. *Betriebsparametertheorie* [2, 25] Anwendung. Beide Theorien haben Vorzüge und Nachteile. So ist beispielsweise das Übertragungsverhalten eines Vierpols nur bei exaktem Abschluß mit dem Wellenwiderstand, der möglichst konstant Ohmsch sein sollte, einwandfrei durch das Wellenübertragungsmaß g charakterisiert [1], jedoch ergeben Fehlanpassungen einen verhältnismäßig geringen Leistungsabfall (vgl. 1.6., Gl. (1.91), und [6]). Nachteilig ist, daß die Wellenparametertheorie lediglich über Spannung und Strom an den Vierpolklemmen etwas aussagt und der Auswirkung des Innenwiderstandes der Stromquelle keine Beachtung schenkt [1]. Hingegen haben mit wenig zusätzlichen Schaltelementen wellenparametrisch bestimmte Netzwerke den Vorteil, daß sie einfach berechenbar sind und sich bei ihnen Bauelementverluste kaum auswirken [2]. Auf die Behandlung der Betriebsparametertheorie muß hier verzichtet werden. Im folgenden Abschnitt wird lediglich eine Formel für eine spezielle Betriebsdämpfung hergeleitet.

10.3.5. Betriebsdämpfung für symmetrische Siebschaltungen

Da der Abschluß einer Siebschaltung nicht mit seinem exakten Wellenwiderstand wegen dessen starker Frequenzabhängigkeit, sondern nur mit einem konstanten Ohmschen Widerstand möglich ist, entstehen zusätzliche Dämpfungen und Phasenänderungen, weshalb das Wellenübertragungsmaß g durch das Betriebsübertragungsmaß g_B ersetzt wird.

Aus Gl. (9.50) folgt, wenn $z_Q = z_L$ gesetzt und analog zu (9.24) $g_B = a_B + \mathrm{j}b_B$ sowie (1.14) und (1.15) beachtet werden, für die Betriebsdämpfung a_B:

$$\mathrm{e}^{a_B} = \left| \frac{\cosh g}{2} \left(s + \frac{1}{s} \right) + \frac{\sinh g}{2} \left(\frac{z_W}{z_L} + \frac{z_L}{z_W} \right) \right| \tag{10.61}$$

Für einen symmetrischen Vierpol, wie es alle betrachteten Siebschaltungen sind, folgt wegen (9.57):

$$\mathrm{e}^{a_B} = \left| \cosh g + \frac{\sinh g}{2} \left(\frac{z_W}{z_L} + \frac{z_L}{z_W} \right) \right| \tag{10.62}$$

Mit den Gln. (1.50), (1.51) für das Argument $g = a + \mathrm{j}b$ sowie (1.53), (1.54), (10.19), (10.20), (1.40), (1.43), (10.25), (10.26), (10.23), (10.24), (1.52), (1.49), (10.21), (10.22), (10.27) bis (10.30), (10.8), (10.9) findet man bei allen Siebschaltungen (T- und π-Schaltung) aus (10.62) für Durchlaß- und Sperrbereich gleichermaßen

$$e^{a_B} = \left|1 - 2\Omega^2 + \mathrm{j}\Omega\left[\left(\frac{1}{p} + p\right) - \frac{\Omega^2}{p}\right]\right| \qquad (10.63)$$

Die Gl. (10.63) führt zu der sog.

Drosselung $$\sqrt{e^{2a_B} - 1} = \left|\Omega\left[\frac{\Omega^2}{p} - \left(\frac{1}{p} - p\right)\right]\right| \qquad (10.64)$$

Formt man Gl. (10.64) um, so erhält man die

Betriebs-dämpfung $$a_B = \frac{1}{2}\ln\left\{1 + \Omega^2\left[\frac{1}{p}\,\Omega^2 - \left(\frac{1}{p} - p\right)\right]^2\right\}\,\mathrm{Np} \qquad (10.65)$$

Im Bild 10.24 ist Gl. (10.65) für $p = 0{,}8$ graphisch dargestellt. Die Kurve zeigt, daß $a_B = 0$ für $\Omega = 0$ und $\Omega = 0{,}6$ ist, also liegt für diese beiden Ω-Werte exakte Anpassung vor.

Hervorzuheben ist, daß der hier betrachtete Wert von a_B nicht mit Gl. (9.39) identisch ist, sondern nur für die Voraussetzung $z_L = z_Q$ gilt.

Das Bild 10.24 läßt erkennen, daß für die mit Gl. (10.65) angegebene Betriebsdämpfung a_B nicht etwa stets $a_B \geqq a$ ist. Letzteres trifft bei den in 10.3. behandelten Siebschaltungen nur für den Durchlaßbereich $|\Omega| \leqq 1$ zu, während im Sperrbereich $\Omega > +1$ bzw. $\Omega < -1$ sowohl die Betriebsdämpfung als auch die Wellendämpfung überwiegen kann.

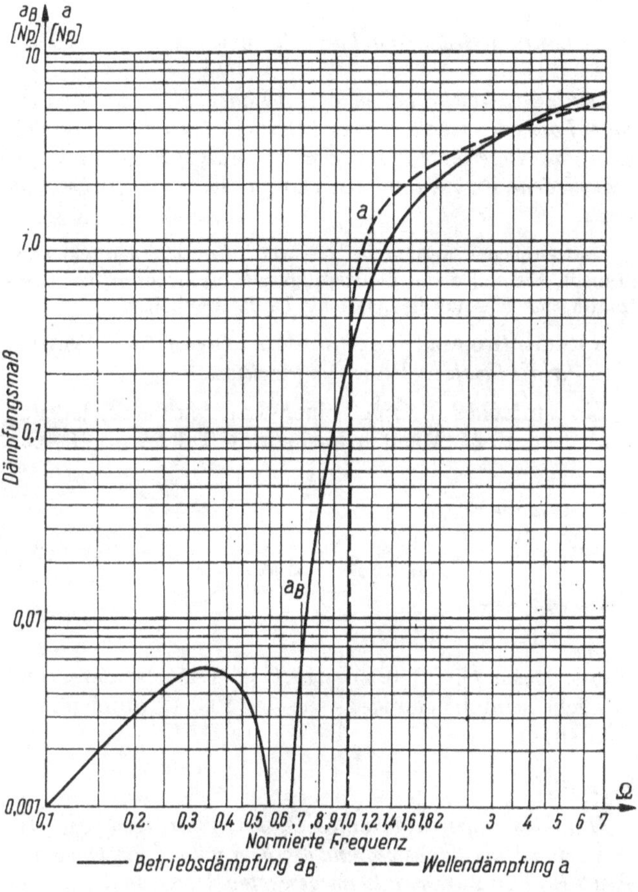

Bild 10.24: **Betriebsdämpfung a_B für die Grundglieder der Siebschaltungen bei Fehlanpassung zwischen Wellen- und Lastwiderstand mit $z_L = 0{,}8 \cdot z_N$ (T-Schaltung) bzw. $z_L = 1{,}25 \cdot z_N$ (π-Schaltung) sowie zum Vergleich die Wellendämpfung a**

10.4. Laufzeitglieder und Laufzeitketten

***Laufzeitglieder** haben die Aufgabe, die sog. Phasen- oder Laufzeitverzerrung auszugleichen. Hierunter versteht man die Beseitigung des Unterschieds der Laufzeit für verschiedene Frequenzen. Die Dämpfung soll möglichst Null sein.*

Laufzeitglieder werden beispielsweise für das Fernsehen gebraucht. Sie sollen die Laufzeit für alle Frequenzen des Übertragungsbereichs auf die maximale Laufzeit anheben.

***X-Schaltungen** mit **Kondensatoren** und **Spulen** sind für die Laufzeitglieder am günstigsten.*

Ein einfaches Beispiel einer Laufzeitglied-Schaltung zeigt Bild 10.25. Mit den Formeln in Tafel 7 erhält man

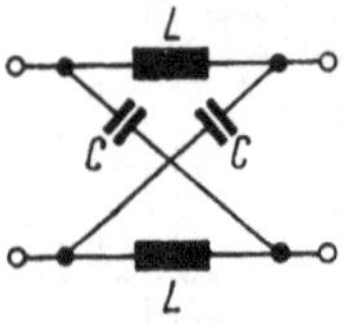

Bild 10.25: Einfaches Beispiel eines Laufzeitgliedes

somit, wenn Gln. (10.15), (10.16), (1.45) beachtet und ähnliche Untersuchungen wie in 10.3.1. durchgeführt werden, den

Satz 10.4:

*Hat das **symmetrische X-Laufzeitglied** die Induktivität L im Längsweg und die Kapazität C im Diagonalweg (Bild 10.25), so gilt im gesamten Übertragungsbereich $f = 0 \cdots \infty$ ($\Omega = 0 \cdots \infty$):*

Grenzfrequenz

$$\omega_g = \frac{1}{\sqrt{LC}} \tag{10.15}$$

Normierte Frequenz

$$\Omega = \frac{\omega}{\omega_g} \tag{10.16}$$

Konstanter reeller Wellenwiderstand $$z_W = \sqrt{\frac{L}{C}} \tag{10.66}$$

Dimensionierungsformeln $$L = \frac{z_W}{\omega_g}, \qquad C = \frac{1}{z_W \omega_g} \tag{10.67}$$

Konstantes Dämpfungsmaß $$a = 0 \tag{10.68}$$

Phasenmaß $$b = 2 \operatorname{arc\,tan} \Omega \tag{10.69}$$

Laufzeit $$t_g = \frac{2\sqrt{LC}}{1 + \Omega^2} \tag{10.70}$$

Bild 10.26 stellt den Laufzeitverlauf für das Laufzeitglied in Bild 10.25 dar. Man erkennt, daß dieses und

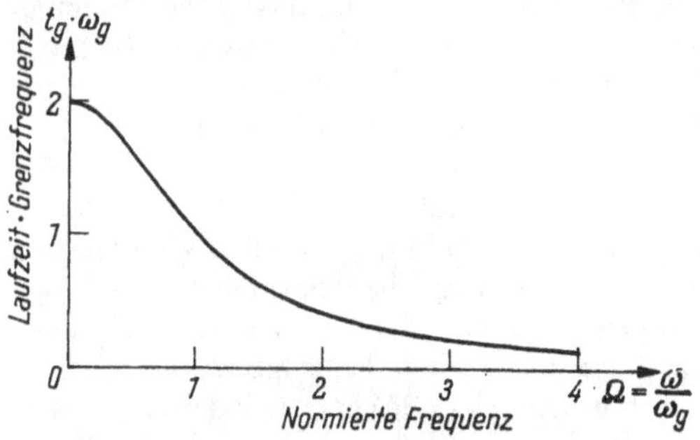

Bild 10.26: Laufzeitverlauf für das Laufzeitglied im Bild 10.25

somit auch jedes andere Laufzeitglied nur für einen kleineren Frequenzbereich seine Aufgabe erfüllt. Daher werden zum Ausgleich der Laufzeitverzerrung in einem größeren Bereich mehrere Glieder benötigt (vgl. Aufgabe 10.16). Bei Laufzeitgliedern besteht der große Vorteil, daß der Wellenwiderstand stets reell und frequenzunabhängig, also konstant gemacht werden kann. Daher gibt es immer die Möglichkeit für einen exakt angepaßten Abschlußwiderstand.

BEISPIEL 10.6

Ein Laufzeitglied ist für einen Abschlußwiderstand $z_L = z_W = 500\,\Omega$ und eine Grenzfrequenz $\omega_g = 10$ kHz zu berechnen. Wie groß ist die Laufzeit t_g für die Frequenzen $f = 300$, 600, 1000, 2000 Hz?

Lösung:

$$L = 50\,\text{mH};\ C = 200\,\text{nF};\ t_g = \frac{0{,}2\,\text{ms}}{1 + \left(\dfrac{f}{1\,591{,}55\,\text{Hz}}\right)^2}$$

$t_g(300\,\text{Hz}) = 0{,}193$ ms; $t_g(600\,\text{Hz}) = 0{,}175$ ms

$t_g(1\,000\,\text{Hz}) = 0{,}143$ ms; $t_g(2\,000\,\text{Hz}) = 0{,}078$ ms.

Außer den in den Bildern 10.25, 10.34, 10.35 gezeigten, als Laufzeitglieder arbeitenden symmetrischen X-Schaltungen lassen sich auch andere Schaltungen als Laufzeitglieder benutzen (vgl. das Einzelglied der Schaltung im Bild 10.27 sowie die Schaltungen in Bild 10.28e und 10.36).

Bei einer für ein bestimmtes Frequenzband notwendigen starken Laufzeiterhöhung, auch Verzögerung genannt, werden ganze sog. **Laufzeitketten** oder **Verzögerungsleitungen**, bestehend aus vielen, möglichst identischen und symmetrischen Einzelgliedern, benutzt. Für sie ergibt sich wegen Gl. (9.35) bei n Gliedern $b_K = n \cdot b$ und damit die Gesamtlaufzeit $t_{gK} = n \cdot t_g$. Mit Laufzeitketten kann man übrigens — abgesehen von anderen wichtigen Anwendungen — bei exaktem Abschluß mit dem Wellenwiderstand annähernd Rechteckimpulse erzeugen.

Beispielsweise geben Lewis/Wells in [26] Laufzeitketten an, wo die einzelnen Glieder aus T- bzw. π-Schaltungen bestehen. In dem einen Fall setzt sich die Kette aus Tiefpaß-Grundgliedern zusammen (Bild 10.27), die entweder als T-Schaltungen (Bild 10.3) oder π-Schaltungen (Bild 10.7) aufgefaßt werden können. Dementsprechend endet die Kette entweder mit der Induktivität

L eines T-Gliedes (rechtes Ende im Bild 10.27) oder der Kapazität C eines π-Gliedes (linkes Ende). Für jedes einzelne Glied gelten die Formeln des Satzes 10.1.

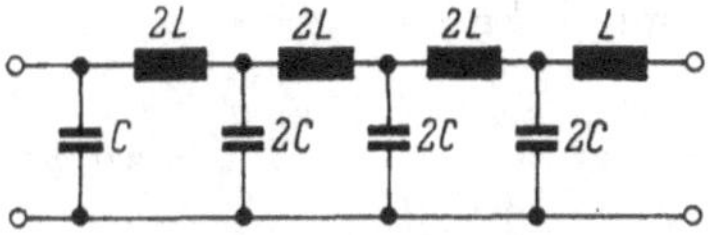

Bild 10.27: Laufzeitkette aus Grundgliedern

In dem anderen Fall werden die Grundglieder zum Zwecke der Reduzierung der Phasendrehung durch m-Glieder (vgl. 10.3.4.) ersetzt. Dabei hat entsprechend

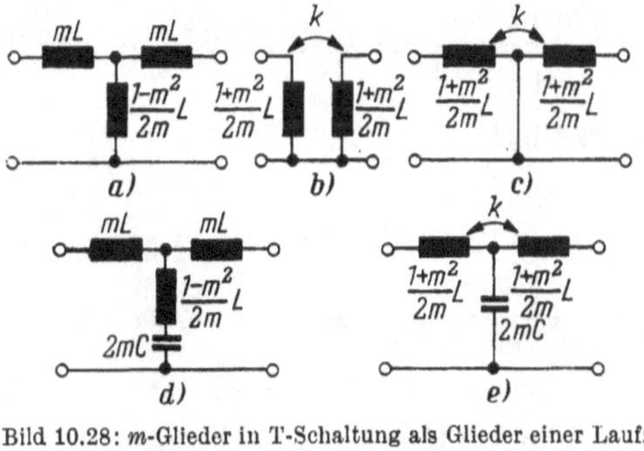

Bild 10.28: m-Glieder in T-Schaltung als Glieder einer Laufzeitkette

Bild 10.14 das Tiefpaß-m-Glied in T-Schaltung die Form in Bild 10.28d. Nun zeigt sich, daß hier im Gegensatz zu Abschnitt 10.3.4. $m > 1$ gewählt werden muß. Dies entspricht jedoch einer negativen Induktivität im Querweg der Schaltung des Bildes 10.28d, die durch gegensinnige induktive Kopplung (Kopplungsfaktor $k < 0$) zwischen zwei halben Spulen physikalisch realisiert werden kann (Bilder 10.28a, b, c stellen äquivalente Schaltungen dar). Damit ist die Schaltung im Bild 10.28e die physikalische Realisierung der Schaltung des Bildes 10.28d, des m-Gliedes im Bild 10.14. Es gelten die zu 10.3.2. und 10.3.4. entsprechenden Formeln (10.15) für die Grenzfrequenz, (10.16) für die normierte Frequenz, (10.14) für den Nennwiderstand. Ferner ist

Phasenmaß eines m-Gliedes
$$b = 2 \operatorname{arc\,tan} \frac{m\Omega}{\sqrt{1-\Omega^2}} \approx 2 \operatorname{arc\,tan} m\Omega \qquad (10.58)$$

Kopplungsfaktor
$$k = \frac{1-m^2}{1+m^2} \qquad (10.71)$$

Aus (10.58) folgt

Gruppenlaufzeit pro m-Glied

$$t_g = \frac{2m\sqrt{LC}}{[1+(m^2-1)\,\Omega^2]\sqrt{1-\Omega^2}} \approx 2m\sqrt{LC} \qquad (10.72)$$

Phasenfehler pro m-Glied

$$\Delta b = b - \frac{db}{d\Omega}\cdot\Omega$$
$$= b - \frac{2m\Omega}{[1+(m^2-1)\,\Omega^2]\sqrt{1-\Omega^2}} \approx b - 2m\Omega \qquad (10.73)$$

Die Näherungen gelten für $\Omega \ll 1$ bzw. $\omega \ll \omega_g$.

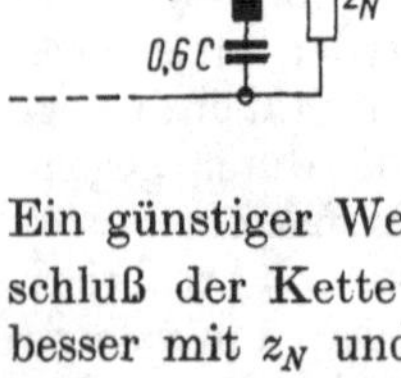

Bild 10.29: m-Halbglied als Abschluß einer Laufzeitkette

Ein günstiger Wert ist $m = 1{,}27$ ($k = -0{,}23$). Der Abschluß der Kette erfolgt entweder mit $z_N = \sqrt{L/C}$ oder besser mit z_N und einem zwischen dem letzten m-Glied und z_N eingefügten m-Halbglied für $m = 0{,}6$ (Bild 10.29).

Günstig ist es auch, die Laufzeitkette aus m-Gliedern mit Brückenkapazitäten (überbrückte T-Schaltung) aufzubauen (vgl. Aufgabe 10.19).

AUFGABEN

10.1 Es sind Formeln für die Dimensionierung eines konstanten Dämpfungsgliedes in symmetrischer H-Schaltung zu entwickeln, wobei in Bild 6.7 zu setzen ist: $r_1 = r_2 = R_1$, $r_3 = R_3$, $r_4 = r_5 = R_2$. Bei der Umstellung auf die endgültigen Formeln ist zu beachten, daß a und z_W vorgegeben sind. Das Ergebnis der Aufgabe 6.3 kann benutzt werden.

10.2 Ein konstantes Dämpfungsglied mit der Dämpfung 2,5 Np und dem Wellenwiderstand 1 kΩ ist für eine symmetrische T- und H-Schaltung zu berechnen.

10.3 Die Begründung für den Charakter des Wellenwiderstands im Sperrbereich des Tief- und Hochpasses für T- und π-Schaltung ist mit Hilfe des Imaginärteils des Eingangswiderstands zu geben.

10.4 Ein einfacher Tiefpaß in π-Schaltung (Bild 10.7) ist für einen Durchlaßbereich $f = 0 \cdots 410$ Hz $(q = 0{,}7)$ und einen Abschlußwiderstand $z_L = 500\,\Omega$ $(p = 0{,}8)$ zu dimensionieren.

10.5 Ein einfacher Bandpaß in π-Schaltung (Bild 10.9) ist für einen Durchlaßbereich $f = 500 \cdots 780$ Hz $(q = 0{,}7)$ und einen Abschlußwiderstand $z_L = 1$ kΩ $(p = 0{,}8)$ zu berechnen.

10.6 Eine einfache Bandsperre in π-Schaltung (Bild 10.9) ist für einen Sperrbereich $f = 364 \cdots 520$ Hz $(q = 0{,}9)$ und einen Abschlußwiderstand $z_L = 1$ kΩ $(p = 0{,}8)$ zu dimensionieren, wobei besonderer Wert darauf zu legen ist, daß vor allem die in beiden Durchlaßbereichen liegenden Frequenzen übertragen werden.

10.7 Es ist ein Tiefpaß-Vollglied, das die Frequenzen unter 900 Hz $(q = 0{,}9)$ durchläßt und mit einem Widerstand $z_L = 800\,\Omega$ $(p = 0{,}8)$ abgeschlossen ist, so zu berechnen, daß möglichst wenige Spulen verwendet werden müssen (Bild 10.14) und daß die Dämpfung im Intervall $[\Omega_\infty; \infty)$ des Sperrbereichs ein ungefähres Minimum von $a_{\text{ges}} = 3$ Np hat. Man benutze für die Bestimmung der normierten Unendlichkeitsstelle Ω_∞ mit Hilfe der letzten Angabe das Bild 10.18.

10.8 Ein Bandpaß-Vollglied in T- und π-Schaltung (Bild 10.16) ist für einen Durchlaßbereich $f = 405 \cdots 550$ Hz ($q = 0{,}9$) und einen Abschlußwiderstand $z_L = 1\ \mathrm{k\Omega}$ ($p = 0{,}8$) zu dimensionieren. Die Dämpfung im Intervall $[\Omega_\infty; \infty)$ des Sperrbereichs soll nicht weniger als $a_{ges} = 4{,}4$ Np betragen (Bild 10.18).

10.9 Ein Bandsperren-Vollglied in T- und π-Schaltung (Bild 10.17) ist für einen Sperrbereich $f = 695 \cdots 838$ Hz ($q = 0{,}9$) und einen Lastwiderstand $z_L = 1\ \mathrm{k\Omega}$ ($p = 0{,}8$) zu berechnen. Die Dämpfung im Intervall $[\Omega_\infty; \infty)$ soll größer als $a_{ges} = 3{,}8$ Np sein.

10.10 In vielen Fällen läßt sich ein Integrierglied (Bild 10.30) als Tiefpaß und ein Differenzierglied (Bild 10.31) als Hochpaß verwenden. Die Ergänzung zu einem vollen T- oder π-Glied ist nicht erforderlich, da bei den infrage

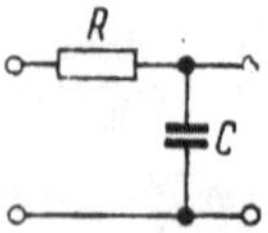

Bild 10.30: Integrierglied als Tiefpaß

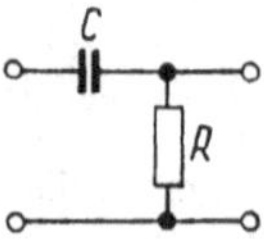

Bild 10.31: Differenzierglied als Hochpaß

kommenden Anwendungen der Wellenwiderstand keine Rolle spielt. Für beide Glieder sind Formeln für Dämpfungsmaß a und Phasenmaß b herzuleiten. Bei den vorgegebenen Werten $R = 625\ \Omega$, $C = 400$ nF sind die Kurven für a und b in Abhängigkeit von der Frequenz zu zeichnen, außerdem ist die Grenzfrequenz ω_g zwischen Durchlaß- und Sperrbereich zu ermitteln. Man unterscheide grundsätzlich die beiden Fälle mit Abschluß (z_L) und ohne Abschluß, also mit offenem Ausgang ($z_L = \infty$).

10.11 Die Doppel-T-Brücke (Beispiel 9.15) in der Ausführung als RC-Glied (Bild 10.32) wirkt als Bandsperre. Wir wählen $R_1 = R_3 = R$, $R_2 = R/2$, $C_1 = C_3 = C$, $C_2 = 2C$ [27]. Es sind für Dämpfungs- und Phasenmaß im Falle des Leerlaufs am Ausgang Formeln herzuleiten, die Resonanzfrequenz ω_r (Phasenmaß $b = \pm\pi/2$) ist zu bestimmen und Dämpfungs- und Phasenkurve sind für $R = 400\ \Omega$, $C = 500$ nF in Abhängigkeit von der Frequenz f zu zeichnen. In [2] ist folgende für die Praxis günstige Dimensionierung genannt: $R_1 = R$; $R_2 = 0{,}899R$; $R_3 = 8{,}88R$; $C_1 = C$; $C_2 = 1{,}1125\ C$; $C_3 = 0{,}1135\ C$.

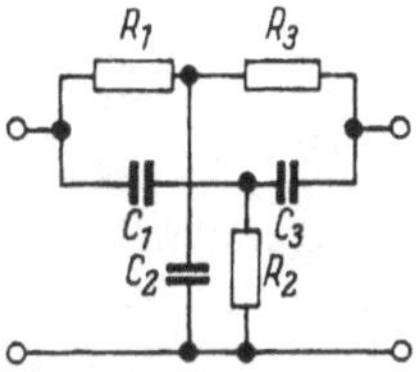

Bild 10.32: Doppel-T-RC-Glied als Bandsperre

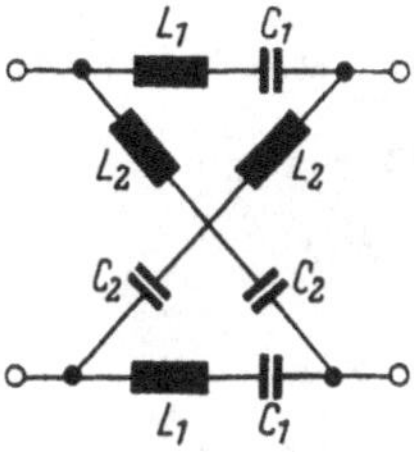

Bild 10.33: Symmetrische X-Schaltung als Bandpaß

10.12 Auch eine symmetrische X-Schaltung, aus Blindwiderständen aufgebaut, kann z. B. als Grundglied eines abgeschlossenen Bandpasses benutzt werden. Als Beispiel werde Bild 10.33 gewählt, d. h. im Bild 9.7 ist $r_1'' = jX_1 = j\left(\omega L_1 - \frac{1}{\omega C_1}\right)$ und $r_2'' = jX_2 = j\left(\omega L_2 - \frac{1}{\omega C_2}\right)$ zu setzen. Formeln für Dämpfungs- und Phasenmaß, Wellenwiderstand sowie die beiden Grenzfrequenzen sind herzuleiten. Bei den vorgegebenen Werten $L_1 = 500$ mH, $L_2 = 500$ mH, $C_1 = 500$ nF, $C_2 = 125$ nF sind die Kurven für a und b zu zeichnen.

10.13 Es ist die symmetrische X-Schaltung im Bild 10.34 mit der Kapazität C im Längsweg und der Induktivität L im Diagonalweg auf ihre Eignung als Laufzeitglied zu untersuchen.

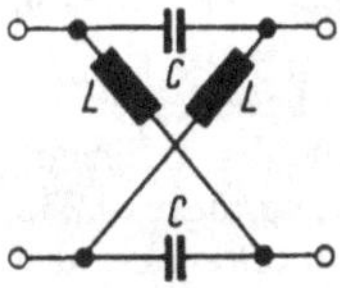

Bild 10.34: Weiteres einfaches Beispiel eines Laufzeitgliedes

10.14 Die für das im Bild 10.35 dargestellte Laufzeitglied (mit einem Parallelschwingkreis im Längsweg und einem Reihenschwingkreis im Diagonalweg) gültigen Eigenschaften sind durch Angabe der wichtigsten Formeln für den Sonderfall $L_1 = L_2 = L$, $C_1 = C_2 = C$ zu beschreiben.

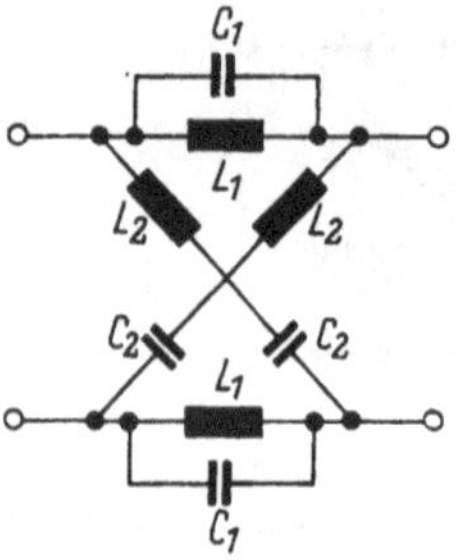

Bild 10.35: X-Laufzeitglied mit Brückenkapazitäten

10.15 Für den versteilerten Hochpaß mit Endhalbgliedern für ein T-Grundglied im Bild 10.23 sind Formeln für Dämpfung, Phasenmaß und Wellenwiderstand herzuleiten. Der Hochpaß soll Frequenzen über 1111 Hz ($q = 0{,}9$) durchlassen, mit einem Widerstand $z_L = 1000\,\Omega$ abschließen und mit $m = 0{,}4$ dimensioniert werden. Es sind ω_g, z_N, ω_∞, L, C zu berechnen.

10.16 Die Laufzeitglieder entsprechend Bild 10.25 und 10.35, letzteres mit $L_1 = L_2 = \dfrac{L}{2}$ und $C_1 = C_2 = \dfrac{C}{2}$, sind in Kette zu schalten und mit $L = 100$ mH und $C = 100$ nF zu dimensionieren. Gesucht sind für beide Einzelglieder die Werte der normierten Frequenz Ω, wo die Laufzeit ein Maximum erreicht. Die Laufzeitkurven für die Schaltungen der Bilder 10.25 und 10.35 und deren Kettenschaltung sind zu zeichnen. Die Ergebnisse der Aufgabe 10.14 können benutzt werden.

10.17 Wie groß sind die Gruppenlaufzeiten und Phasenfehler der gesamten Kette aus $n = 10$ Gliedern für die Laufzeitketten entsprechend Bilder 10.27 (T-Schaltung) und 10.28e ($m = 1{,}27$) an der Stelle der Frequenz $\omega = 0{,}1\,\omega_g$ bei der Dimensionierung $L = 40$ mH, $C = 160$ nF?

10.18 Es ist die Formel (10.71) für den Kopplungsfaktor zu beweisen und eine Formel für die Gegeninduktivität M der Schaltung im Bild 10.28b (bzw. c und e) herzuleiten.

10.19 In [26] sind Beispiele betrachtet, wo die Einzelglieder für die Laufzeitkette T-Schaltungen mit überbrückender Kapazität darstellen. Es ist z. B. die Schaltung im Bild 10.36 angegeben. Bei Beibehaltung der Formeln (10.15),

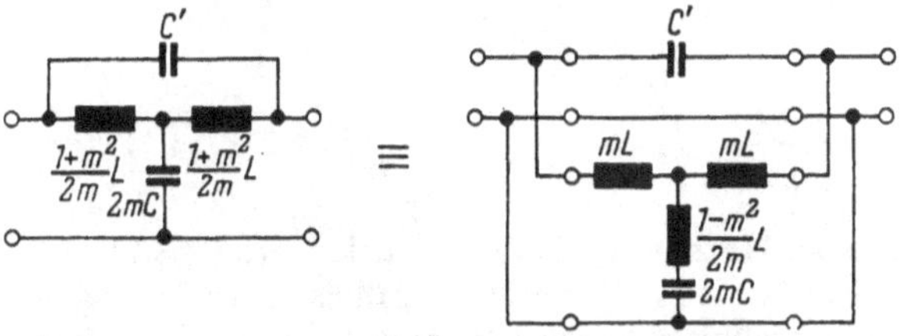

Bild 10.36: m-Glied mit Brückenkapazität in T-Schaltung

(10.16) und (10.14) sind Beziehungen für Wellenwiderstand, Phasenmaß, Laufzeit und Phasenfehler eines Einzelgliedes herzuleiten. Es sollen $C' = 0{,}437C$ und $m = 1{,}27$ sein, das Laufzeitglied ist mit $L = 40$ mH, $C = 160$ nF zu dimensionieren. Gesucht sind ferner die Werte der obigen Größen sowie Gruppenlaufzeit und Phasenfehler einer Kette von 15 Gliedern für die Frequenz $\Omega = 0{,}2$.

11. Aktive Bauelemente als Vierpol

11.1. Elektronenröhre

Als Beispiel wird eine Triode in Katodenbasisschaltung betrachtet, die bei geringer Aussteuerung als linearer aktiver Vierpol angesehen werden kann und deren Leitwert- und Kettenmatrix für einen inneren Leitwert $G_i = 1/R_i$, eine Steilheit S und einen Durchgriff D bei genügend negativer Gittervorspannung (Bild 11.1) und Berücksichtigung der BARKHAUSEN-Gleichung $SDR_i = 1$

$$\mathbf{Y}_i = \begin{pmatrix} 0 & 0 \\ -S & -G_i \end{pmatrix} \quad (11.1) \qquad \mathbf{A}_i = \begin{pmatrix} -\frac{1}{D} & -\frac{1}{S} \\ 0 & 0 \end{pmatrix} \quad (11.2)$$

lautet [5].

Werden die Rückwirkung der Ausgangsspannung auf den Eingang (durch Spannungsteiler beschrieben) und

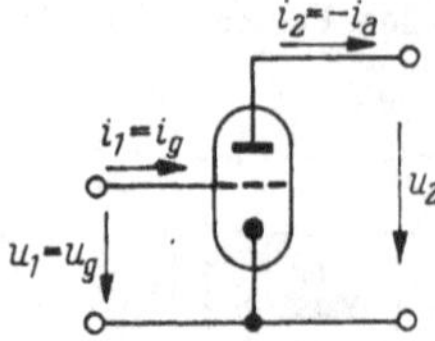

Bild 11.1: Ideale Triode in Katodenbasisschaltung

der Anoden-Katoden-Leitwert berücksichtigt (Bild 11.2), so findet man aus $\boldsymbol{Y}_i$ durch Parallelschaltung von G_{ag} und Kettenschaltungen mit G_{gk} und G_{ak} in passiver Form

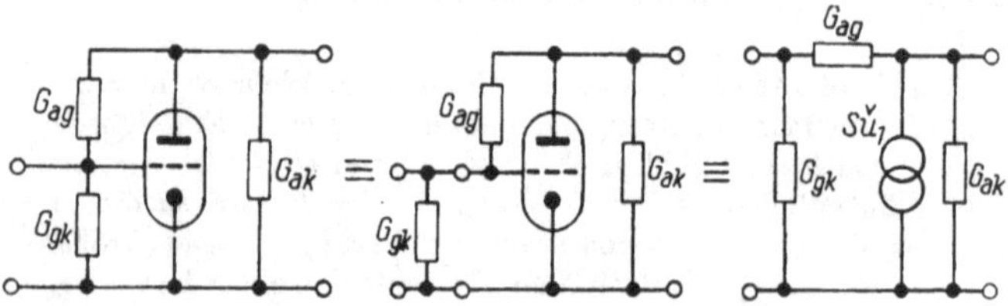

Bild 11.2: Vierpolersatzschaltbild der Triode in Katodenbasisschaltung mit Rückwirkung

nach Umwandlung entsprechend Tafel 2 die Leitwertmatrix der Gesamtschaltung in aktiver Darstellung:

$$\check{\boldsymbol{Y}} = \begin{pmatrix} G_{ag} + G_{gk} & -G_{ag} \\ S - G_{ag} & G_{ag} + G_{ak} + G_i \end{pmatrix} \tag{11.3}$$

Außer der Katodenbasisschaltung (Bild 11.1) ist noch die Gitterbasisschaltung (Bild 11.3) und die Anodenbasisschaltung (Bild 11.4) üblich.

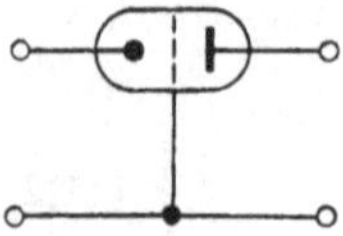

Bild 11.3: Triode in Gitterbasisschaltung

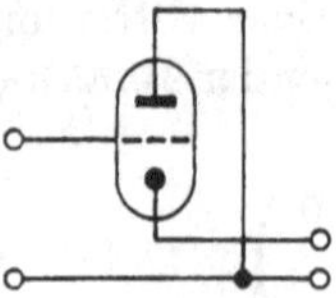

Bild 11.4: Triode in Anodenbasisschaltung

11.2. Transistor

11.2.1. Ersatzschaltbild, Grundschaltungen und Vierpolparameter

Wie bereits in 1.8.2. beschrieben, hat der Flächentransistor drei Elektroden: Emitter, Kollektor, Basis (Bild 11.5).

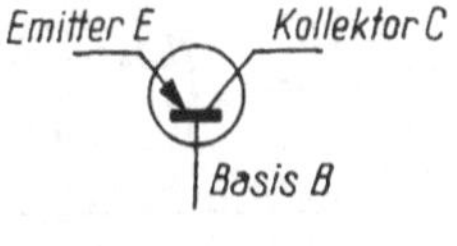

Bild 11.5: Schaltzeichen für den pnp-Transistor

Das formale Vierpolersatzschaltbild besteht aus zwei aktiven Zweipolen und läßt sich für Hybridform (Bild 11.6) und Leitwertform (Bild 11.7) zeichnen [6]. Es entsteht unmittelbar aus den zugehörigen Vierpolgleichungen.

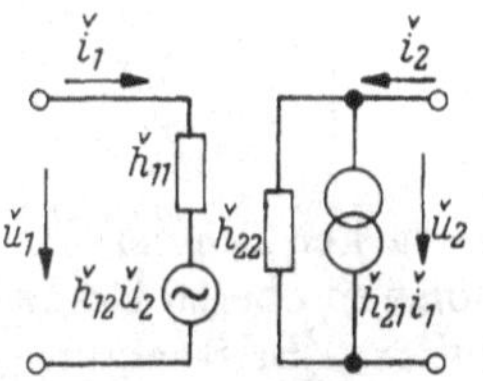

Bild 11.6: Vierpolersatzschaltbild des Transistors in Hybridform

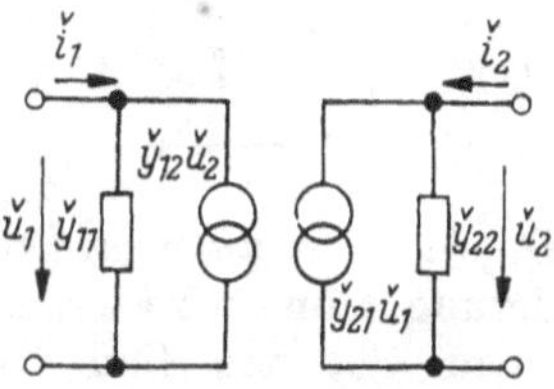

Bild 11.7: Vierpolersatzschaltbild des Transistors in Leitwertform

Der Transistor kann als aktiver Vierpol aufgefaßt werden, wobei zwei der drei Elektroden Eingang E_1 und Ausgang A_1 bilden und die dritte Elektrode an die Verbindung der Klemmen E_2 und A_2 geschaltet wird (Bild 2.2). Je nach Wahl der dritten Elektrode unterscheidet man Basis-, Emitter- oder Kollektorschaltung (Tafel 8).

Die **Emitterschaltung** ist für die Praxis die bedeutendste. Sie ist besonders gut für niedrigere Frequenzen geeignet (niedrige obere Grenzfrequenz). Sie hat eine große Spannungs- und Stromverstärkung und eine sehr hohe

Leistungsverstärkung. Gegenüber der Basisschaltung besteht außerdem der bezüglich der Anpassungsverhältnisse wichtige Vorteil eines höheren Eingangswiderstands (Tafel 13).

Tafel 8: Die drei Grundschaltungen des Transistors

Transistorvierpol in		Leitwertmatrix	Hybridmatrix
Basisschaltung	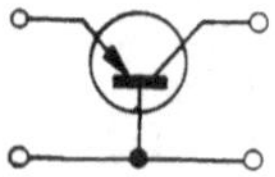	$\check{Y}_b = \begin{pmatrix} \check{y}_{11b} & \check{y}_{12b} \\ \check{y}_{21b} & \check{y}_{22b} \end{pmatrix}$	$\check{H}_b = \begin{pmatrix} \check{h}_{11b} & \check{h}_{12b} \\ \check{h}_{21b} & \check{h}_{22b} \end{pmatrix}$
Emitterschaltung	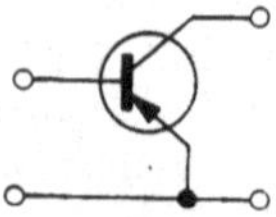	$\check{Y}_e = \begin{pmatrix} \check{y}_{11e} & \check{y}_{12e} \\ \check{y}_{21e} & \check{y}_{22e} \end{pmatrix}$	$\check{H}_e = \begin{pmatrix} \check{h}_{11e} & \check{h}_{12e} \\ \check{h}_{21e} & \check{h}_{22e} \end{pmatrix}$
Kollektorschaltung	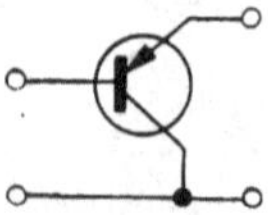	$\check{Y}_c = \begin{pmatrix} \check{y}_{11c} & \check{y}_{12c} \\ \check{y}_{21c} & \check{y}_{22c} \end{pmatrix}$	$\check{H}_c = \begin{pmatrix} \check{h}_{11c} & \check{h}_{12c} \\ \check{h}_{21c} & \check{h}_{22c} \end{pmatrix}$

Die *Basisschaltung* hat Vorteile bei starken Temperaturänderungen und wird wegen ihrer höheren oberen Grenzfrequenz für den Bau von einstufigen Breitbandverstärkern sowie HF-Oszillatoren benutzt, sonst findet sie wenig Anwendung [28].

Auch die *Kollektorschaltung* hat nur geringe Bedeutung. Infolge des großen Eingangs- und kleinen Ausgangswiderstands (Tafel 13) eignet sie sich gut als Impedanzwandler.

Die Widerstands- und Kettenparameter (Tafel 1a) sind zur Beschreibung der Transistoreigenschaften ungünstig, da $\check{z}_{11}$ und $\check{z}_{21}$ bzw. $\check{a}_{11}$ und $\check{a}_{21}$ durch Messung sehr schwierig bestimmbar sind, weil der hierzu nötige Leerlauf am Ausgang ($\check{i}_2 = 0$; vgl. Tafel 1a) bei Transistoren noch nicht einmal genähert verwirklichbar ist [28].

Im allgemeinen werden bei niederen bis mittleren

Frequenzen die **Hybridparameter** $\check{h}_{ik}$ zur Beschreibung der Vierpoleigenschaften des Transistors (Tafel 1b) benutzt [28, 29]. In den NF-Bereichen, wo die Kapazitäten und Laufzeiten des Transistors nahezu verschwinden, sind die $\check{h}_{ik}$ reelle Größen. Im HF-Gebiet sind die **Leitwertparameter** $\check{y}_{ik}$ (*komplex*) als Vierpolkonstanten am besten geeignet [34], vgl. ebenfalls Tafel 1b. Sowohl die $\check{h}_{ik}$ als auch die $\check{y}_{ik}$ sind Parameter des „äußeren Transistors", vgl. 11.2.8.1. [30].

Die Transistorvierpolparameter sind abhängig von Grundschaltung, Betriebsrichtung, Frequenz, Temperatur und Arbeitspunkt. Letzterer wird günstigerweise durch die Gleichspannungen U_{CE}, U_{CB} und die Gleichströme I_E, I_C festgelegt [23].

Auf die Größen, die z. B. zum Einstellen des Arbeitspunktes dienen, also Gleichspannungen und -ströme, haben Zeit und Frequenz keinen Einfluß. Sie heißen *statische Kennwerte.* Alle Größen, die während des Betriebes des Transistors gemessen werden, z. B. die Vierpolparameter, sind zeit- und frequenzabhängig und werden *dynamische Kennwerte* genannt.

11.2.2. Wertebereiche der Leitwert- und Hybridparameter

Für die in [31, 32, 33] aufgeführten Transistortypen wurden die in der Tafel 9 angegebenen Wertebereiche zusammengestellt.

Aus Tafel 9 lassen sich für die Emitterparameter $\check{h}_{ike}$ Beziehungen ablesen, die in (11.4) aufgeführt sind. Aus ihnen und den in Tafel 11 angegebenen Gleichungen ergeben sich die restlichen Ungleichungen:

$$\left.\begin{array}{lll} \check{h}_{12e} \ll \check{h}_{21e}, & \check{h}_{12e} \ll 1, & |\Delta \check{\boldsymbol{H}}_e| \ll \check{h}_{21e} \\ \check{h}_{12b} \ll |\check{h}_{21b}|, & \check{h}_{12b} \ll 1, & |\Delta \check{\boldsymbol{H}}_b| \ll |\check{h}_{21b}| \\ \check{h}_{12c} \ll |\check{h}_{21c}|, & \check{h}_{12c} \ll |\Delta \check{\boldsymbol{H}}_c| & \end{array}\right\} \qquad (11.4)$$

Im Abschnitt 11.2.3. wird (11.4) zur Begründung der dort angegebenen Näherungsformeln gebraucht.

Tafel 9: Wertebereiche für die Transistorparameter in Emitterschaltung

	Arbeitspunkt	$\check{h}$- bzw. $\check{y}$-Parameter			
NF-Transistoren	$\lvert U_{CE}\rvert = 5\cdots6$ V $\lvert I_C\rvert = 2\cdots5$ mA $f = 1$ kHz	$\check{h}_{11e}$	$+0{,}2\cdots+15$ kΩ		
		$\check{h}_{12e}$	$+10^{-5}\cdots+10^{-3}$		
		$\check{h}_{21e}$	$+10\cdots+900$		
		$\check{h}_{22e}$	$+1\cdots+200$ µS		
		$\lvert\Delta\check{\boldsymbol{H}}_e\rvert$	$4\cdot10^{-4}\cdots1{,}5$		
HF-Transistoren	$\lvert U_{CE}\rvert = 6\cdots12$ V $\lvert I_C\rvert = 1\cdots7$ mA $f = 0{,}5\cdots200$ MHz		Realteil	Imaginärteil	Betrag
		$\check{y}_{11e}$	$+0{,}4\cdots+10{,}8$ mS	$+0{,}06\cdots+14$ mS	$0{,}4\cdots17{,}7$ mS
		$\check{y}_{12e}$	$-0{,}3\cdots0{,}0$ mS	$-1{,}75\cdots-0{,}001$ mS	$0{,}001\cdots1{,}78$ mS
		$\check{y}_{21e}$	$+23{,}5\cdots+168{,}5$ mS	$-7{,}0\cdots-75{,}2$ mS	$28{,}4\cdots185$ mS
		$\check{y}_{22e}$	$+0{,}002\cdots+1{,}72$ mS	$+0{,}004\cdots+2{,}74$ mS	$0{,}005\cdots3{,}23$ mS
		$\Delta\check{\boldsymbol{Y}}_e$	$-9{,}57\cdots+68{,}4$ (mS)^2	$+0{,}02\cdots+60$ (mS)^2	$0{,}02\cdots91$ (mS)^2

Anmerkung: Hier sind auch diejenigen Werte mit enthalten, die bei manchen Transistoren im *Kleinsignalbetrieb* (Betrieb bei so kleinen Signalen, d. h. Spannungen oder Strömen, daß die Kennlinie linear angenommen werden kann) gemessen wurden [6].

11.2.3. Zusammenhang der Parameter der drei Grundschaltungen

BEISPIEL 11.1

Zur Herleitung der Basisschaltung aus der Emitterschaltung wird aus der gegebenen passiven Leitwertmatrix $\boldsymbol{Y}_e$ der Emitterschaltung – die aktive Darstellung wird für die Zwischenrechnung

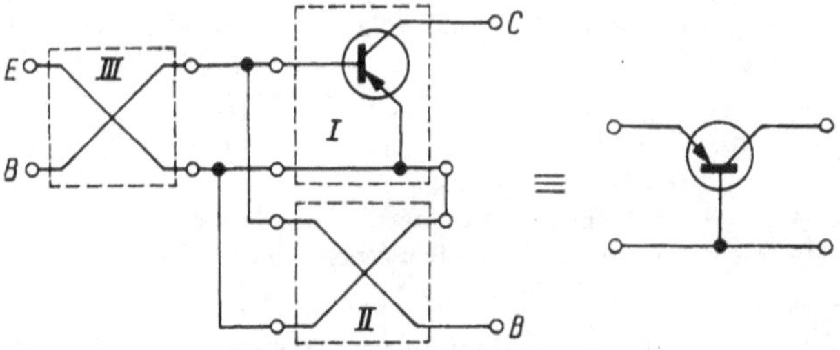

Bild 11.8: Ersatzschaltbild der Basisschaltung des Transistors mit Hilfe der Emitterschaltung

wegen der Ungültigkeit des Gesetzes (5.5) für aktive Kettenmatrizen nicht benutzt – bei Anwendung von (5.4) auf die Vierpole I und II (Bild 11.8) unter Berücksichtigung von Tafel 2 die Parallelreihenmatrix $\boldsymbol{C}_{\mathrm{I}/\mathrm{II}}$ sowie die Kettenmatrix

$$\boldsymbol{A}_{\mathrm{I}/\mathrm{II}} = -\frac{1}{y_{21e} + y_{22e}} \begin{pmatrix} y_{22e} & -1 \\ \Delta \boldsymbol{Y}_e & -(y_{11e} + y_{12e}) + y_{21e} + y_{22e} \end{pmatrix}$$

ermittelt. Dies gibt mit $\boldsymbol{A}_{\mathrm{III}}$ [vgl. (6.3)] die passive Kettenmatrix für das Gesamtersatzschaltbild, deren Umrechnung in die aktive Leitwertmatrix $\check{\boldsymbol{Y}}_b$ mit Darstellung durch aktive Emitter-Leitwertparameter $\check{y}_{ike}$ bei Anwendung von Tafel 2 und Gl. (4.2) liefert:

$$\check{\boldsymbol{Y}}_b = \begin{pmatrix} \check{y}_{11e} + \check{y}_{12e} + \check{y}_{21e} + \check{y}_{22e} & -(\check{y}_{12e} + \check{y}_{22e}) \\ -(\check{y}_{21e} + \check{y}_{22e}) & \check{y}_{22e} \end{pmatrix} \qquad \text{(I)}$$

Hieraus findet man durch entsprechende Auflösung der vier in (I) enthaltenen Gleichungen nach den $\check{y}_{ike}$ letztere in den Basisparametern $\check{y}_{ikb}$ ausgedrückt.

Stellt man analog zum Beispiel 11.1 den Zusammenhang zwischen Kollektor- und Emitterschaltung (vgl. Aufgabe 11.1) sowie Basis- und Kollektorschaltung her und formt die erhaltenen Beziehungen mit Hilfe von Tafel 2 auch noch in Hybridparameter um, so ergeben sich die Tafeln 10 und 11.

BEISPIEL 11.2

Für den Transistor SF 137 sind folgende Parameter aus [31] entnommen:

$f = 50$ MHz, $U_{CE} = 10$ V, $I_C = 5$ mA; $\check{y}_{11e} = (2{,}2 + \mathrm{j} \cdot 3{,}5)$ mS, $\check{y}_{12e} = -(0{,}017 + \mathrm{j} \cdot 0{,}58)$ mS, $\check{y}_{21e} = (35 - \mathrm{j} \cdot 39)$ mS, $\check{y}_{22e} = (1{,}15 + \mathrm{j} \cdot 1{,}3)$ mS.

Gesucht sind die Leitwertparameter für die Basisschaltung und die Hybridparameter für die Kollektorschaltung.

Lösung:

Aus den Tafeln 10 und 11 erhält man bei Benutzung von Tafel 2:

$\check{y}_{11b} = (38{,}33 - \mathrm{j} \cdot 34{,}78)$ mS, $\check{y}_{12b} = -(1{,}13 + \mathrm{j} \cdot 0{,}72)$ mS,
$\check{y}_{21b} = (-36{,}15 + \mathrm{j} \cdot 37{,}70)$ mS, $\check{y}_{22b} = (1{,}15 + \mathrm{j} \cdot 1{,}30)$ mS.
$\check{h}_{11c} = (128{,}73 - \mathrm{j} \cdot 204{,}80)\,\Omega$, $\check{h}_{12c} = 0{,}88 - \mathrm{j} \cdot 0{,}07$,
$\check{h}_{21c} = 2{,}48 + \mathrm{j} \cdot 12{,}19$, $\check{h}_{22c} = (8{,}16 - \mathrm{j} \cdot 0{,}93)$ mS.

Die teilweise schwierige Messung der sog. *Übertragungsgrößen* — dies sind alle Vierpolparameter, bei denen im Zähler eine Eingangs- und im Nenner eine Ausgangsgröße auftritt bzw. umgekehrt, also $\check{y}_{12}$, $\check{y}_{21}$, $\check{h}_{12}$, $\check{h}_{21}$ (Tafel 1 b) — wird umgangen, indem man beispielsweise die vier Parameter $\check{y}_{11b}$, $\check{y}_{11e}$, $\check{y}_{22e}$, $\check{h}_{22b}$ experimentell bestimmt und aus ihnen die restlichen Größen nach folgenden Formeln berechnet [23]:

$$\left.\begin{aligned}
&\check{y}_{22b} = \check{y}_{22e}, \quad \xi = \check{y}_{11e} - \check{y}_{11b} - \check{y}_{22b}, \\
&\quad \zeta = \check{y}_{11b}(\check{y}_{22b} - \check{h}_{22b}) \\
&\check{y}_{12b} = \frac{\xi}{2} + \sqrt{\frac{\xi^2}{4} - \zeta}, \quad \check{y}_{21b} = \frac{\xi}{2} - \sqrt{\frac{\xi^2}{4} - \zeta} \\
&\check{h}_{12b} = -\frac{\check{y}_{12b}}{\check{y}_{11b}}, \quad \check{h}_{21b} = \frac{\check{y}_{21b}}{\check{y}_{11b}}
\end{aligned}\right\} \qquad (11.5)$$

Tafel 10: Beziehungen für die Leitwert-Transistorparameter

Parameter ↓	Schaltung →	Basisschaltung	Emitterschaltung	Kollektorschaltung
Basisschaltung	$\check{y}_{11b} =$	$\check{y}_{11b}$	$\check{y}_{11e} + \check{y}_{12e} + \check{y}_{21e} + \check{y}_{22e}$	$\check{y}_{22c}$
	$\check{y}_{12b} =$	$\check{y}_{12b}$	$-(\check{y}_{12e} + \check{y}_{22e})$	$-(\check{y}_{21c} + \check{y}_{22c})$
	$\check{y}_{21b} =$	$\check{y}_{21b}$	$-(\check{y}_{21e} + \check{y}_{22e})$	$-(\check{y}_{12c} + \check{y}_{22c})$
	$\check{y}_{22b} =$	$\check{y}_{22b}$	$\check{y}_{22e}$	$\check{y}_{11c} + \check{y}_{12c} + \check{y}_{21c} + \check{y}_{22c}$
	$\Delta\check{Y}_b =$	$\check{y}_{11b}\check{y}_{22b} - \check{y}_{12b}\check{y}_{21b}$	$\Delta\check{Y}_e$	$\Delta\check{Y}_c$
Emitterschaltung	$\check{y}_{11e} =$	$\check{y}_{11b} + \check{y}_{12b} + \check{y}_{21b} + \check{y}_{22b}$	$\check{y}_{11e}$	$\check{y}_{11c}$
	$\check{y}_{12e} =$	$-(\check{y}_{12b} + \check{y}_{22b})$	$\check{y}_{12e}$	$-(\check{y}_{11c} + \check{y}_{12c})$
	$\check{y}_{21e} =$	$-(\check{y}_{21b} + \check{y}_{22b})$	$\check{y}_{21e}$	$-(\check{y}_{11c} + \check{y}_{21c})$
	$\check{y}_{22e} =$	$\check{y}_{22b}$	$\check{y}_{22e}$	$\check{y}_{11c} + \check{y}_{12c} + \check{y}_{21c} + \check{y}_{22c}$
	$\Delta\check{Y}_e =$	$\Delta\check{Y}_b$	$\check{y}_{11e}\check{y}_{22e} - \check{y}_{12e}\check{y}_{21e}$	$\Delta\check{Y}_c$
Kollektorschaltung	$\check{y}_{11c} =$	$\check{y}_{11b} + \check{y}_{12b} + \check{y}_{21b} + \check{y}_{22b}$	$\check{y}_{11e}$	$\check{y}_{11c}$
	$\check{y}_{12c} =$	$-(\check{y}_{11b} + \check{y}_{21b})$	$-(\check{y}_{11e} + \check{y}_{12e})$	$\check{y}_{12c}$
	$\check{y}_{21c} =$	$-(\check{y}_{11b} + \check{y}_{12b})$	$-(\check{y}_{11e} + \check{y}_{21e})$	$\check{y}_{21c}$
	$\check{y}_{22c} =$	$\check{y}_{11b}$	$\check{y}_{11e} + \check{y}_{12e} + \check{y}_{21e} + \check{y}_{22e}$	$\check{y}_{22c}$
	$\Delta\check{Y}_c =$	$\Delta\check{Y}_b$	$\Delta\check{Y}_e$	$\check{y}_{11c}\check{y}_{22c} - \check{y}_{12c}\check{y}_{21c}$

Tafel 11: Beziehungen für die Hybrid-Transistorparameter

	Schaltung → Parameter ↓	Basisschaltung	Emitterschaltung	Kollektorschaltung
Basisschaltung	$\check{h}_{11b} =$	$\check{h}_{11b}$	$\dfrac{\check{h}_{11e}}{1+\check{h}_{21e}-\check{h}_{12e}+\Delta\check{\boldsymbol{H}}_e} \approx \dfrac{\check{h}_{11e}}{1+\check{h}_{21e}}$	$\dfrac{\check{h}_{11c}}{\Delta\check{\boldsymbol{H}}_c}$
	$\check{h}_{12b} =$	$\check{h}_{12b}$	$\dfrac{\Delta\check{\boldsymbol{H}}_e-\check{h}_{12e}}{1+\check{h}_{21e}-\check{h}_{12e}+\Delta\check{\boldsymbol{H}}_e} \approx \dfrac{\Delta\check{\boldsymbol{H}}_e-\check{h}_{12e}}{1+\check{h}_{21e}}$	$\dfrac{\check{h}_{21c}+\Delta\check{\boldsymbol{H}}_c}{\Delta\check{\boldsymbol{H}}_c}$
	$\check{h}_{21b} =$	$\check{h}_{21b}$	$\dfrac{-(\check{h}_{21e}+\Delta\check{\boldsymbol{H}}_e)}{1+\check{h}_{21e}-\check{h}_{12e}+\Delta\check{\boldsymbol{H}}_e} \approx -\dfrac{\check{h}_{21e}}{1+\check{h}_{21e}} \approx -1$	$\dfrac{\check{h}_{12c}-\Delta\check{\boldsymbol{H}}_c}{\Delta\check{\boldsymbol{H}}_c} \approx -1$
	$\check{h}_{22b} =$	$\check{h}_{22b}$	$\dfrac{\check{h}_{22e}}{1+\check{h}_{21e}-\check{h}_{12e}+\Delta\check{\boldsymbol{H}}_e} \approx \dfrac{\check{h}_{22e}}{1+\check{h}_{21e}}$	$\dfrac{\check{h}_{22c}}{\Delta\check{\boldsymbol{H}}_c}$
	$\Delta\check{\boldsymbol{H}}_b =$	$\check{h}_{11b}\check{h}_{22b}-\check{h}_{12b}\check{h}_{21b}$	$\dfrac{\Delta\check{\boldsymbol{H}}_e}{1+\check{h}_{21e}-\check{h}_{12e}+\Delta\check{\boldsymbol{H}}_e} \approx \dfrac{\Delta\check{\boldsymbol{H}}_e}{1+\check{h}_{21e}}$	$\dfrac{1+\check{h}_{21c}-\check{h}_{12c}+\Delta\check{\boldsymbol{H}}_c}{\Delta\check{\boldsymbol{H}}_c} \approx \dfrac{\check{h}_{21c}+\Delta\check{\boldsymbol{H}}_c}{\Delta\check{\boldsymbol{H}}_c}$
Emitterschaltg.	$\check{h}_{11e} =$	$\dfrac{\check{h}_{11b}}{1+\check{h}_{21b}-\check{h}_{12b}+\Delta\check{\boldsymbol{H}}_b} \approx \dfrac{\check{h}_{11b}}{1+\check{h}_{21b}}$	$\check{h}_{11e}$	$\check{h}_{11c}$
	$\check{h}_{12e} =$	$\dfrac{\Delta\check{\boldsymbol{H}}_b-\check{h}_{12b}}{1+\check{h}_{21b}-\check{h}_{12b}+\Delta\check{\boldsymbol{H}}_b} \approx \dfrac{\Delta\check{\boldsymbol{H}}_b-\check{h}_{12b}}{1+\check{h}_{21b}}$	$\check{h}_{12e}$	$1-\check{h}_{12c}$

Emitterschaltung	$\check{h}_{21e} = \dfrac{-(\check{h}_{21b} + \Delta\check{\boldsymbol{H}}_b)}{1 + \check{h}_{21b} - \check{h}_{12b} + \Delta\check{\boldsymbol{H}}_b} \approx -\dfrac{\check{h}_{21b}}{1 + \check{h}_{21b}}$	$\check{h}_{21e}$	$-(1 + \check{h}_{21c})$
	$\check{h}_{22e} = \dfrac{\check{h}_{22b}}{1 + \check{h}_{21b} - \check{h}_{12b} + \Delta\check{\boldsymbol{H}}_b} \approx \dfrac{\check{h}_{22b}}{1 + \check{h}_{21b}}$	$\check{h}_{22e}$	$\check{h}_{22c}$
	$\Delta\check{\boldsymbol{H}}_e = \dfrac{\Delta\check{\boldsymbol{H}}_b}{1 + \check{h}_{21b} - \check{h}_{12b} + \Delta\check{\boldsymbol{H}}_b} \approx \dfrac{\Delta\check{\boldsymbol{H}}_b}{1 + \check{h}_{21b}}$	$\check{h}_{11e}\check{h}_{22e} - \check{h}_{12e}\check{h}_{21e}$	$1 + \check{h}_{21c} - \check{h}_{12c} + \Delta\check{\boldsymbol{H}}_c$
Kollektorschaltung	$\check{h}_{11c} = \dfrac{\check{h}_{11b}}{1 + \check{h}_{21b} - \check{h}_{12b} + \Delta\check{\boldsymbol{H}}_b} \approx \dfrac{\check{h}_{11b}}{1 + \check{h}_{21b}}$	$\check{h}_{11e}$	$\check{h}_{11c}$
	$\check{h}_{12c} = \dfrac{1 + \check{h}_{21b}}{1 + \check{h}_{21b} - \check{h}_{12b} + \Delta\check{\boldsymbol{H}}_b} \approx 1$	$1 - \check{h}_{12e} \approx 1$	$\check{h}_{12c}$
	$\check{h}_{21c} = \dfrac{\check{h}_{12b} - 1}{1 + \check{h}_{21b} - \check{h}_{12b} + \Delta\check{\boldsymbol{H}}_b} \approx -\dfrac{1}{1 + \check{h}_{21b}}$	$-(1 + \check{h}_{21e})$	$\check{h}_{21c}$
	$\check{h}_{22c} = \dfrac{\check{h}_{22b}}{1 + \check{h}_{21b} - \check{h}_{12b} + \Delta\check{\boldsymbol{H}}_b} \approx \dfrac{\check{h}_{22b}}{1 + \check{h}_{21b}}$	$\check{h}_{22e}$	$\check{h}_{22c}$
	$\Delta\check{\boldsymbol{H}}_c = \dfrac{1}{1 + \check{h}_{21b} - \check{h}_{12b} + \Delta\check{\boldsymbol{H}}_b} \approx \dfrac{1}{1 + \check{h}_{21b}}$	$1 + \check{h}_{21e} - \check{h}_{12e} + \Delta\check{\boldsymbol{H}}_e \approx 1 + \check{h}_{21e}$	$\check{h}_{11c}\check{h}_{22c} - \check{h}_{12c}\check{h}_{21c}$

Anmerkung: Die angegebenen Näherungen folgen aus (11.4).

Die Herleitung von (11.5) sei kurz angedeutet. Mit Hilfe der Tafeln 2 und 10 lassen sich $\check{h}_{22b}$ und $\check{y}_{11e}$ in $\check{y}_{ikb}$ ausdrücken, so daß sich für die Abkürzungen ξ und ζ

$$\xi = \check{y}_{12b} + \check{y}_{21b} \quad \text{(II)} \qquad\qquad \zeta = \check{y}_{12b}\check{y}_{21b} \quad \text{(III)}$$

ergibt. Nach dem VIËTAschen Wurzelsatz für quadratische Gleichungen können wegen (II) und (III) die Kenngrößen $\check{y}_{12b}$ und $\check{y}_{21b}$ als Lösungen der quadratischen Gleichung

$$y_b^2 - \xi y_b + \zeta = 0 \tag{IV}$$

aufgefaßt werden, was zu den Gln. (11.5) führt. $\check{h}_{12b}$und $\check{h}_{21b}$ folgen aus Tafel 2.

11.2.4. Betriebsparameter des abgeschlossenen Transistorvierpols

Da der Transistor meistens durch die Leitwertparameter beschrieben wird, benutzt man bei ihm statt der Widerstände oft auch die Leitwerte für Quelle, Last, Ein- und Ausgang [vgl. (1.70)]. Für diese sowie die Spannungs- und Stromverstärkung definieren wir entsprechend Gln. (7.1), (7.2) und (7.6) bis (7.9):

$$\begin{aligned} &\check{y}_Q = \frac{-\check{i}_1}{\check{u}_1}, \; \check{y}_L = \frac{-\check{i}_2}{\check{u}_2}, \; \check{y}_e = \frac{\check{i}_1}{\check{u}_1}, \; \check{y}_a = \frac{\check{i}_2}{\check{u}_2}, \\ &\check{v}_u = \frac{\check{u}_2}{\check{u}_1}, \; \check{v}_i = \frac{\check{i}_2}{\check{i}_1} \end{aligned} \tag{11.6}$$

Beachtet man, daß passive und aktive Ein- und Ausgangsspannungen und -ströme bis auf $\check{i}_2 = -i_2$ übereinstimmen, so sind die entsprechenden passiven und aktiven Größen von (11.6) bis auf die Stromverstärkung gleich, für letztere gilt $\check{v}_i = -v_i$ [vgl. (7.9)].

Zusätzlich wird noch der

Übertragungsfaktor $\qquad \check{v} = -\check{v}_i\check{v}_u \qquad$ (11.7)

Tafel 12: Betriebsparameter des abgeschlossenen Transistorvierpols

Betriebsparameter	in Leitwertparametern		in Hybridparametern	
Eingangs- Widerstand | Leitwert	$\check{z}_e = \frac{\check{y}_{22}\check{z}_L + 1}{\Delta\check{\mathbf{Y}}\check{z}_L + \check{y}_{11}}$	$\check{y}_e = \frac{\Delta\check{\mathbf{Y}} + \check{y}_{11}\check{y}_L}{\check{y}_{22} + \check{y}_L}$	$\check{z}_e = \frac{\Delta\check{\mathbf{H}}\check{z}_L + \check{h}_{11}}{\check{h}_{22}\check{z}_L + 1}$	$\check{y}_e = \frac{\check{h}_{22} + \check{y}_L}{\Delta\check{\mathbf{H}} + \check{h}_{11}\check{y}_L}$
Ausgangs- Widerstand | Leitwert	$\check{z}_a = \frac{\check{y}_{11}\check{z}_Q + 1}{\Delta\check{\mathbf{Y}}\check{z}_Q + \check{y}_{22}}$	$\check{y}_a = \frac{\Delta\check{\mathbf{Y}} + \check{y}_{22}\check{y}_Q}{\check{y}_{11} + \check{y}_Q}$	$\check{z}_a = \frac{\check{z}_Q + \check{h}_{11}}{\check{h}_{22}\check{z}_Q + \Delta\check{\mathbf{H}}}$	$\check{y}_a = \frac{\check{h}_{22} + \Delta\check{\mathbf{H}}\check{y}_Q}{\check{h}_{11}\check{y}_Q + 1}$
Spannungs- verstärkung $\check{v}_u =$	$-\frac{\check{y}_{21}\check{z}_L}{\check{y}_{22}\check{z}_L + 1} = -\frac{\check{y}_{21}}{\check{y}_{22} + \check{y}_L}$		$-\frac{\check{h}_{21}\check{z}_L}{\Delta\check{\mathbf{H}}\check{z}_L + \check{h}_{11}} = -\frac{\check{h}_{21}}{\Delta\check{\mathbf{H}} + \check{h}_{11}\check{y}_L}$	
Strom- verstärkung $\check{v}_i =$	$\frac{\check{y}_{21}}{\Delta\check{\mathbf{Y}}\check{z}_L + \check{y}_{11}} = \frac{\check{y}_{21}\check{y}_L}{\Delta\check{\mathbf{Y}} + \check{y}_{11}\check{y}_L}$		$\frac{\check{h}_{21}}{\check{h}_{22}\check{z}_L + 1} = \frac{\check{h}_{21}\check{y}_L}{\check{h}_{22} + \check{y}_L}$	
Übertra- gungsfaktor $\check{v} =$	$\frac{\check{y}_{21}^2\check{y}_L}{(\Delta\check{\mathbf{Y}} + \check{y}_{11}\check{y}_L)(\check{y}_{22} + \check{y}_L)}$		$\frac{\check{h}_{21}^2\check{y}_L}{(\Delta\check{\mathbf{H}} + \check{h}_{11}\check{y}_L)(\check{h}_{22} + \check{y}_L)}$	

definiert, der im Falle reeller Parameter, also im NF-Bereich, mit der Leistungsverstärkung $\check{v}_p$ (vgl. 11.2.5.) identisch ist. Mit den Beziehungen (4.1), (4.2), (11.6), (11.7) ergibt sich aus der Tafel 4 die Tafel 12.

Tafel 13: Wertebereiche der Betriebsparameter eines mittleren abgeschlossenen Transistorvierpols im NF-Gebiet für $\check{y}_Q$ bzw. $\check{y}_L$ = 0,01 ··· 10^6 µS

Schaltung → / Betriebsparameter ↓	Basisschaltung	Emitter-schaltung	Kollektor-schaltung
Eingangsleitwert	2···30 mS	0,5···2 mS	0,01···500 µS
Ausgangsleitwert	0,01···10 µS	10···50 µS	0,05···350 mS
Spannungsverstärkung	0,1···3000	0,1···3000	0,1···1
Stromverstärkung	0,01···1	0,01···50	1···50
Leistungsverstärkung	1···1200	1···15000	1···60

Im NF-Gebiet liegen die in Tafel 12 aufgeführten fünf Betriebsparameter für einen durchschnittlichen Transistor in den in Tafel 13 [28] angegebenen Bereichen (vgl. auch die Bilder 11.9 bis 11.13 [29, 35]).

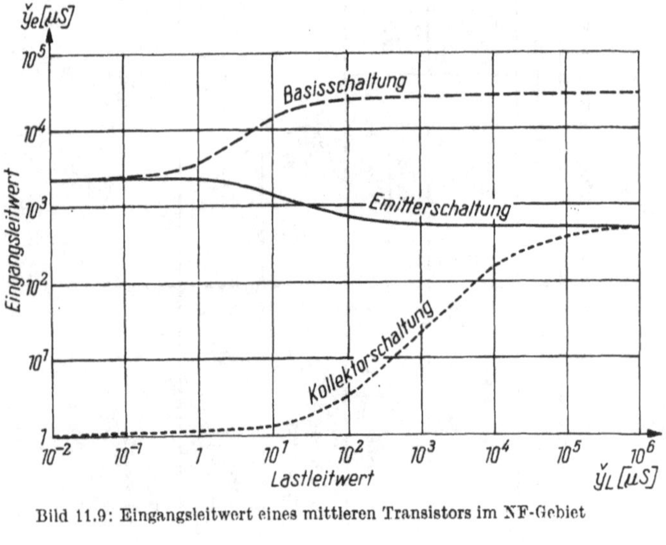

Bild 11.9: Eingangsleitwert eines mittleren Transistors im NF-Gebiet

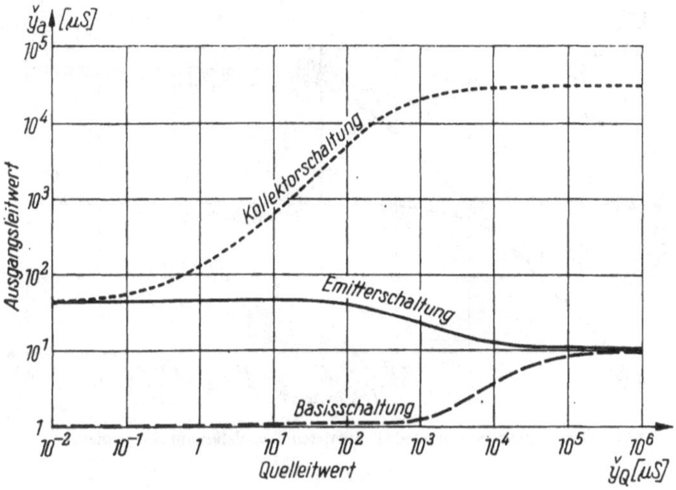

Bild 11.10: Ausgangsleitwert eines mittleren Transistors im NF-Gebiet

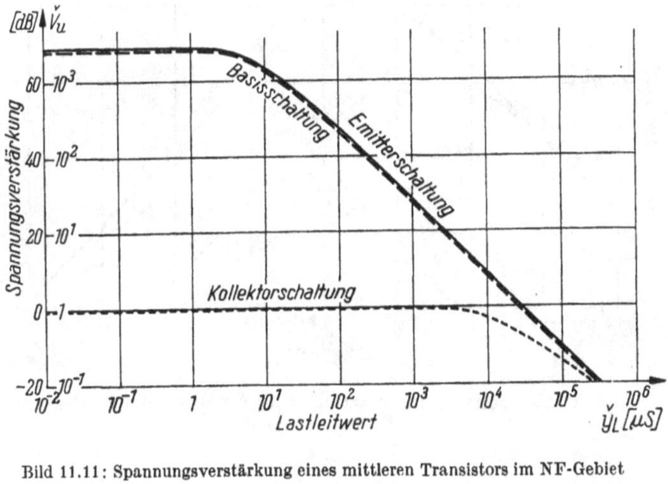

Bild 11.11: Spannungsverstärkung eines mittleren Transistors im NF-Gebiet

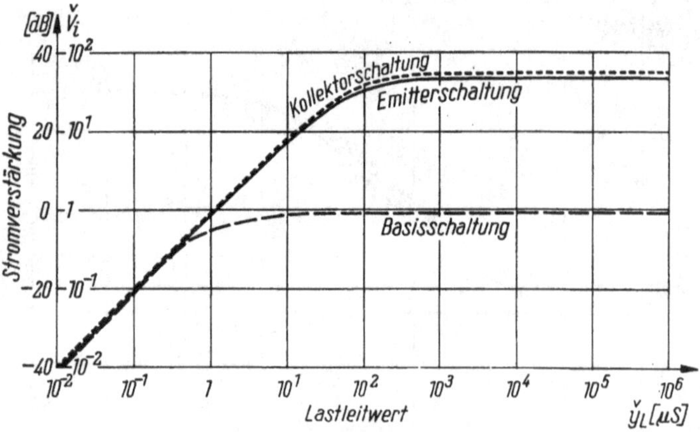

Bild 11.12: Stromverstärkung eines mittleren Transistors im NF-Gebiet

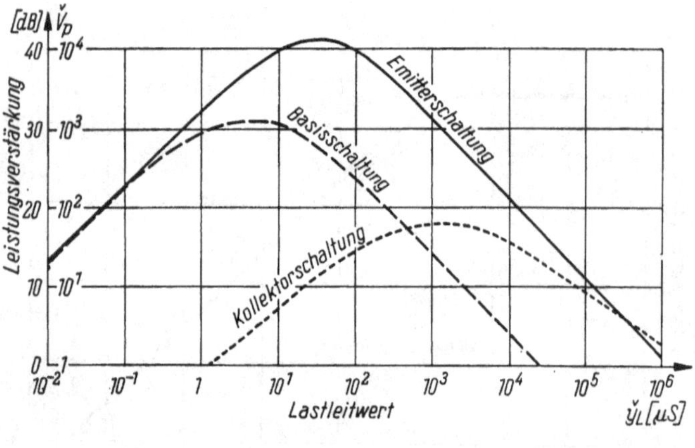

Bild 11.13: Leistungsverstärkung eines mittleren Transistors im NF-Gebiet

BEISPIEL 11.3

Wie groß sind die Betriebsparameter für den Transistor SF 137 in Emitterschaltung (vgl. Beispiel 11.2) für $\check{y}_Q = 50\,\mu S$ und $\check{y}_L = 40\,\mu S$?

Lösung:

$\check{y}_e = 0{,}474$ mS, $\check{y}_a = 0{,}028$ mS, $|\check{v}_u| = 2070{,}8 = 66{,}3$ dB,

$\check{v}_i = 174{,}6 = 44{,}8$ dB, $\check{v} = 36156 = 45{,}6$ dB.

11.2.5. Leistungsverstärkung

Im folgenden wird die Zerlegung der Leitwertbetriebsparameter sowie der Leitwertvierpolparameter in Real- und Imaginärteil nach (1.70) folgendermaßen benutzt:

$$\check{y}_i = \check{G}_i + \mathrm{j} \cdot \check{B}_i \quad (11.8) \qquad \check{y}_{ik} = \check{g}_{ik} + \mathrm{j} \cdot \check{b}_{ik} \quad (11.9)$$

mit $i = Q, L, e, a$ mit $i = 1, 2;\ k = 1, 2$

Die Leistungsverstärkung $\check{v}_p$ ist als Verhältnis der Ausgangswirkleistung $\mathrm{Re}\,(\check{P}_a)$ zur Eingangswirkleistung $\mathrm{Re}\,(\check{P}_e)$ definiert, wobei nach (1.85) darstellen:

Komplexe Eingangsleistung

$$\check{P}_e = \frac{1}{2}\,\check{u}_1 \check{i}_1{}^* \tag{11.10}$$

Komplexe Ausgangsleistung

$$\check{P}_a = -\frac{1}{2}\,\check{u}_2 \check{i}_2{}^* \tag{11.11}$$

Durch Erweitern von $\check{P}_e$ mit $\check{u}_1{}^*$ und von $\check{P}_a$ mit $\check{u}_2{}^*$ sowie Beachten der Gln. (1.26), (1.28), (1.29), (1.31), (11.6), (11.8) ergibt sich eine Gleichung mit $\check{v}_u$, $\check{G}_L$, $\check{G}_e$. Entsprechende Umformungen können auch auf eine Formel mit $\check{v}_i$, $\check{R}_L$, $\check{R}_e$ [vgl. (1.66)] geführt werden. Beim Einsetzen der Ausdrücke für $\check{G}_e = \mathrm{Re}\,(\check{y}_e)$ und $\check{v}_u$ aus Tafel 12 und Umwandlung mit (1.29) findet man schließlich:

Leistungsverstärkung[1])

$$\check{v}_p = \frac{\mathrm{Re}\,(\check{P}_a)}{\mathrm{Re}\,(\check{P}_e)} = |\check{v}_u|^2 \frac{\check{G}_L}{\check{G}_e} = |\check{v}_i|^2 \frac{\check{R}_L}{\check{R}_e}$$

$$= \frac{|\check{y}_{21}|^2 \check{G}_L}{\mathrm{Re}\,[(\check{y}_{22} + \check{y}_L)^* (\Delta\check{Y} + \check{y}_{11}\check{y}_L)]} \qquad (11.12)$$

Da (11.12) von der Quelle unbeeinflußt ist, wird $\check{v}_p$ vorwiegend für die Einschätzung mehrerer, in Kette geschalteter Verstärkerstufen benutzt [22].

Im Gegensatz hierzu berücksichtigt auch den Generatorleitwert $\check{y}_Q$ das Verhältnis von Ausgangswirkleistung Re $(\check{P}_a)$ und Maximum der zur Verfügung stehenden Generatorwirkleistung Re $(\check{P}_0)$, der

Übertragungsgewinn[2])

$$\check{v}_{pt} = \frac{\mathrm{Re}\,(\check{P}_a)}{[\mathrm{Re}\,(\check{P}_0)]_{\max}}$$

$$= \frac{4\,\check{G}_Q\check{G}_L\,|\check{y}_{21}|^2}{|(\check{y}_{11} + \check{y}_Q)\,(\check{y}_{22} + \check{y}_L) - \check{y}_{12}\check{y}_{21})|^2} \qquad (11.13)$$

Ausgehend von (11.11) und (1.89), wird (1.81) und die aus (1.78) und (1.79) folgende Gleichung $\check{u}_0 = (\check{z}_Q + \check{z}_e)\check{i}_1$ eingesetzt. Beim Erweitern von $\check{P}_a$ mit $\check{i}_2$, durch Umformung mit den Gln. (1.29), (11.6) und $\check{R}_Q\,|\check{y}_Q|^2 = \check{G}_Q$, $\check{R}_L\,|\check{y}_L|^2 = \check{G}_L$ sowie nach dem Einsetzen der Ausdrücke für $\check{z}_e = 1/\check{y}_e$ und $\check{v}_i$ aus Tafel 12 findet man Gl. (11.13).

Im NF-Gebiet, also für reelle $\check{y}_i$ und $\check{y}_{ik}$, stimmen der Übertragungsfaktor $\check{v}$ und die Leistungsverstärkung $\check{v}_p$ überein, wie ein Vergleich von Tafel 12 und Gl. (11.12) zeigt.

---

[1]) (engl.) power gain [22].

[2]) (engl.) transducer gain [22].

11.2.6. Maximale Leistungsverstärkung und optimale Abschlußleitwerte

Erfolgt eine

Leistungsanpassung am Ausgang

$$\check{y}_L = \check{y}_a{}^* = \frac{\Delta\check{\mathbf{Y}}^* + \check{y}_{22}{}^*\check{y}_Q{}^*}{\check{y}_{11}{}^* + \check{y}_Q{}^*} = h^*(\check{y}_Q) \qquad (11.14)$$

[vgl. Tafel 12 und Gln. (1.27), (1.28), (1.32)], so geht (11.13) über in den Quotienten von maximal verfügbarer Ausgangswirkleistung und maximal verfügbarer Generatorwirkleistung, die

Verfügbare Leistungsverstärkung[1]

$$\check{v}_{pa} = \frac{[\mathrm{Re}\,(\check{P}_a)]_{\max}}{[\mathrm{Re}\,(\check{P}_0)]_{\max}} \qquad (11.15)$$

Diese hat die Form $\check{v}_{pa} = G(\check{y}_{ik}, \check{G}_Q, \check{B}_Q)$.

Wird außerdem der Generator an $\check{y}_e$ angepaßt, wird also ferner eine

Leistungsanpassung am Eingang

$$\check{y}_Q = \check{y}_e{}^* = \frac{\Delta\check{\mathbf{Y}}^* + \check{y}_{11}{}^*\check{y}_L{}^*}{\check{y}_{22}{}^* + \check{y}_L{}^*} = g^*(\check{y}_L) \qquad (11.16)$$

vorgenommen, indem die Gleichungen

$$\frac{\partial\check{v}_{pa}}{\partial\check{G}_Q} = 0, \qquad \frac{\partial\check{v}_{pa}}{\partial\check{B}_Q} = 0 \qquad (11.17)$$

nach $\check{y}_{Q\mathrm{opt}}$ aufgelöst werden, so findet man schließlich nach Einsetzen von $\check{y}_{Q\mathrm{opt}}$ in $\check{y}_L = h^*(\check{y}_Q)$ auch $\check{y}_{L\mathrm{opt}}$. Mit den

Abkürzungen

$$\left.\begin{aligned} m &= \frac{\mathrm{Re}\,(\check{y}_{12}\check{y}_{21})}{\check{g}_{11}\check{g}_{22}}, \quad n = \frac{\mathrm{Im}\,(\check{y}_{12}\check{y}_{21})}{\check{g}_{11}\check{g}_{22}} \\ K &= \sqrt{1 - m - \frac{n^2}{4}} \quad \text{mit} \quad K^2 > 0 \end{aligned}\right\} \qquad (11.18)$$

[1] (engl.) available power gain [22].

folgen [22, 36]:

Optimale Abschluß-Leitwerte

$$\left.\begin{aligned} \check{G}_{Q\text{opt}} &= \check{g}_{11}K, \quad \check{B}_{Q\text{opt}} = \frac{\check{g}_{11}n}{2} - \check{b}_{11} \\ \check{G}_{L\text{opt}} &= \check{g}_{22}K, \quad \check{B}_{L\text{opt}} = \frac{\check{g}_{22}n}{2} - \check{b}_{22} \end{aligned}\right\} \tag{11.19}$$

Maximal verfügbare Leistungsverstärkung[1])

$$\check{v}_{pa\,\text{max}} = \frac{|\check{y}_{21}|^2}{4\,\check{g}_{11}\check{g}_{22}} \cdot \frac{2}{1 - \frac{m}{2} + K} \tag{11.20}$$

Für die Leistungsverstärkungen gelten die Ungleichungen

$$\check{v}_p > \check{v}_{pt} \quad \text{und} \quad \check{v}_{pt} \leqq \check{v}_{pa} \leqq \check{v}_{pa\,\text{max}}.$$

Die Gln. (11.19) und (11.20) ergeben sich auch, wenn von $\check{v}_p$ in (11.12) ausgegangen wird, und zwar ist (11.12) mit den Gln. (1.33) bis (1.37) auf die Form $\check{v}_p = f(\check{y}_{ik}, \check{G}_L, \check{B}_L)$ zu bringen. Die Auflösung der Gleichungen

$$\frac{\partial \check{v}_p}{\partial \check{G}_L} = 0, \quad \frac{\partial \check{v}_p}{\partial \check{B}_L} = 0 \tag{11.21}$$

liefert $\check{G}_{L\text{opt}}$ und $\check{B}_{L\text{opt}}$ entsprechend (11.19). Ein Einsetzen dieser beiden optimalen Leitwerte in

1. $\check{y}_Q = g^*(\check{y}_L)$ führt zu $\check{G}_{Q\text{opt}}$ und $\check{B}_{Q\text{opt}}$ gemäß (11.19).
2. $\check{v}_p = f(\check{y}_{ik}, \check{G}_L, \check{B}_L)$ ergibt (11.20), d. h. $\check{v}_{p\,\text{max}} = \check{v}_{pa\,\text{max}}$.

Im Niederfrequenzgebiet sind die Vierpolparameter reell. Dadurch vereinfachen sich die Formeln (11.19) und (11.20) wesentlich. Mit der

Reellen Leitwert-Determinante $\Delta\check{G} = \check{g}_{11}\check{g}_{22} - \check{g}_{12}\check{g}_{21}$ (11.22)

---

[1]) (engl.) maximum available power gain [22].

erhält man:

Optimale Abschluß-Leitwerte im NF-Gebiet

$$\left.\begin{aligned} \check{G}_{Q\,\mathrm{opt}\,0} &= \check{g}_{11}\sqrt{1-m} = \sqrt{\frac{\check{g}_{11}\Delta\check{G}}{\check{g}_{22}}} \\ \check{G}_{L\,\mathrm{opt}\,0} &= \check{g}_{22}\sqrt{1-m} = \sqrt{\frac{\check{g}_{22}\Delta\check{G}}{\check{g}_{11}}} \end{aligned}\right\} \tag{11.23}$$

Maximal verfügbare Leistungsverstärkung im NF-Gebiet

$$\check{v}_{pa\,\max 0} = \frac{\check{g}_{21}^{\,2}}{\left(\sqrt{\check{g}_{11}\check{g}_{22}} + \sqrt{\Delta\check{G}}\right)^2} \tag{11.24}$$

$\check{G}_{Q\,\mathrm{opt}\,0}$ und $\check{G}_{L\,\mathrm{opt}\,0}$ sind mit den Wellenleitwerten $\check{y}_{We}$ und $\check{y}_{Wa}$ identisch.

Die durch (11.19), (11.20) bzw. (11.23), (11.24) bestimmte Leistungsverstärkung ist absolut maximal, ihr Wert hängt von der Art der Grundschaltung des Transistors ab.

Die maximale Leistungsverstärkung läßt sich für eine Reihe von Transistoren nicht bilden. Näheres hierüber wird im folgenden Abschnitt ausgesagt. Im Bild 11.14 ist eine Übersicht über den Zusammenhang der verschiedenen Leistungsverstärkungen angegeben.

BEISPIEL 11.4

Für den Transistor ACY 23 ($\check{y}$-Parameter siehe Aufgabe 11.2 bzw. deren Lösung) in Emitterschaltung sind im NF-Gebiet die Leistungsverstärkung $\check{v}_p$ und der Übertragungsgewinn $\check{v}_{pt}$ bei vorgegebenen $\check{y}_Q = 0{,}3$ mS; $\check{y}_L = 0{,}1$ mS, die verfügbare Leistungsverstärkung $\check{v}_{pa}$ bei $\check{y}_Q = 0{,}3$ mS sowie die maximal verfügbare Leistungsverstärkung $\check{v}_{pa\,\max}$ und die optimalen Abschlußleitwerte zu berechnen.

Lösung:

$\check{y}_{11e} = 333{,}333\ \mu$S; $\check{y}_{12e} = -0{,}233\ \mu$S; $\check{y}_{21e} = 33333{,}333\ \mu$S;
$\check{y}_{22e} = 16{,}667\ \mu$S; $\Delta\check{\mathbf{Y}}_e = 13333{,}33\ (\mu\mathrm{S})^2$.
$\check{v}_p = 20408 = 43{,}1$ dB; $\check{v}_{pt} = 19992 = 43{,}0$ dB;
$\check{y}_{L\,\mathrm{opt}} = 28{,}947\ \mu$S; $\check{v}_{pa} = 28708 = 44{,}6$ dB.
$\check{y}_{Q\,\mathrm{opt}\,0} = 516{,}38\ \mu$S; $\check{y}_{L\,\mathrm{opt}\,0} = 25{,}82\ \mu$S; $\check{v}_{pa\,\max 0} = 30777 = 44{,}9$ dB.

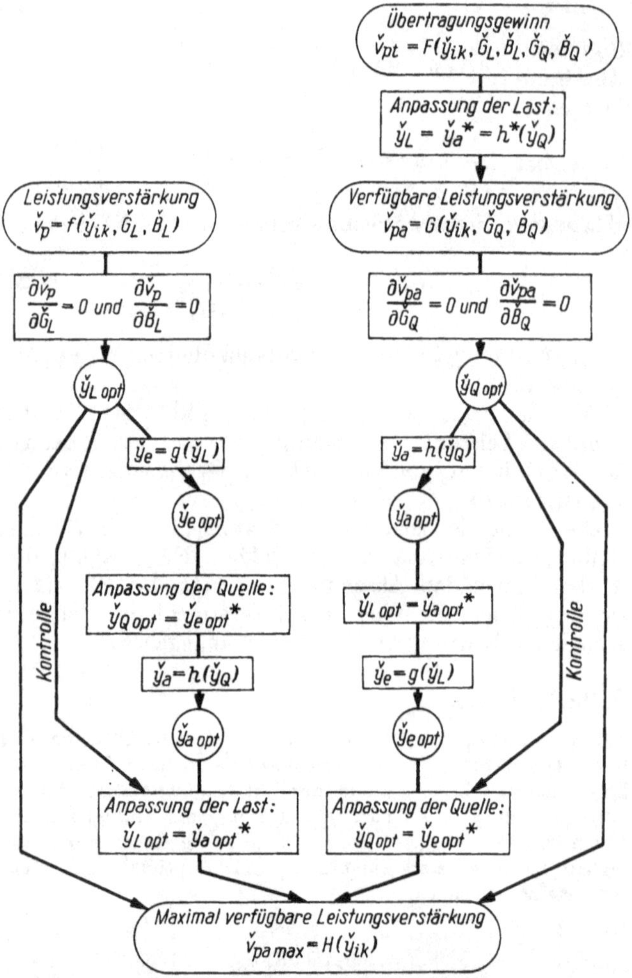

Bild 11.14: Übersicht über den Zusammenhang der verschiedenen Leistungsverstärkungen

11.2.7. Stabilität und Neutralisation

Erfolgt eine Rückwirkung des Ausgangs auf den Eingang, was für $\check{y}_{12} \neq 0$, $\check{z}_{12} \neq 0$, $\check{h}_{12} \neq 0$ eintreten kann, so ist es möglich, daß der Realteil von $\check{y}_e$ negativ wird und Selbsterregung auftritt. Man spricht vom *bilateralen Verhalten* des Transistorvierpols.

Die entgegengesetzten Eigenschaften, also Rückwirkungsfreiheit, $\check{y}_{12} = 0$, $\check{z}_{12} = 0$, $\check{h}_{12} = 0$ usw., nennt man *unilaterales Verhalten* des Transistorvierpols [22].

Für einen bilateralen Vierpol besteht die Gefahr der Instabilität, die zur Schwingungserzeugung notwendig, für den Verstärkerbetrieb jedoch unerwünscht ist. Man bezeichnet nämlich Vierpole, für die $\check{v}_{pa\,\max}$ existiert, als ***unbedingt*** bzw. ***absolut stabil***. Wegen (11.18) und (11.20) gilt die

Stabilitätsbedingung $$K^2 = 1 - m - \frac{n^2}{4} > 0 \qquad (11.25)$$

Läßt man in (11.20) den die Rückwirkung enthaltenden Faktor $\frac{1}{2}\left(1 - \frac{m}{2} + K\right)$ weg, so verbleibt die

Maximal verfügbare Leistungsverstärkung eines unilateralen Vierpols

$$\check{v}_{pa\,\max\,un} = \frac{|\check{y}_{21}|^2}{4\check{g}_{11}\check{g}_{22}} \qquad (11.26)$$

Man kann die Instabilität transistorisierter Verstärker durch eine zusätzliche Rückkopplung beseitigen, d. h. $\check{y}_{12}$ so verringern, daß (11.25) erfüllt ist. Diese Methode heißt **Neutralisation**. Sie wird erreicht durch Hinzuschalten eines geeigneten passiven äußeren Netzwerkes. Es gilt folgende

Bedingung für die volle Neutralisation einer Transistorstufe

$$\check{y}_{12\,\mathrm{neutr}} = 0 \qquad (11.27)$$

Entsprechend der gewählten Zusammenschaltung des neutralisierenden Netzwerkes mit dem Transistor sind **Z**-, **Y**-, **D**- (bzw. **H**-) und **C**-Neutralisation zu unterscheiden [13]. Für die **Y**-Neutralisation ist beispielsweise die Schaltung im Bild 11.15 möglich. Sie ist für die Emit-

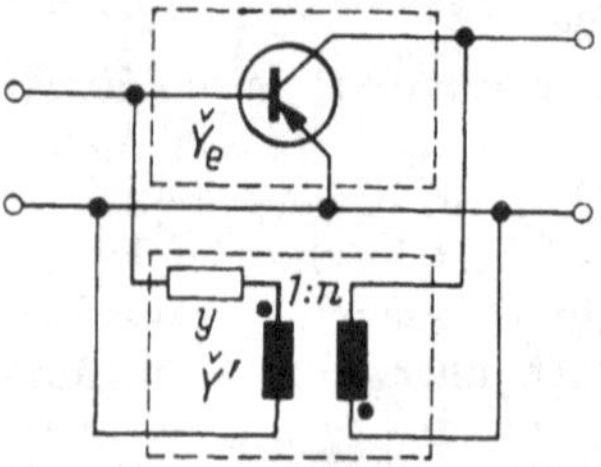

Bild 11.15: **Y**-Neutralisation eines Transistors

terschaltung günstig. Da der im Bild 11.15 im äußeren Netzwerk eingetragene Übertrager ideal sein soll (vgl. Aufgabe 6.7 und deren Lösung), folgt aus Tafel 3 mit (1.98) und (1.99) für die Leitwertmatrizen des äußeren Netzwerkes:

$$\boldsymbol{Y}' = \begin{pmatrix} y & \frac{1}{n} y \\ -\frac{1}{n} y & -\frac{1}{n^2} y \end{pmatrix} \qquad \check{\boldsymbol{Y}}' = \begin{pmatrix} y & \frac{1}{n} y \\ \frac{1}{n} y & \frac{1}{n^2} y \end{pmatrix}$$

Mit der Leitwertmatrix des Transistors

$$\check{\boldsymbol{Y}}_e = \begin{pmatrix} \check{y}_{11e} & \check{y}_{12e} \\ \check{y}_{21e} & \check{y}_{22e} \end{pmatrix}$$

ergibt sich aus (5.2) mit (11.27) die Vorschrift für den Leitwert y

$$y = -n\check{y}_{12e} \tag{11.28}$$

und die Leitwertmatrix für die vollneutralisierte Transistorstufe

$$\check{Y}_{\text{neutr}} = \begin{pmatrix} \check{y}_{11e} - n\check{y}_{12e} & 0 \\ \check{y}_{21e} - \check{y}_{12e} & \check{y}_{22e} - \frac{1}{n}\check{y}_{12e} \end{pmatrix} \tag{11.29}$$

Wird der Übertragungsgewinn (11.13) für die vollneutralisierte Transistorstufe bestimmt und setzt man für **Quell- und Lastleitwert**

$$\begin{aligned} &\check{b}_{11} - n\check{b}_{12} + \check{B}_Q = 0, \quad \check{G}_Q = \check{g}_{11} - n\check{g}_{12} \\ &\check{b}_{22} - \frac{1}{n}\check{b}_{12} + \check{B}_L = 0, \quad \check{G}_L = \check{g}_{22} - \frac{1}{n}\check{g}_{12} \end{aligned} \tag{11.30}$$

an [23], so folgt analog zu Gl. (11.26)

$$\check{v}_{pt\,\text{neutr}} = \frac{|\check{y}_{21} - \check{y}_{12}|^2}{4\,(\check{g}_{11} - n\check{g}_{12})\left(\check{g}_{22} - \frac{1}{n}\check{g}_{12}\right)} = \frac{|\check{y}_{21\,\text{neutr}}|^2}{4\check{g}_{11\,\text{neutr}}\check{g}_{22\,\text{neutr}}} \tag{11.31}$$

$\check{v}_{pt\,\text{neutr}}$ wird maximal, wenn $\frac{\partial \check{v}_{pt\,\text{neutr}}}{\partial n} = 0$ ist, also:

Optimales Windungsverhältnis bei *Y*-Neutralisation

$$\frac{1}{n} = \sqrt{\frac{\check{g}_{22}}{\check{g}_{11}}} \tag{11.32}$$

Gl. (11.32) in (11.31) eingesetzt, liefert die

Maximale Leistungs-Verstärkung eines *Y*-neutralisierten Vierpols

$$\check{v}_{pa\,\max\,\text{neutr}} = \frac{|\check{y}_{21} - \check{y}_{12}|^2}{4\left(\sqrt{\check{g}_{11}\check{g}_{22}} - \check{g}_{12}\right)^2} \tag{11.33}$$

Sie ist kleiner als diejenige des unilateralen Vierpols (11.26). Näheres über Stabilität und Neutralisation kann z. B. in [13] nachgelesen werden. Beispiel siehe Aufgabe 11.4 und 115.

11.2.8. Rauschen

Unter dem **elektronischen Rauschen** versteht man Störungen, die z. B. im Lautsprecher wie das Rauschen eines Gewässers zu hören oder auf dem Bildschirm als „Grieß“ zu sehen sind. Es entsteht einesteils als *Widerstandsrauschen* durch unregelmäßige Spannungsschwankungen in Leitern, also auch in Widerständen und Schwingkreisen, das sich mit Widerstand, Bandbreite und Temperatur erhöht, sowie andererseits als *Röhren- oder Transistorrauschen* infolge statistischer Schwankungen des Elektronenstroms und anderer Effekte und schließlich als *Antennenrauschen* durch kosmische Rauscheinstrahlung. Da das Rauschen wie das eigentliche Signal im Empfänger verstärkt wird, lassen sich Signale, die unterhalb der Rauschspannung liegen, auch bei noch so großer Verstärkung nicht mehr empfangen. Durch das Rauschen wird also die Empfindlichkeit von Empfängern beschränkt.

11.2.8.1. Zusammenhang zwischen Vierpolparametern des inneren und äußeren Transistors

Der *innere Transistor* ist in der Transistor-Ersatzschaltung derjenige Teil, der der eigentlichen Funktion des Transistors zukommt. Seine Werte sind daher nicht von dem äußeren Aufbau des Transistors als Bauelement abhängig [37]. Der gesamte Transistor heißt *äußerer Transistor.* In [29] sind für die genannten Begriffe die Bezeichnungen *idealer Transistor* und *realer Transistor* gebraucht. Der äußere bzw. reale Transistor besteht also aus dem inneren bzw. idealen Transistor sowie den Bahnwiderständen $r_{bb'}$, $r_{ee'}$, $r_{cc'}$, einer Urspannungsquelle $\varkappa \cdot u_{cb}$, den äußeren Elektrodenkapazitäten c_{ce}, c_{eb}, c_{cb}, den Sperrschichtkapazitäten c_{cj}, c_{ej} und den Restleitwerten g_{cr}, g_{er}, die den zum Kollektor-Reststrom gehörenden Wechselstrom bzw. die verschiedenen Nebeneffekte, z. B. die Oberflächenrekombination, berücksichtigen. Von allen sog. *parasitären Elementen* ist der Basis-Bahnwiderstand $r_{bb'}$ das wichtigste, größere Bedeutung haben ferner noch die Kollektor-Sperrschichtkapazität c_{cj} und der zum Kollektorreststrom gehörige Kollektor-Restleitwert g_{cr}.

Bezeichnet man die aktiven Hybridparameter der Basisschaltung für den inneren bzw. äußeren Transistor mit $\check{h}'_{ikb}$ bzw. $\check{h}_{ikb}$, so folgen aus den in [30] angegebenen Beziehungen die Formeln (11.34) und aus [29] die Formeln (11.35):

$$\left.\begin{aligned} \check{h}'_{11b} &= \frac{\check{h}_{11b} - \left(1 + \check{h}_{21b} - \check{h}_{12b} + \Delta\check{\boldsymbol{H}}_b\right)}{1 - \check{h}_{22b} r_{bb'}}, \\ \check{h}'_{22b} &= \frac{\check{h}_{22b}}{1 - \check{h}_{22b} r_{bb'}} \\ \check{h}'_{12b} &= \frac{\check{h}_{12b} - \check{h}_{22b} r_{bb'}}{1 - \check{h}_{22b} r_{bb'}}, \quad \check{h}'_{21b} = \frac{\check{h}_{21b} + \check{h}_{22b} r_{bb'}}{1 - \check{h}_{22b} r_{bb'}} \end{aligned}\right\} \tag{11.34}$$

$$\left.\begin{aligned} \check{h}'_{11b} &= \check{h}_{11b} - (\check{h}_{21b} + 1) r_{bb'}, \\ \check{h}'_{12b} &= \frac{\check{h}_{12b} - \check{h}_{22b} r_{bb'}}{1 - \check{h}_{22b} r_{bb'}} \\ \check{h}'_{21b} &= \check{h}_{21b}, \\ \check{h}'_{22b} &= \frac{\check{h}_{22b}}{1 - \check{h}_{22b} r_{bb'}} - (g_{cr} + \mathrm{j}\omega c_{cj}) \end{aligned}\right\} \tag{11.35}$$

Möschwitzer beachtet nur den Einfluß des Basis-Bahnwiderstandes $r_{bb'}$, während Shea auch c_{cj} und g_{cr} berücksichtigt.

Die Umwandlung der in den Datenblättern angegebenen Parameter des äußeren Transistors in die Werte des inneren Transistors wird für die Berechnung der Rauschkennwerte des Transistors (vgl. Abschnitt 11.2.8.2.) benötigt.

11.2.8.2. Rauschkennwerte

Nach [38] gelten bei Benutzung von (11.9) die Formeln:

Rauschkennwerte für ein thermisch rauschendes Netzwerk

$$R_n = \frac{\check{g}_{22}}{|\check{y}_{21}|^2}, \quad G_n = \check{g}_{11} - \frac{\check{g}_{21}^2}{\check{g}_{22}} = G_{\mathrm{Kor}}, \qquad Y_{\mathrm{Kor}} = \check{y}_{11} - \frac{\check{y}_{21}\check{g}_{21}}{\check{g}_{22}} \tag{11.36}$$

Aus [22] können folgende Beziehungen entnommen werden:

Rauschkennwerte für Transistoren

$$\left.\begin{aligned} g_n &= \frac{I_C}{2U_T}\left|\frac{\check{y}'_{11b}}{\check{y}'_{21b}}\right|^2 - \frac{I_E}{2U_T}, \\ R_n &= g_n r_{bb'}^2 + \frac{I_C\left(1 + 2r_{bb'}\,\mathrm{Re}\,(\check{y}'_{11b})\right)}{2U_T\,|\check{y}'_{21b}|^2} \\ R_n Y_{\mathrm{Kor}} &= r_{bb'} g_n + \frac{I_C \check{y}'_{11b}}{2U_T\,|\check{y}'_{21b}|^2} - \frac{1}{2}, \\ G_n &= g_n - R_n\,|Y_{\mathrm{Kor}}|^2 \end{aligned}\right\} \tag{11.37}$$

Hierbei bedeuten:

I_C, I_E: Kollektor- und Emittergleichstrom
$r_{bb'}$: Basis-Bahnwiderstand
$U_T = \frac{k \cdot T}{q} \approx 25$ mV: Temperaturspannung, berechnet aus der BOLTZMANN-Konstante k, der Elektronenladung q und der absoluten Temperatur T
$\check{y}'_{ikb}$: Leitwertparameter des inneren Transistors für die Basisschaltung

Man nennt R_n äquivalenten Rauschwiderstand, G_n und g_n äquivalente Rauschleitwerte und $Y_{\mathrm{Kor}} = G_{\mathrm{Kor}} + \mathrm{j} \cdot B_{\mathrm{Kor}}$ komplexen äquivalenten Rauschkorrelationsleitwert.

In [22] und [23] z. B. sind noch eine Reihe anderer Formeln statt Gln. (11.37) angegeben und außerdem Verfahren genannt, nach denen die Rauschkennwerte des Transistors bzw. die Rauschzahl selbst (vgl. 11.2.8.3.) durch Messung direkt bestimmt werden können. Siehe auch [34].

11.2.8.3. Rauschzahl

Das Rauschen eines Vierpols wird durch die

Rauschzahl $$F = 1 + \frac{G_n + R_n\,|\check{y}_Q + Y_{\mathrm{Kor}}|^2}{\check{G}_Q} \qquad (11.38)$$

gemessen [23] oder mit dem

Rauschmaß $$F/_{\mathrm{dB}} = 10 \lg F \qquad (11.38\,\mathrm{a})$$

in dB angegeben, vgl. Gl. (10.3).
Bei Beachtung von Gln. (11.8) und (1.12) folgt aus (11.38) die Rauschzahl F als Funktion der beiden Teile $\check{G}_Q$, $\check{B}_Q$ des Generatorleitwertes $\check{y}_Q$, für die sich durch Nullsetzen der beiden partiellen Ableitungen ein relatives Minimum ergibt, das gleichzeitig das absolute Rauschminimum darstellt. Die zugehörigen optimalen Generatorleitwertanteile führen zur **Rauschanpassung**, wobei die Bedingung für $\check{B}_Q$ den folgenden Namen führt:

Rauschabstimmung $$\check{B}_{Q\,\mathrm{opt}} + B_{\mathrm{Kor}} = 0 \qquad (11.39)$$

Realteil des optimalen Generatorleitwertes

$$\check{G}_{Q\,\mathrm{opt}R} = \sqrt{\frac{G_n}{R_n} + G_{\mathrm{Kor}}^2} \qquad (11.40)$$

Minimale Rauschzahl

$$\begin{aligned} F_{\min} &= 1 + 2\left[R_n G_{\mathrm{Kor}} + \sqrt{R_n G_n + (R_n G_{\mathrm{Kor}})^2}\right] \\ &= 1 + 2R_n(G_{\mathrm{Kor}} + \check{G}_{Q\,\mathrm{opt}R}) \end{aligned} \qquad (11.41)$$

Es läßt sich zeigen, daß für die Rauschzahl ohne Anpassung die einfache Formel gilt:

Rauschzahl $$F = F_{\min} + \frac{R_n}{\check{G}_Q} |\check{y}_Q - \check{y}_{Q\,\mathrm{opt}\,R}|^2 \qquad (11.42)$$

BEISPIEL 11.5

Vom Transistor ACY 23 [32] sind für $f = 1$ kHz die Vierpolparameter entsprechend Beispiel 11.4 und Lösung der Aufgabe 11.2 sowie der Basisbahnwiderstand $r_{bb'} = 75\,\Omega$ vorgegeben. Gesucht sind die Hybridparameter $\check{h}'_{ikb}$ des inneren Transistors, die Rauschkennwerte sowie der optimale Generatorleitwert und die minimale Rauschzahl des Transistors.

Lösung:

$\check{h}'_{11b} = 28{,}95\,\Omega$; $\check{h}'_{12b} = 45{,}82 \cdot 10^{-5}$; $\check{h}'_{21b} = -0{,}9901$;
$\check{h}'_{22b} = 0{,}396\,\mu\mathrm{S}$; $\Delta\check{\boldsymbol{H}}_{b'} = 46{,}51 \cdot 10^{-5}$.

$\check{y}'_{11b} = 34{,}55$ mS; $\check{y}'_{12b} = -15{,}83\,\mu$S; $\check{y}'_{21b} = -34{,}20$ mS;
$\check{y}'_{22b} = 16{,}07\,\mu$S.

$g_n = 401{,}5\,\mu$S; $R_n = 107{,}94\,\Omega$; $Y_{\mathrm{Kor}} = G_{\mathrm{Kor}} = 1118{,}0\,\mu$S;
$G_n = 266{,}6\,\mu$S.

$\check{B}_{Q\,\mathrm{opt}\,R} = 0$; $\check{G}_{Q\,\mathrm{opt}\,R} = 1928{,}7\,\mu$S; $F_{\min} = 1{,}658 = 2{,}20$ dB.

11.2.9. Zwischenbasisschaltung

Bei der Zwischenbasisschaltung, die in ihrer Wirkung zwischen Basis- und Emitterschaltung liegt und durch einen rauschenden Transistor in Emitterschaltung mit parallel zu dessen Eingang geschaltetem Spannungsteiler erreicht wird, können Rausch- und Leistungsanpassung gleichzeitig erzielt werden. Der Spannungsteiler kann Ohmscher, kapazitiver oder induktiver Art sein. Im Bild 11.16 ist eine Zwischenbasisschaltung mit induktivem Spannungsteiler betrachtet. Im Ersatzschaltbild wird der Spannungsteiler durch einen Reaktanzvierpol II verwirklicht, der aus einem Tπ-Halbglied mit zwei Induktivitäten ohne Kopplung und einem idealen

Übertrager mit dem Übersetzungsverhältnis $\ddot{u} = -1$ (vgl. Lösung der Aufgabe 6.7) besteht. Der Parallelreihenschaltung des Transistors I und des Reaktanz-

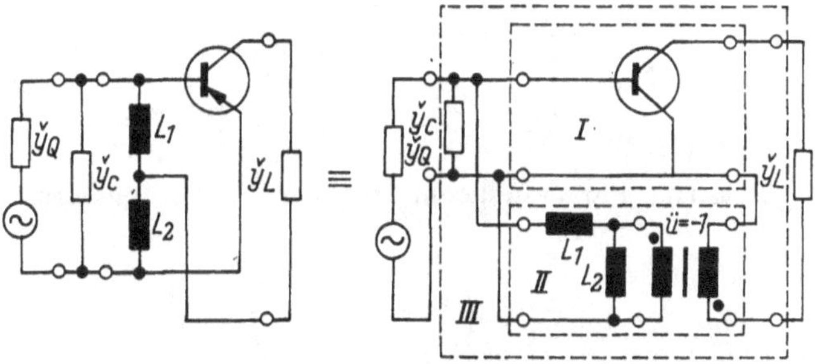

Bild 11.16: Zwischenbasisschaltung eines Transistors mit induktivem Spannungsteiler

vierpols II ist am Eingang noch ein Kreisleitwert $\check{y}_c = \check{G}_c + \mathrm{j} \cdot \check{B}_c$ parallel geschaltet, der den von L_1 und L_2 herrührenden Blindleitwert $-\dfrac{1}{\omega(L_1 + L_2)}$ aufheben soll und daher kapazitiven Charakter haben muß. I, II und $\check{y}_c$ ergeben den Gesamtvierpol III.

Im folgenden wird gesetzt:

Abkürzungen $$L = L_1 + L_2, \quad x = \frac{L_1}{L} \tag{11.43}$$

Aus der Lösung der Aufgabe 6.7 ergibt sich für den idealen Übertrager die Kettenmatrix

$$\boldsymbol{A}_{\ddot{u}} = \begin{pmatrix} -1 & 0 \\ 0 & -1 \end{pmatrix}$$

und aus Tafel 3 für das Halbglied Tπ

$$\boldsymbol{A}_{T\pi} = \begin{pmatrix} \dfrac{1}{1-x} & \mathrm{j}\omega L x \\ -\dfrac{\mathrm{j}}{\omega L(1-x)} & 1 \end{pmatrix}$$

Für den Reaktanzvierpol II findet man die Kettenmatrix $\boldsymbol{A}_{\mathrm{II}}$ aus (5.5) und die zugehörige aktive Parallelreihenmatrix aus Tafel 2 mit Gl. (4.2) zu

$$\check{\boldsymbol{C}}_{\mathrm{II}} = \begin{pmatrix} 1 - x & -\dfrac{\mathrm{j}}{\omega L} \\ \mathrm{j}\omega L x(1 - x) & -(1 - x) \end{pmatrix} \tag{I}$$

Die aktive Parallelreihenmatrix des Transistors I lautet

$$\check{\boldsymbol{C}}_{\mathrm{I}} = \begin{pmatrix} \dfrac{\check{y}_{12e}}{\check{y}_{22e}} & \dfrac{\Delta \check{\boldsymbol{Y}}_e}{\check{y}_{22e}} \\ \dfrac{1}{\check{y}_{22e}} & -\dfrac{\check{y}_{21e}}{\check{y}_{22e}} \end{pmatrix} \tag{II}$$

Der Gesamtvierpol III hat daher bei Beachtung von (4.2), (5.4) und Tafel 2, wenn noch berücksichtigt wird, daß bei der Kettenschaltung eines Querwiderstands der zugehörige Leitwert in der Leitwertmatrix nur bei $\check{y}_{11}$ additiv auftritt, die folgenden

Leitwertparameter des Gesamtvierpols der Zwischenbasisschaltung

$$\left.\begin{aligned} \check{y}_{11} &= \frac{\Delta \check{\boldsymbol{Y}}_e}{\check{y}_{22e}} + \check{y}_c + \frac{1}{\mathrm{j}\omega L} \\ &\quad + \frac{[\check{y}_{12e} + (1 - x)\check{y}_{22e}]\,[\check{y}_{21e} + (1 - x)\check{y}_{22e}]}{\check{y}_{22e}[1 + \mathrm{j}\omega L x(1 - x)\check{y}_{22e}]} \\ \check{y}_{12} &= \frac{\check{y}_{12e} + (1 - x)\check{y}_{22e}}{1 + \mathrm{j}\omega L x(1 - x)\check{y}_{22e}}, \\ \check{y}_{21} &= \frac{\check{y}_{21e} + (1 - x)\check{y}_{22e}}{1 + \mathrm{j}\omega L x(1 - x)\check{y}_{22e}} \\ \check{y}_{22} &= \frac{\check{y}_{22e}}{1 + \mathrm{j}\omega L x(1 - x)\check{y}_{22e}} \end{aligned}\right\} \tag{11.44}$$

Mit den in [38] angegebenen Formeln für die

Gesamtrauschkennwerte eines durch Parallelreihenschaltung von m Vierpolen entstandenen Vierpols

$$\left.\begin{aligned} R_{ng} &= \frac{\sum\limits_{\mu=1}^{m} R_{n\mu}\,|\check{c}_{22\mu}|^2}{\left|\sum\limits_{\mu=1}^{m} \check{c}_{22\mu}\right|^2}, \\ Y_{\mathrm{Kor}\,g} &= \sum_{\mu=1}^{m} \check{c}_{12\mu} \\ &\quad + \frac{\left(\sum\limits_{\mu=1}^{m} \check{c}_{22\mu}\right)\left[\sum\limits_{\mu=1}^{m} R_{n\mu}(Y_{\mathrm{Kor}\,\mu} - \check{c}_{12\mu})\check{c}_{22\mu}^{*}\right]}{\sum\limits_{\mu=1}^{m} R_{n\mu}\,|\check{c}_{22\mu}|^2} \\ G_{ng} &= \sum_{\mu=1}^{m} (G_{n\mu} + R_{n\mu}\,|Y_{\mathrm{Kor}\,\mu} - \check{c}_{12\mu}|^2) \\ &\quad - \frac{\left|\sum\limits_{\mu=1}^{m} R_{n\mu}(Y_{\mathrm{Kor}\,\mu} - \check{c}_{12\mu})\check{c}_{22\mu}^{*}\right|^2}{\sum\limits_{\mu=1}^{m} R_{n\mu}\,|\check{c}_{22\mu}|^2} \end{aligned}\right\} \quad (11.45)$$

erhält man aus (11.36) und (11.37) die Werte R_{ng}, $Y_{\mathrm{Kor}\,g}$, G_{ng}. Bei Anwendung der Formeln (11.36) auf den Reaktanzvierpol II ergeben sich nach Umwandlung von (I) in die Leitwertmatrix die Werte $R_{n\mathrm{II}} = 0$ und $G_{n\mathrm{II}} = 0$ (Zähler $\check{\mathfrak{y}}_{21}^2$ ist von höherer Ordnung Null als Nenner $\check{\mathfrak{y}}_{22}$), während $Y_{\mathrm{Kor\,II}}$ unbestimmt ist, was jedoch ohne Bedeutung ist, da es nicht gebraucht wird. Werden die Rauschkennwerte des Transistors unter Weglassen des Indexes I jetzt mit R_n, G_n, Y_{Kor} bezeichnet, dann findet man also aus (11.45) mit Berücksichtigung des Kreisleitwertes $\check{y}_c$ [38] die

Gesamtrauschkennwerte der Zwischenbasisschaltung

$$\left.\begin{aligned} R_{ng} &= \frac{R_n\,|\check{y}_{21e}|^2}{|\check{y}_{21e} + (1-x)\check{y}_{22e}|^2}, \quad G_{ng} = \check{G}_c + G_n \\ Y_{\mathrm{Kor}\,g} &= \check{y}_c + \frac{1}{\mathrm{j}\omega L} + Y_{\mathrm{Kor}}\left[1 + (1-x)\,\frac{\check{y}_{22e}}{\check{y}_{21e}}\right] \\ &\quad -(1-x)\,\frac{\Delta\check{\mathbf{Y}}_e}{\check{y}_{21e}} \end{aligned}\right\} \tag{11.46}$$

Für die Rauschgrößen im Abschnitt 11.2.8.3. ergeben sich abgeänderte Formeln, indem $B_{\mathrm{Kor}} \to B_{\mathrm{Kor}\,g}$, $G_{\mathrm{Kor}} \to G_{\mathrm{Kor}\,g}$, $R_n \to R_{ng}$, $G_n \to G_{ng}$ beachtet wird.

Wie sich zeigen läßt, gilt folgender

Satz 11:

1. *Für $x = 0$ bzw. $x = 1$ erhält man eine reine Basis- bzw. Emitterschaltung.*
2. *Die maximale Leistungsverstärkung $\check{v}_{pa\,\max}$ nimmt mit wachsendem Wert x $(0 \leqq x \leqq 1)$ des Spannungsteilerverhältnisses zu.*
3. *Die minimale Rauschzahl $F_{\min}$ ist nahezu unabhängig von x, jedoch durch $\check{G}_c$ und $\check{G}_{Q\,\mathrm{opt}\,R}$ beeinflußbar.*
4. *Es ist zumindest im NF-Gebiet meistens möglich, x so zu bestimmen, daß $\check{G}_{Q\,\mathrm{opt}} = \check{G}_{Q\,\mathrm{opt}\,R}$ wird, d. h., daß Leistungs- und Rauschanpassung zusammenfallen.*
5. *Ebenfalls im NF-Gebiet läßt sich x so bestimmen, daß die Zwischenbasisschaltung einen vollneutralisierten Vierpol darstellt $(\check{y}_{12} = 0)$.*

Im NF-Gebiet gilt i. a. $\omega L x(1-x)\,\check{g}_{22e} \ll 1$, $\check{g}_{22e} \ll \check{g}_{21e}$, $|\check{g}_{12e}| \ll \check{g}_{21e}$, so daß für

$$\check{B}_c = \frac{1}{\omega L} \tag{11.47}$$

aus (11.44) und (11.46) wird:

Leitwertparameter der Zwischenbasisschaltung im NF-Gebiet

$$\left.\begin{aligned} \check{y}_{11} &\approx \check{y}_{11e} + \check{G}_c + (1-x)\check{y}_{21e}, \\ \check{y}_{12} &\approx \check{y}_{12e} + (1-x)\check{y}_{22e} \\ \check{y}_{21} &\approx \check{y}_{21e} + (1-x)\check{y}_{22e} \approx \check{y}_{21e}, \quad \check{y}_{22} \approx \check{y}_{22e} \end{aligned}\right\} \tag{11.48}$$

Rauschkennwerte der Zwischenbasisschaltung im NF-Gebiet

$$\begin{aligned} &R_{ng} \approx R_n, \; G_{ng} = \check{G}_c + G_n, \; G_{\mathrm{Kor}\,g} \approx \check{G}_c + G_{\mathrm{Kor}}, \\ &B_{\mathrm{Kor}\,g} = \check{B}_c + B_{\mathrm{Kor}} = 0 \end{aligned} \tag{11.49}$$

Beim Gleichsetzen von $\check{G}_{Q\,\mathrm{opt}\,R}$ aus (11.40) mit $\check{G}_{Q\,\mathrm{opt}\,0}$ aus (11.23) ergibt sich folgendes

Spannungsteilerverhältnis für gleichzeitige Leistungs- und Rauschanpassung im NF-Gebiet

$$x_0 \approx 1 + \frac{1}{\check{y}_{21e}}\left(\check{y}_{11e} + \check{G}_c - \frac{\check{y}_{22e}\check{G}^2_{Q\,\mathrm{opt}\,R}}{\Delta\check{G}_e + \check{G}_c\check{y}_{22e}}\right) \tag{11.50}$$

BEISPIEL 11.6

Mit dem Transistor ACY 23 [32] (Parameter vgl. Beispiel 11.4 und Lösung der Aufgabe 11.2) ist eine Zwischenbasisschaltung für die Frequenz $f = 1$ kHz mit induktivem Spannungsteiler analog Bild 11.16 für $L = 31{,}83$ mH aufzubauen. Der Kreisleitwert sei zu $\check{G}_c = 0$ und entsprechend (11.47) vorgegeben. Es sind zwei Fälle zu berechnen:

1. Rausch- und Leistungsanpassung fallen zusammen.
2. Die Leistungsanpassung ist maximal, die Rauschzahl nicht minimal.

Lösung:

Bei Verwendung der Ergebnisse von Beispiel 11.5 erhält man:

$\check{B}_c = 5$ mS; $R_{ng} = 108\,\Omega$; $G_{ng} = 267\,\mu$S; $G_{\mathrm{Kor}\,g} = 1118\,\mu$S; $B_{\mathrm{Kor}\,g} = 0$.

$\check{B}_{Q\,\mathrm{opt}\,R} = 0$; $\check{G}_{Q\,\mathrm{opt}\,R} = 1929\,\mu$S; $F_{\min} = 1{,}658 = 2{,}20$ dB; $x_0 = 0{,}87$.

Mit den aus (11.48) berechneten Leitwertparametern der Zwischenbasisschaltung ergibt sich aus (11.23) und (11.24):

$x \rightarrow$ Größe ↓	0	0,5	0,87	1
$\check{G}_{Q\,\text{opt}\,0}$ [µS]	5190	3688	1932	516
$\check{G}_{L\,\text{opt}\,0}$ [µS]	2,6	3,6	6,9	25,8
$\check{v}_{pa\,\max 0}$	1488 = 31,7 dB	2649 = 34,2 dB	7145 = 38,5 dB	30777 = 44,9 dB

Die Lösung von Fall 1. ist in der Tafel in der Spalte $x = 0{,}87$ angegeben. Für $x = 0{,}87$ ergibt sich aus Gl. (11.43): $L_1 = 27{,}69$ mH, $L_2 = 4{,}14$ mH.

Für Fall 2. findet man die Lösung in der Spalte $x = 1$ mit der aus (11.42) folgenden Rauschzahl $F = 2{,}075 = 3{,}17$ dB [1]).

AUFGABEN

11.1 Es ist das Ersatzschaltbild der Kollektorschaltung aus der Emitterschaltung zu entwerfen und der in Tafel 10 dargestellte Zusammenhang zwischen Emitter- und Kollektorleitwertparametern zu beweisen.

11.2 Vom Transistor ACY 23 [32] wurden folgende Vierpolparameter experimentell bestimmt:

$\check{y}_{11b} = 33{,}68310$ mS; $\check{y}_{11e} = 0{,}33333$ mS; $\check{y}_{22e} = 16{,}667$ µS; $\check{h}_{22b} = 0{,}396$ µS. Wie lauten alle restlichen Parameter $\check{y}_{ikb}$, $\check{y}_{ike}$, $\check{h}_{ikb}$, $\check{h}_{ike}$?

11.3 Für einen mit dem Querwiderstand R gegengekoppelten Transistorverstärker in Emitterschaltung ist die aktive Hybridmatrix zu bestimmen (Bild 11.17).

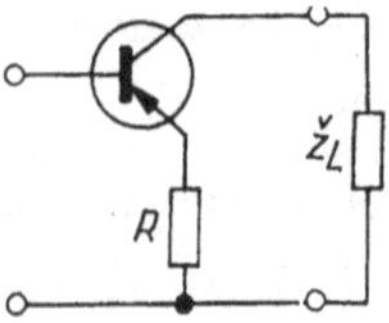

Bild 11.17: Gegengekoppelter Transistorverstärker

[1]) Man beachte die Bemerkung auf Seite 225.

11.4 Die Transistoren SF 137 (Parameter vgl. Beispiel 11.2) und SF 215, Leitwertparameter $\check{y}_{11e} = (6{,}6 + \mathrm{j} \cdot 7{,}3)$ mS; $\check{y}_{12e} = -(0{,}3 + \mathrm{j} \cdot 1{,}75)$ mS; $\check{y}_{21e} = (23{,}5 - \mathrm{j} \cdot 40)$ mS; $\check{y}_{22e} = (1{,}72 + \mathrm{j} \cdot 2{,}74)$ mS, sind für die Emitterschaltung bei Betrieb im HF-Gebiet (50 MHz) auf Stabilität zu untersuchen. Gesucht sind ferner die maximalen Leistungsverstärkungen $\check{v}_{pa\,\max}$ und $\check{v}_{pa\,\max un}$ sowie die optimalen Abschlußleitwerte.

11.5 Der in Aufgabe 11.4 als instabil erkannte Transistorvierpol soll entsprechend Bild 11.15 $\boldsymbol{Y}$-neutralisiert werden.

LÖSUNGEN

4.1 vgl. Tafel 2

4.2 vgl. Tafel 2

5.1 $$\boldsymbol{A} = \begin{pmatrix} 1 & \dfrac{\mathrm{j}RX_L}{R + \mathrm{j}X_L} \\ 0 & 1 \end{pmatrix}$$

5.2 $$\boldsymbol{A} = \frac{1}{r_2' r_2''} \times \begin{pmatrix} r_1'(r_1'' + r_2'' + r_2') + r_2'(r_1'' + r_2'') & r_2''[r_1''(r_1' + r_2') + r_1' r_2'] \\ r_1'' + r_2'' + r_2' & r_1'' r_2'' + r_2' r_2'' \end{pmatrix}$$

5.3 $$\boldsymbol{A} = \lim_{r_2'' \to \infty} \begin{pmatrix} \dfrac{r_1'(r_1'' + r_2')}{r_2' r_2''} + \dfrac{r_1'}{r_2'} + \dfrac{r_1''}{r_2''} + 1 & \dfrac{r_1''(r_1' + r_2') + r_1' r_2'}{r_2'} \\ \dfrac{r_1'' + r_2'}{r_2' r_2''} + \dfrac{1}{r_2'} & \dfrac{r_1''}{r_2'} + 1 \end{pmatrix}$$

Hieraus folgt durch Grenzübergang und Umbenennung $r_1' \to r_1$, $r_2' \to r_2$, $r_1'' \to r_3$ die Gl. (6.6).

5.4 $$\boldsymbol{Z} = \begin{pmatrix} r_1 & -2r_1 \\ 2r_1 & -(4r_1 + r_2) \end{pmatrix}$$

6.1 $$\boldsymbol{Z} = \begin{pmatrix} R_1 + \mathrm{j}(X_L + X_C) & -\mathrm{j}(X_L + X_C) \\ \mathrm{j}(X_L + X_C) & -[R_2 + \mathrm{j}(X_L + X_C)] \end{pmatrix}$$

6.2 $$\boldsymbol{Y} = \begin{pmatrix} \frac{1}{R} - \frac{j(X_{L1} + X_C)}{X_{L1}X_C} & -\frac{1}{R} + \frac{j}{X_C} \\ \frac{1}{R} - \frac{j}{X_C} & -\frac{1}{R} + \frac{j(X_C + X_{L2})}{X_C X_{L2}} \end{pmatrix}$$

6.3 $$\boldsymbol{Z} = \begin{pmatrix} r_1 + r_3 + r_4 & -r_3 \\ r_3 & -(r_2 + r_3 + r_5) \end{pmatrix}$$

6.4 $$\boldsymbol{A} = \begin{pmatrix} \frac{r_1 + r_3 + r_4}{r_4} & r_1 + r_3 \\ \frac{r_1 + r_2 + r_3 + r_4}{r_2 r_4} & \frac{r_1 + r_2 + r_3}{r_2} \end{pmatrix}$$

6.5 Integrierglied: $\boldsymbol{Z} = \begin{pmatrix} R + jX_C & -jX_C \\ jX_C & -jX_C \end{pmatrix}$

Differenzierglied: $\boldsymbol{Z} = \begin{pmatrix} jX_C + R & -R \\ R & -R \end{pmatrix}$

6.6

Schaltung	$\Delta \boldsymbol{Z}$	$\Delta \boldsymbol{Y}$	$\Delta \boldsymbol{D}$	$\Delta \boldsymbol{C}$	$\Delta \boldsymbol{A}$
Querwiderstand	0	ex. nicht	1	1	1
Längswiderstand	ex. nicht	0	1	1	1
Kreuzverbindung	ex. nicht	ex. nicht	1	1	1
Halbglied Tπ	$-r_1 r_2$	$-\frac{1}{r_1 r_2}$	$\frac{r_1 + r_2}{r_2}$	$\frac{r_2}{r_1 + r_2}$	1
Halbglied πT	$-r_1 r_2$	$-\frac{1}{r_1 r_2}$	$\frac{r_2}{r_1 + r_2}$	$\frac{r_1 + r_2}{r_2}$	1

Schaltung	$\Delta \boldsymbol{Z}$	$\Delta \boldsymbol{Y}$	$\Delta \boldsymbol{D}$	$\Delta \boldsymbol{C}$	$\Delta \boldsymbol{A}$
T-Schaltung	$-[P_1]$	$-\dfrac{1}{[P_1]}$	$\dfrac{r_1 + r_2}{r_2 + r_3}$	$\dfrac{r_2 + r_3}{r_1 + r_2}$	1
π-Schaltung	$-r_1 r_2 r_3/[R_1]$	$-[R_1]/r_1 r_2 r_3$	K_1/K_2	K_2/K_1	1
U-Schaltung	$-r_1 r_2$	$-1/r_1 r_2$	r_1/r_2	r_2/r_1	ex. nicht
X-Schaltung	$-[P_3]/[R_2]$	$-[R_2]/[P_3]$	K_3/K_4	K_4/K_3	1
Lufttrans-formator	$-S$	$-\dfrac{1}{S}$	$\dfrac{r_1'}{r_2'}$	$\dfrac{r_2'}{r_1'}$	1

6.7 Gleich- bzw. gegensinnige Kopplung: oberes bzw. unteres Vorzeichen.
Kettengleichungen für den Transformator:

$$u_1 = \mp \frac{w_1}{w_2} u_2; \qquad i_1 = \mp \frac{1}{j\omega w_1 w_2 \Lambda} u_2 \mp \frac{w_2}{w_1} i_2$$

Idealer Übertrager ($\Lambda \to \infty$):

$$u_1 = \ddot{u} \cdot u_2, \quad i_1 = \frac{1}{\ddot{u}} \cdot i_2 \quad \text{mit} \quad \ddot{u} = \mp \frac{w_1}{w_2} = \mp \frac{1}{n}$$

Kettenmatrix: $$\boldsymbol{A} = \begin{pmatrix} \mp \dfrac{1}{n} & 0 \\ 0 & \mp n \end{pmatrix}$$

Mit (1.63): $$\frac{u_1}{u_2} = \frac{1}{n} e^{j\left(\frac{\pi}{2} \pm \frac{\pi}{2}\right)}, \quad \frac{i_1}{i_2} = n e^{j\left(\frac{\pi}{2} \pm \frac{\pi}{2}\right)}$$

Bei Spannungen und Strömen beträgt der Phasenunterschied $\pi = 180°$ für gleichsinnige Kopplung und 0° für gegensinnige Kopplung. Gleicher Wicklungssinn: $\ddot{u} < 0$; entgegengesetzter Wicklungssinn: $\ddot{u} > 0$.

8.1 $\boldsymbol{Z}$ wie in Lösung von Aufgabe 6.3

8.2 $\boldsymbol{A}$ wie in Lösung von Aufgabe 6.4

8.3 (7.3): $z_{en} = \frac{a_{11}z_L + a_{12}}{a_{21}z_L + a_{22}}$; $z_{ei} = \frac{a_{11}z_{ei+1} + a_{12}}{a_{21}z_{ei+1} + a_{22}}$

$(i = n - 1, \ldots, 1)$

(7.4): $z_{a1} = \frac{a_{22}z_Q + a_{12}}{a_{21}z_Q + a_{11}}$; $z_{ai} = \frac{a_{22}z_{ai-1} + a_{12}}{a_{21}z_{ai-1} + a_{11}}$

$(i = 2, \ldots, n)$

i	1	2	3	4	5	6	7	8	9	10
z_{ei} [Ω]	2000	2000	1999	1999	1997	1993	1982	1950	1836	1571
z_{ai} [Ω]	1400	1568	1632	1654	1662	1665	1666	1666	1667	1667

Die Ein- bzw. Ausgangswiderstände benachbarter Vierpole unterscheiden sich mit ab- bzw. zunehmendem Index i (d. h. zum Ein- bzw. Ausgang hin) immer weniger voneinander und nähern sich, wie das Beispiel deutlich zeigt, einem Grenzwert des Ein- bzw. Ausgangswiderstandes, der aus

$$z_{Ke} = \frac{a_{11}z_{Ke} + a_{12}}{a_{21}z_{Ke} + a_{22}} \quad \text{bzw.} \quad z_{Ka} = \frac{a_{22}z_{Ka} + a_{12}}{a_{21}z_{Ka} + a_{11}}$$

folgt:

Eingangs-Kettenwiderstand:

$$z_{Ke} = \frac{1}{2a_{21}} \left[a_{11} - a_{22} + \sqrt{(a_{11} - a_{22})^2 + 4a_{12}a_{21}}\right] = 2000\,\Omega$$

Ausgangs-Kettenwiderstand:

$$z_{Ka} = \frac{1}{2a_{21}} \left[a_{22} - a_{11} + \sqrt{(a_{11} - a_{22})^2 + 4a_{12}a_{21}}\right] = 1667\,\Omega$$

8.4 Nach (I) und (II) aus 8.4 folgt mit Tafel 2

$$\boldsymbol{A}' = \begin{pmatrix} \frac{z_{22}}{z_{12}} & \frac{\Delta \boldsymbol{Z}}{z_{12}} \\ -\frac{1}{z_{12}} & -\frac{z_{11}}{z_{12}} \end{pmatrix}$$

Gl. (8.9) ergibt mit Tafel 2: $A' = \frac{1}{\Delta A}\begin{pmatrix} a_{22} & a_{12} \\ a_{21} & a_{11} \end{pmatrix}$

8.5 (7.3):

$$z_{ci} = \frac{a_{22}z_{ei+1} + a_{12}}{a_{21}z_{ci+1} + a_{11}} \text{ für } \begin{cases} \text{1. Vierpol vorwärts und } i \text{ gerade} \\ \text{1. Vierp. rückwärts und } i \text{ ungerade} \end{cases}$$

$$z_{ei} = \frac{a_{11}z_{ci+1} + a_{12}}{a_{21}z_{ei+1} + a_{22}} \text{ für } \begin{cases} \text{1. Vierp. vorwärts und } i \text{ ungerade} \\ \text{1. Vierp. rückwärts und } i \text{ gerade} \end{cases}$$

($i = n, \ldots, 1$) Für $i = n$ ist $z_{en+1} = z_L$ zu setzen.

(7.4):

$$z_{ai} = \frac{a_{11}z_{ai-1} + a_{12}}{a_{21}z_{ai-1} + a_{22}} \text{ für } \begin{cases} \text{1. Vierp. vorwärts und } i \text{ gerade} \\ \text{1. Vierp. rückwärts und } i \text{ ungerade} \end{cases}$$

$$z_{ai} = \frac{a_{22}z_{ai-1} + a_{12}}{a_{21}z_{ai-1} + a_{11}} \text{ für } \begin{cases} \text{1. Vierp. vorwärts und } i \text{ ungerade} \\ \text{1. Vierp. rückwärts und } i \text{ gerade} \end{cases}$$

($i = 1, \ldots, n$) Für $i = 1$ ist $z_{ai-1} = z_Q$ zu setzen.

	i	1	2	3	4
1. Vierp. vorw.	z_{ei} [Ω]	1907	1748	1907	1747
	z_{ai} [Ω]	1606	1851	1730	1900
1. Vierp. rückw.	z_{ei} [Ω]	1748	1907	1748	1906
	z_{ai} [Ω]	1806	1715	1894	1744

	5	6	7	8	9	10
1. Vierp. vorw.	1904	1742	1888	1700	1763	1400
	1746	1906	1748	1907	1748	1907
1. Vierp. rückw.	1746	1901	1733	1861	1632	1571
	1905	1747	1907	1748	1907	1748

Die Ein- bzw. Ausgangswiderstände jeweils mit ungeradem oder geradem Index i unterscheiden sich mit ab- bzw. zunehmendem Index i (d. h. zum Ein- bzw. Ausgang hin) immer weniger voneinander und nähern sich, aus dem Beispiel gut erkennbar, zwei Grenzwerten, die sich aus der Auflösung des Gleichungssystems

$$z_{We} = \frac{a_{11} z_{Wa} + a_{12}}{a_{21} z_{Wa} + a_{11}}, \qquad z_{Wa} = \frac{a_{22} z_{We} + a_{12}}{a_{21} z_{We} + a_{11}}$$

ergeben:

Eingangs-Wellenwiderstand: $z_{We} = \sqrt{\dfrac{a_{11} a_{12}}{a_{21} a_{22}}} = 1907\,\Omega$ [vgl. (9.14)]

Ausgangs-Wellenwiderstand: $z_{Wa} = \sqrt{\dfrac{a_{22} a_{12}}{a_{21} a_{11}}} = 1748\,\Omega$ [vgl. (9.15)]

Für kern- und widerstandsgleiche [vgl. (8.1) und (8.2)], also symmetrische Vierpole gilt $z_{Ke} = z_{Ka} = z_{We} = z_{Wa} = z_W$ [vgl. (9.56)].

9.1 Aus (9.77) folgt $r_1 \to \mathrm{j}\omega \frac{1}{n} L$, $r_2 \to r_2$, $r_3 \to \mathrm{j}\omega \frac{n-1}{n} L$, $r_4 \to r_1$:

$$\boldsymbol{Y} = \frac{1}{d} \begin{pmatrix} a & -b \\ b & -c \end{pmatrix} \text{ mit}$$

$$a = r_1 r_2 - \frac{n-1}{n^2} \omega^2 L^2 + \mathrm{j}\omega L \left(\frac{n-1}{n} r_1 + r_2\right);$$

$$b = r_1 r_2 - \frac{n-1}{n^2} \omega^2 L^2 + \mathrm{j}\omega L r_2;$$

$$c = r_1 r_2 - \frac{n-1}{n^2} \omega^2 L^2 + \mathrm{j}\omega L \left(\frac{1}{n} r_1 + r_2\right);$$

$$d = r_1 L \left(-\frac{n-1}{n^2} \omega^2 L + \mathrm{j}\omega r_2\right)$$

9.2 Beliebig vorgegebene z_{1l}, z_{1k} erfüllen die Bedingung der Kerngleichheit $\Delta A = 1$, desgleichen beliebige z_{2l}, z_{2k}. Dies folgt aus (9.12). Damit alle vier Größen z_{1l}, z_{1k}, z_{2l}, z_{2k}

tatsächlich einen passiven Vierpol beschreiben, muß $z_{1k}/z_{1l} = z_{2k}/z_{2l}$ erfüllt sein. Letzteres ergibt sich unmittelbar aus (9.30), aber auch z. B. aus (9.12).

9.3 $g_1 = 0{,}882 + \mathrm{j} \cdot 2{,}526$; $a_{1,2} = 0{,}882$; $b_1 = 2{,}526 \approx 144{,}7°$
$g_2 = 0{,}882 + \mathrm{j} \cdot 5{,}668$; $b_2 = 5{,}668 \approx 324{,}7°$

$$z_{We} = 21{,}215\,\Omega - \mathrm{j} \cdot 7{,}070\,\Omega;\quad z_{Wa} = 84{,}85\,\Omega - \mathrm{j} \cdot 28{,}28\,\Omega;\quad \frac{P_{We}}{P_{Wa}} = \mathrm{e}^{2a} = e^{1{,}764} = 5{,}836$$

9.4 $z_{We} = 624\,\Omega = z_Q = z_e$; $z_{Wa} = 156\,\Omega = z_L = z_a$;
$g = a = 1{,}609$
$v_u = 0{,}1$.
T-Ersatzvierpol: $r_1 = 546\,\Omega$, $r_2 = 130\,\Omega$, $r_3 = 39\,\Omega$.
π-Ersatzvierpol: $r_1' = 2496\,\Omega$, $r_2' = 748{,}8\,\Omega$; $r_3' = 178{,}3\Omega$.

9.5 T-Ersatzvierpol nach (9.3): $r_1 = 43{,}25\,\Omega + \mathrm{j} \cdot 5{,}25\,\Omega$,
$r_2 = -17{,}5\,\Omega - \mathrm{j} \cdot 6{,}25\,\Omega$, $r_3 = 41{,}75\,\Omega + \mathrm{j} \cdot 5{,}25\,\Omega$.

Der T-Ersatzvierpol ist wegen $\mathrm{Re}(r_2) < 0$ nicht realisierbar. X-Ersatzvierpol nach (9.7): $r_1 = 50\,\Omega + \mathrm{j} \cdot 15\,\Omega$ frei gewählt.

$r_2 = 10\,\Omega - \mathrm{j} \cdot 10\,\Omega$, $r_3 = 35\,\Omega$, $r_4 = 5\,\Omega - \mathrm{j} \cdot 5\,\Omega$.

9.6 Aus (7.3) und (7.4) ergeben sich durch Grenzübergang für $z_L \to \infty$ bzw. $z_L \to 0$ die Formeln des Abschnitts 9.2.

9.7 Tafel 1a: $a_{11} = a_{22} = 2{,}2$. Da (8.13) erfüllt ist, liegt ein symmetrischer Vierpol vor. (9.52): $a_{21} = 0{,}002\,\mathrm{S}$; (8.11):

$a_{12} = 1920\,\Omega$. Tafel 2 und (8.10), (8.12): $z_{11} = -z_{22} = z = 1100\,\Omega$, $z_{21} = -z_{12} = {}^{K}z = 500\,\Omega$.
T-Ersatzvierpol: $r_1 = 600\,\Omega$, $r_2 = 500\,\Omega$.
π-Ersatzvierpol: $r_1' = 1600\,\Omega$, $r_2' = 1920\,\Omega$.
X-Ersatzvierpol: $r_1'' = 600\,\Omega$, $r_2'' = 1600\,\Omega$.
$z_W = 979{,}8\,\Omega$; $g = a = 1{,}425$

9.8 $y_{11} = 4{,}32\ \mathrm{mS} + \mathrm{j} \cdot 0{,}81\ \mathrm{mS}$; $y_{12} = -0{,}306\ \mathrm{mS} - \mathrm{j} \cdot 0{,}0765\ \mathrm{mS}$; $y_{21} = 0{,}306\ \mathrm{mS} + \mathrm{j} \cdot 0{,}0765\ \mathrm{mS}$;
$y_{22} = -4{,}96\ \mathrm{mS} - \mathrm{j} \cdot 1{,}87\ \mathrm{mS}$.

9.9 $z_{11} = 285{,}1\,\Omega - \mathrm{j} \cdot 116{,}2\,\Omega$; $z_{12} = 24\,\Omega - \mathrm{j} \cdot 52{,}8\,\Omega$;
$z_{21} = -24\,\Omega + \mathrm{j} \cdot 52{,}8\,\Omega$; $z_{22} = -217{,}9\,\Omega + \mathrm{j} \cdot 133{,}4\,\Omega$.

9.10 $a_{11} = \frac{25}{9}$; $a_{12} = 1600\,\Omega$; $a_{21} = 1{,}111$ mS; $a_{22} = 1$.

$z_{We} = 2000\,\Omega$; $z_{Wa} = 720\,\Omega$; $z_e = 1993{,}7\,\Omega$; $z_a = 715{,}9\,\Omega$.

$g_u = 1{,}60944$; $g_i = 0{,}58778$; $g = 1{,}09861 = a$.

$\frac{1}{v_u} = 5{,}06349$; $\frac{1}{v_i} = 1{,}77778$; $\varrho_1 = +0{,}02406$;

$\varrho_2 = +0{,}01123$.

$u_1 = 3{,}072$ V; $u_2 = 0{,}607$ V; $i_1 = 1{,}541$ mA; $i_2 = 0{,}867$mA.

$a_{StQ} = 0{,}00033$; $a_{StL} = 0{,}00010$; $a_W = a_B = 1{,}09901$.

10.1 $\tanh\frac{g}{2} = \frac{R_1 + R_2}{z_W} \cdot R_1 + R_2 = z_W \tanh\frac{a}{2}$, $R_3 = \frac{z_W}{\sinh a}$.
Einer der beiden Widerstände R_1, R_2 ist frei wählbar. Möglich wäre z. B. $R_1 = R_2 = \frac{z_W}{2}\tanh\frac{a}{2}$.

10.2 T-Schaltung aus (10.6): $R_1 = 848\,\Omega$, $R_2 = 174\,\Omega$.
H-Schaltung aus Ergebnis der Aufgabe 10.1: $R_1 + R_2 = 848\,\Omega$, $R_3 = 174\,\Omega$ oder: $R_1 = R_2 = 424\,\Omega$, $R_3 = 174\,\Omega$.

10.3 Aus Tafel 4 und Gln. (8.10), (10.8), (10.9) sowie (10.12) bis (10.15) und mit $\Omega = \frac{\omega}{\omega_g}$ (Tiefpaß), $\Omega = -\frac{\omega_g}{\omega}$ (Hochpaß) folgen für Tief- und Hochpaß gleichermaßen:

T-Schaltung:

$$\mathrm{Im}\,(z_e) = \frac{z_N\left(\Omega - \frac{1}{2\Omega}\right)(\Omega^2 + p^2 - 1)}{\left(\Omega - \frac{1}{2\Omega}\right)^2 + p^2}$$

π-Schaltung:

$$\mathrm{Im}\,(z_e) = -\frac{2z_N\left(2 - \frac{1}{\Omega^2}\right)\left[\frac{1}{\Omega} + \frac{1}{p^2}\left(\Omega - \frac{1}{\Omega}\right)\right]}{\left(2 - \frac{1}{\Omega^2}\right)^2 + \frac{4}{p^2}\left(\Omega - \frac{1}{\Omega}\right)^2}$$

Hieraus wegen (9.13):

Tiefpaß-Sperrbereich:

$$1 \leqq \Omega < +\infty \begin{cases} \text{T-Schaltung:} & \mathrm{Im}(z_e) > 0,\ z_W \text{ induktiv} \\ \pi\text{-Schaltung:} & \mathrm{Im}(z_e) < 0,\ z_W \text{ kapazitiv} \end{cases}$$

Hochpaß-Sperrbereich:

$$-\infty < \Omega \leqq -1 \begin{cases} \text{T-Schaltung:} & \mathrm{Im}(z_e) < 0,\ z_W \text{ kapazitiv} \\ \pi\text{-Schaltung:} & \mathrm{Im}(z_e) > 0,\ z_W \text{ induktiv} \end{cases}$$

Es läßt sich nachweisen, daß die Formeln für alle vier Typen der Siebschaltungen übereinstimmen.

10.4 $z_N = 400\,\Omega$; $\omega_g = 3680$ Hz; $L = 108{,}7$ mH; $C = 679{,}3$ nF.

10.5 $z_N = 800\,\Omega$; $\omega_u = 2200$ Hz; $\omega_o = 7000$ Hz; $\omega_m = 3924$ Hz; $B = 1{,}2232$; $L_1 = 166{,}7$ mH; $L_2 = 249{,}4$ mH; $C_1 = 389{,}7$ nF; $C_2 = 260{,}4$ nF.

10.6 $z_N = 800\,\Omega$; $\omega_u = 2540$ Hz; $\omega_o = 2940$ Hz; $\omega_m = 2733$ Hz; $B = 0{,}14636$; $L_1 = 42{,}8$ mH; $L_2 = 2000$ mH; $C_1 = 3125$ nF; $C_2 = 66{,}9$ nF.

10.7 π-Schaltung: $z_N = 640\,\Omega$; $\omega_g = 6283$ Hz; $\Omega_\infty = 1{,}1$; $\omega_\infty = 6911$ Hz; $m = 0{,}4166$; $L = 101{,}9$ mH; $C = 248{,}7$ nF.

10.8 $\omega_u = 2290$ Hz; $\omega_o = 3840$ Hz; $\omega_m = 2965$ Hz; $B = 0{,}52277$; $\Omega_\infty = \pm 1{,}3$; $\omega_{o\infty} - \omega_{u\infty} = 2015$ Hz. Hieraus mit (10.46): $\omega_{u\infty}^2 + 2015\,\omega_{u\infty} - 8791225 = 0$. $\omega_{u\infty} = 2124$ Hz; $\omega_{o\infty} = 4139$ Hz; $m = 0{,}63897$

T-Schaltung:

$z_N = 1250\,\Omega$; $L_1 = 806{,}4$ mH; $L_2 = 220{,}4$ mH; $C_1 = 141{,}1$ nF; $C_2 = 516{,}1$ nF.

π-Schaltung:

$z_N = 800\,\Omega$; $L_1 = 516{,}1$ mH; $L_2 = 141{,}1$ mH; $C_1 = 220{,}4$ nF $C_2 = 806{,}4$ nF.

10.9 Analog zu Aufgabe 10.8: $\Omega_\infty = \pm 1{,}2$; $\omega_{u\infty} = 4061$ Hz; $\omega_{o\infty} = 5661$ Hz; $m = 0{,}55278$

T-Schaltung:

$z_N = 1250\,\Omega$; $L_1 = 104{,}4$ mH; $L_2 = 651{,}0$ mH; $C_1 = 416{,}7$ nF; $C_2 = 66{,}8$ nF.

π-Schaltung: $z_N = 800\,\Omega$; $L_1 = 66{,}8$ mH; $L_2 = 416{,}7$mH; $C_1 = 651{,}0$ nF; $C_2 = 104{,}4$ nF.

10.10 I) Mit Abschluß

a) Integrierglied (Tiefpaß)

(6.4): $a_{11} = 1 + j\omega RC$; $a_{12} = R$; $a_{21} = j\omega C$; $a_{22} = 1$

(9.29): $\sinh g = \sqrt{j\omega RC} = \pm \frac{1}{2}\sqrt{2}\sqrt{\omega RC}\,(1 + j)$

$\cosh^2 a - 1 + \sin^2 b = \omega RC$

Durchlaßbereich: $a = 0$; $b = \operatorname{arc\,sin} \sqrt{\omega RC}$ mit $\omega \leqq \frac{1}{RC}$

Sperrbereich: $a = \operatorname{ar\,cosh} \sqrt{\omega RC}$ mit $\omega \geqq \frac{1}{RC}$; $b = + \frac{\pi}{2}$

Grenzfrequenz: $\omega_g = \frac{1}{RC} = 4000$ Hz, $f_g = 636{,}6$ Hz.

b) Differenzierglied (Hochpaß)

Sperrbereich: $a = \operatorname{ar\,cosh} \frac{1}{\sqrt{\omega RC}}$ mit $\omega \leqq \frac{1}{RC}$; $b = -\frac{\pi}{2}$

Durchlaßbereich: $a = 0$; $b = \operatorname{arc\,sin}\left(-\frac{1}{\sqrt{\omega RC}}\right)$ mit $\omega \geqq \frac{1}{RC}$

Grenzfrequenz: $\omega_g = \frac{1}{RC} = 4000$ Hz

II) Ohne Abschluß

a) Integrierglied

Tafel 1a: $\left.\frac{u_1}{u_2}\right|_{i_2=0} = \frac{1}{v_{ul}} = a_{11} = 1 + j\omega RC = e^g = e^a \cdot e^{jb}$;

$a = \ln |a_{11}| = \ln \sqrt{1 + \omega^2 R^2 C^2}$; $b = \operatorname{arc\,tan} \omega RC$ [vgl. (1.12) und (1.15)]. Als Grenzfrequenz ist diejenige Frequenz definiert, für die $a = \ln \sqrt{2}$. Somit: $\omega_g = \frac{1}{RC} = 4000$ Hz.

b) Differenzierglied

$$a_{11} = 1 - \frac{j}{\omega RC} = e^g;\ a = \ln\sqrt{1 + \frac{1}{\omega^2 R^2 C^2}};$$

$$b = \arc\tan\left(-\frac{1}{\omega RC}\right);\ \omega_g = \frac{1}{RC} = 4000\ \text{Hz}.$$

Verlauf von a und b siehe Bild L. 1.

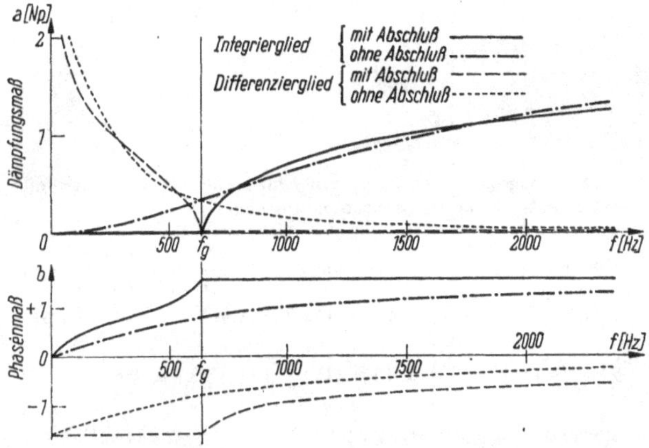

Bild L. 1: Dämpfungsmaß a und Phasenmaß b für Integrierglied (Tiefpaß) und Differenzierglied (Hochpaß)

10.11 Analog zur Lösung von Aufgabe 10.10/II): Mit $\omega_r = \frac{1}{RC}$ und $\Omega = \frac{\omega}{\omega_r}$ wird:

$$a = \ln\sqrt{1 + \frac{16\Omega^2}{(1-\Omega^2)^2}};\quad b = \arc\tan\frac{4\Omega}{1-\Omega^2}.$$ Bild L. 2 zeigt Verlauf von a und b.

10.12 Tafel 7: $\cosh g = \frac{X_2 + X_1}{X_2 - X_1} = \frac{1+\vartheta^2}{1-\vartheta^2}$, $z_W = \sqrt{-X_1 X_2}$ mit Abkürzung $\vartheta = \sqrt{\frac{X_1}{X_2}}$

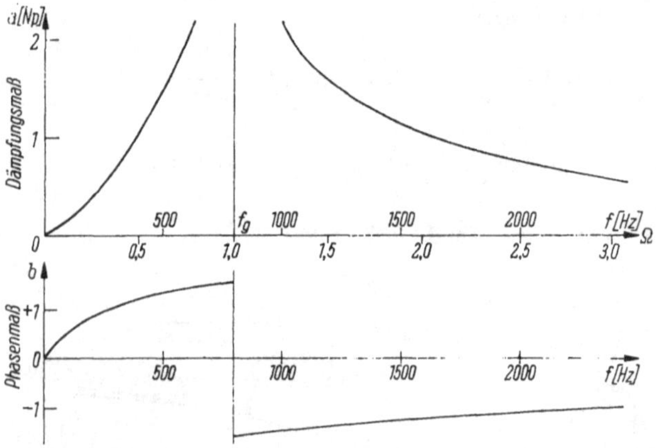

Bild L. 2: Dämpfungsmaß a und Phasenmaß b für die als RC-Glied ausgeführte Doppel-T-Brücke bei Leerlauf am Ausgang

Durchlaßbereich: $a = 0$; $\cos b = \dfrac{1 + \vartheta^2}{1 - \vartheta^2}$ mit $\dfrac{1 + \vartheta^2}{1 - \vartheta^2} \leqq 1$, also $\vartheta^2 \leqq 0$ und X_1 und X_2 verschiedene Vorzeichen. Daher:

$$\vartheta = \sqrt{-1}\sqrt{-\frac{X_1}{X_2}} = \mathrm{j}\,|\vartheta|. \text{ Wegen (1.45): } b = 2 \operatorname{arc\,tan} |\vartheta|.$$

Sperrbereich: $b = 0$; wegen (1.58): $a = 2 \operatorname{ar\,tanh} \vartheta$ mit $0 \leqq \vartheta^2 < 1$. X_1 und X_2 gleiche Vorzeichen.

$b = \pi$; $a = 2 \operatorname{ar\,tanh} \dfrac{1}{\vartheta}$ mit $\vartheta^2 > 1$. X_1 und X_2 gleiche Vorzeichen.

Grenzfrequenzen:

$$\frac{1 + \vartheta^2}{1 - \vartheta^2} = +1 \quad \text{für } \vartheta^2 = 0\text{:} \quad X_1 = 0, \quad \text{d. h. } \omega_1 = \frac{1}{\sqrt{L_1 C_1}}$$
$$= 2000 \text{ Hz} = \omega_u.$$

$$\frac{1 + \vartheta^2}{1 - \vartheta^2} \to -1 \quad \text{für } \vartheta^2 \to \infty\text{:} \quad X_2 = 0, \quad \text{d. h. } \omega_2 = \frac{1}{\sqrt{L_2 C_2}}$$
$$= 4000 \text{ Hz} = \omega_o.$$

Verlauf von Dämpfungs- und Phasenmaß vgl. Bild L. 3. Der Wellenwiderstand ist im Durchlaßbereich reell und in den Sperrbereichen ein Blindwiderstand.

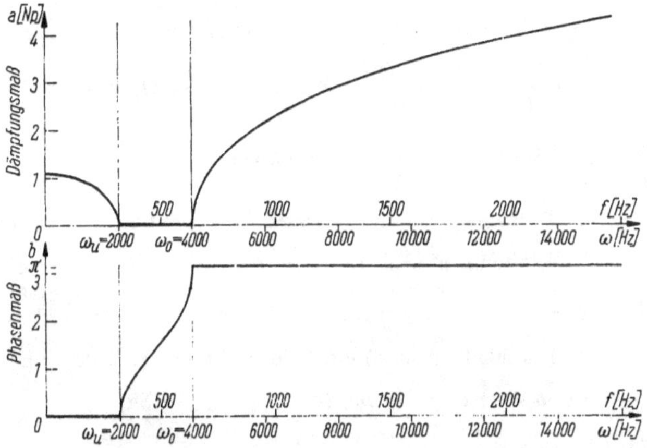

Bild L. 3: Dämpfungsmaß a und Phasenmaß b für die als Bandpaß wirkende symmetrische X-Schaltung von Bild 10.33

10.13 Die Schaltung im Bild 10.34 ist genauso als Laufzeitglied geeignet wie diejenige im Bild 10.25. Mit $\Omega = -\dfrac{\omega}{\omega_g}$ gelten die Gleichungen wie im Abschnitt 10.4, nur Gl. (10.69) ist durch $b = 2 \operatorname{arc} \tan\left(-\dfrac{1}{\Omega}\right)$ zu ersetzen.

10.14 Untersuchung wie in Lösung der Aufgabe 10.12 ergibt mit (1.45): $a = 0$; $b = 2 \operatorname{arc} \tan \dfrac{\Omega}{1 - \Omega^2}$; $t_g = \dfrac{2(1 + \Omega^2)\sqrt{LC}}{(1 - \Omega^2)^2 + \Omega^2}$.

10.15 Aus Bild 10.23 ergeben sich mit den entsprechenden Formeln:

Wellenwiderstand des Gesamtvierpols:

$$z_W = z_{W m\pi} = z_N \frac{1 - (1 - m^2)\,\Omega^2}{\sqrt{1 - \Omega^2}}$$

Wellenwiderst., Endhalbgl. u. Grundgl. angepaßt:

$$z_{WT} = z_N \sqrt{1 - \Omega^2}$$

Übertragungsmaß g: $\sinh \frac{g}{2} = \mathrm{j}\Omega \sqrt{\xi}$ mit

$\xi = \frac{(1+m)^2 (1-\Omega^2)}{1-(1-m^2)\Omega^2}$. Bereiche vgl. Tafel auf Seite 221

Dabei: $\Omega_\infty = -\frac{1}{\sqrt{1-m^2}}$ [vgl. Gl. (10.52)].

Im Teilbereich 1a) des Sperrbereichs erreicht die Dämpfung ihr Minimum $a' = 2 \operatorname{ar\,cosh} \frac{1+m}{1-m}$ für $\Omega' = -\frac{1}{\sqrt{1-m}}$:

$\Omega' = -1{,}291$; $a' = 2{,}98$.

Im Durchlaßbereich 2) nimmt das Phasenmaß b den minimalen Wert $b = -\pi$ für $\Omega'' = -\frac{1}{\sqrt{1+m}}$ an:

$\Omega'' = -0{,}845$.

Ebenfalls im Durchlaßbereich liegt ein Minimum $z_W = z_N\, 2m \sqrt{1-m^2}$ des Wellenwiderstands bei

$\Omega''' = -\sqrt{\frac{1-2m^2}{1-m^2}}$:

$\Omega''' = -0{,}9$; $z_W' = 0{,}733 z_N$. $\omega_g = 6283$ Hz.

Hier wird statt (10.8) $z_N = 1{,}25 z_L$ besser $z_N = 1{,}17 z_L = 1170\,\Omega$ gesetzt. $\omega_\infty = 5759$ Hz.

$L = 186{,}2$ mH; $C = 136{,}0$ nF.

10.16 Der Vierpol im Bild 10.25 sei mit I und der Vierpol im Bild 10.35 mit II bezeichnet. Dann gilt 10.4. und entsprechend zur Lösung der Aufgabe 10.14:

I: $z_W = 1000\,\Omega$; $b = 2 \arctan \Omega$; $t_g = \frac{2}{1+\Omega^2} \cdot 0{,}1$ ms;
$\Omega(t_g = \text{Max}) = 0$.

II: $z_W = 1000\,\Omega$; $b = 2 \arctan \frac{\Omega}{1-\Omega^2}$;

$$t_g = \frac{(1+\Omega^2)\cdot 0{,}1 \text{ ms}}{(1-\Omega^2)^2+\Omega^2};$$

$$\Omega(t_g = \text{Max}) = \sqrt{\sqrt{3}-1} = 0{,}8556.$$

Tafel zur Aufgabe 10.15

Bereich			z_W/z_N	a	b
Sperrbereich $m = 0{,}4$: $\Omega_\infty = -1{,}091$	1a)	$-\infty < \Omega \leqq \Omega_\infty$	$+j\cdot\infty \cdots j\cdot 0$	$2 \operatorname{ar\,cosh}\left(-\Omega\sqrt{\xi}\right)$ mit $a = +\infty \cdots +\infty$	$-\pi$
	1b)	$\Omega_\infty \leqq \Omega \leqq -1$	$j\cdot 0 \cdots -j\cdot\infty$	$2 \operatorname{ar\,sinh}\left(-\Omega\sqrt{-\xi}\right)$ mit $a = +\infty \cdots 0$	0
Durchlaßbereich	2)	$-1 \leqq \Omega \leqq 0$	$+\infty \cdots +1$	0	$2 \arcsin \Omega\sqrt{\xi}$ mit $b = 0 \cdots 0$

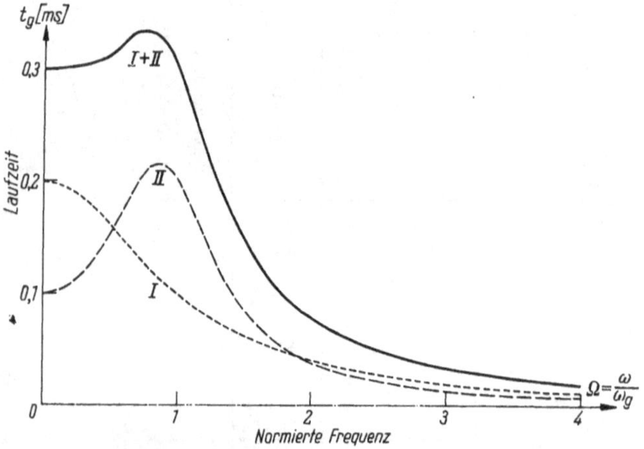

Bild L. 4: Laufzeitkurven für die Schaltungen in Bild 10.25 und Bild 10.35

Werden I und II in Kette geschaltet, so gilt Gl. (9.35), da I und II denselben Wellenwiderstand haben. Mit $b_{I/II} = b_I + b_{II}$ wird aber auch $t_{gI/II} = t_{gI} + t_{gII}$. Die Laufzeitkurven vgl. Bild L. 4. Aus Bild L. 4 erkennt man, daß etwa für $0 \leqq \Omega \leqq 1$ die Laufzeit $t_{gI/II}$ annähernd konstant ist.

10.17 Für beide Fälle gilt: $\omega_g = 12500$ Hz; $\Omega = 0{,}1$

Schaltung gemäß Bild 10.27: $t_{gK} = 1{,}61$ ms; $b_K = 2{,}0043$; $\Delta b_K = -0{,}0057$.

Schaltung gemäß Bild 10.28: $t_{gK} = 2{,}03$ ms; $b_K = 2{,}5395$; $\Delta b_K = +0{,}0023$.

Die angegebenen Werte sind aus den exakten Formeln berechnet. Für die aus m-Gliedern aufgebaute Laufzeitkette ist die Laufzeit größer und der Phasenfehler kleiner, also hat diese Kette gegenüber der aus Grundgliedern bestehenden Vorzüge.

10.18 Aus Tafel 3 entnimmt man für den Transformator mit gegensinniger Kopplung mit $L_1 = L_2 = L'$, $r_1 = r_2 = 0$ und für die T-Schaltung von Bild 10.28a zwei Widerstandsmatrizen, die wegen Äquivalenz der Schaltungen der Bilder

10.28a und b identisch sein müssen. Hieraus folgt:

$$kL' = \frac{1 - m^2}{2m} L; \; L' = \frac{1 + m^2}{2m} L.$$

Durch Division der letzten beiden Gleichungen wird der Beweis geschlossen: $k = \frac{1 - m^2}{1 + m^2}$

Aus (1.95) findet man bei gegensinniger Kopplung mit Gl. (10.71), wenn die Schaltung im Bild 10.28b zugrundegelegt und das Vorzeichen dem Kopplungsfaktor zugerechnet wird: $M = \frac{m^2 - 1}{2m} L$.

10.19 Vergleich zwischen Bild 9.8, 10.36, Gl. (9.77) und Tafel 2 ergibt mit der Abkürzung $q = \frac{2mC'}{C}$ und Gln. (9.56), (9.61): $z_W = z_N \sqrt{\frac{1 - \Omega^2}{1 - q\Omega^2}} \approx z_N$. Wegen $\cosh x \geqq 1$ ist für $1 - \Omega^2 > 0$ und $1 - q\Omega^2 > 0$, d. h. für $\Omega < 0{,}95$, nur dieser Fall möglich. Daher wegen (1.45):

$$b = 2 \operatorname{arc\,tan} \frac{m\Omega}{\sqrt{(1 - \Omega^2)(1 - q\Omega^2)}} \approx 2 \operatorname{arc\,tan} m\Omega;$$

$$t_g = \frac{2m[1 - q\Omega^2(1 - \Omega + \Omega^3)] \sqrt{LC}}{[(1 - \Omega^2)(1 - q\Omega^2) + m^2\Omega^2] \sqrt{(1 - \Omega^2)(1 - q\Omega^2)}}$$

$$\approx 2m \sqrt{LC};$$

$$\Delta b = b - \frac{2m[1 - q\Omega^2(1 - \Omega + \Omega^3)] \cdot \Omega}{[(1 - \Omega^2)(1 - q\Omega^2) + m^2\Omega^2] \sqrt{(1 - \Omega^2)(1 - q\Omega^2)}}$$

$$\approx b - 2m\Omega;$$

die Näherungen gelten für $\Omega \ll 1$ bzw. $\omega \ll \omega_g$.

$\omega_g = 12{,}5$ kHz; $q = 1{,}11$; $z_W = 500{,}3\,\Omega$.

$\Omega = 0{,}2$: $t_g = 208{,}3\,\mu$s; $t_{gK} = 3{,}124$ ms; $b = 0{,}51854$;

$\Delta b = -0{,}00224$; $\Delta b_K = -0{,}0336$. Die angegebenen Werte sind aus den exakten Formeln berechnet.

11.1 Entwicklung der Formeln analog Beispiel 11.1 nach Bild L. 5:

$$\check{\boldsymbol{Y}}_c = \begin{pmatrix} \check{y}_{11e} & -(\check{y}_{11e} + \check{y}_{12e}) \\ -(\check{y}_{11e} + \check{y}_{21e}) & \check{y}_{11e} + \check{y}_{12e} + \check{y}_{21e} + \check{y}_{22e} \end{pmatrix}$$

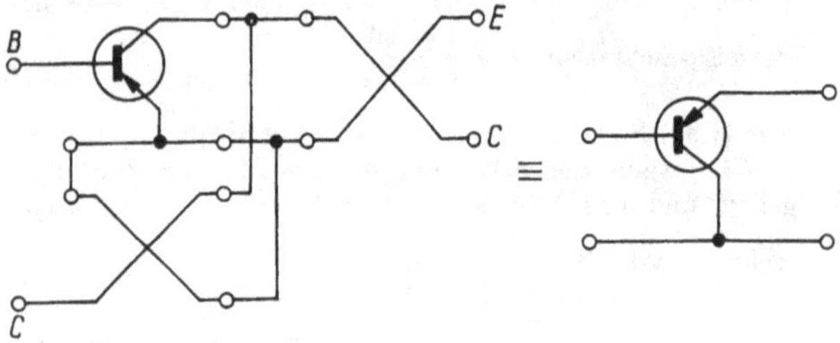

Bild L. 5: Ersatzschaltbild der Kollektorschaltung mit Hilfe der Emitterschaltung

11.2 $\check{y}_{22b} = 16{,}666\ \mu S$; $\xi = -33{,}36644$ mS; $\zeta = 0{,}548\ (mS)^2$
$\check{y}_{12b} = -16{,}433\ \mu S$; $\check{y}_{21b} = -33{,}350$ mS; $\check{y}_{12e} = -0{,}233\ \mu S$;
$\check{y}_{21e} = 33{,}333$ mS; $\check{h}_{11b} = 29{,}6885\ \Omega$; $\check{h}_{12b} = 0{,}4879 \cdot 10^{-3}$;
$\check{h}_{21b} = -0{,}9901$; $\check{h}_{11e} = 3\ k\Omega$; $\check{h}_{12e} = 7 \cdot 10^{-4}$; $\check{h}_{21e} = 100$;
$\check{h}_{22e} = 40\ \mu S$.

11.3 Reihenschaltung von Transistor und Querwiderstand ergibt:

$$\check{\boldsymbol{H}} = \frac{1}{1 + R\check{h}_{22e}} \times \begin{pmatrix} \check{h}_{11e} + R(1 + \Delta\check{\boldsymbol{H}}_e + \check{h}_{21e} - \check{h}_{12e}) & \check{h}_{12e} + R\check{h}_{22e} \\ \check{h}_{21e} - R\check{h}_{22e} & \check{h}_{22e} \end{pmatrix}$$

11.4 SF 137: $K^2 = -4{,}885$, unstabil;
$v_{pa\,\max\,\mathrm{un}} = 271{,}34 = 24{,}33$ dB;
$v_{pa\,\max}$ existiert nicht.

SF 215: $K^2 = +6{,}142$, stabil;
$\check{v}_{pa\,\max\,\mathrm{un}} = 47{,}398 = 16{,}76$ dB;
$\check{v}_{pa\,\max} = 13{,}795 = 11{,}40$ dB;
$\check{y}_{Q\,\mathrm{opt}} = (16{,}356 - \mathrm{j} \cdot 15{,}767)$ mS;
$\check{y}_{L\,\mathrm{opt}} = (4{,}263 - \mathrm{j} \cdot 4{,}946)$ mS.

11.5 $n = 1{,}383$; $\check{y}_Q = (2{,}224 - j \cdot 4{,}302)$ mS;
$\check{y}_L = (1{,}162 - j \cdot 1{,}719)$ mS; $y = (0{,}024 + j \cdot 0{,}802)$ mS;
$\check{v}_{pa\,\mathrm{max\,neutr}} = 261{,}40 = 24{,}17$ dB.

Bemerkung zu Seite 206:

Bei dem angenommenen Beispiel 11.6 wird durch die Zwischenbasisschaltung für das Rauschmaß nur 1 dB gewonnen, während bei der maximalen Leistungsverstärkung ca. 6 dB verlorengehen. In der Praxis erfolgt die Anwendung der Zwischenbasisschaltung im NF-Gebiet daher kaum, zumal ihre Realisierung z. B. einen Transformator verlangt und damit der hohe Aufwand durch den geringen Nutzen nicht gerechtfertigt wird. Die Verwendung der Zwischenbasisschaltung im HF-Gebiet wäre gegebenenfalls akzeptabel. Jedoch sind für sie umfangreiche Berechnungen notwendig. Der Einsatz moderner Bauelemente führt zu einem günstigen Rauschverhalten, so daß die Zwischenbasisschaltung entbehrt werden kann.

Literatur

[1] WUNSCH, G.: Theorie und Anwendung linearer Netzwerke. Teil 1: Analyse und Synthese. Leipzig: Akademische Verlagsgesellschaft Geest & Portig K.-G. 1961.

[2] Taschenbuch Elektrotechnik. Herausgeber E. PHILIPPOW. Band 3: Nachrichtentechnik. Berlin: VEB Verlag Technik 1969.

[3] WUNSCH, G.: Systemtheorie der Informationstechnik. Leipzig: Akademische Verlagsgesellschaft Geest & Portig. K.-G. 1971.

[4] MEGLA, G. u. a.: Dezimeterwellentechnik. 5. Auflage. Berlin: VEB Verlag Technik 1961.

[5] FRÜHAUF, H. und TRZEBA, E.: Synthese und Analyse linearer Hochfrequenzschaltungen. Leipzig: Akademische Verlagsgesellschaft Geest & Portig K.-G. 1964.

[6] LANGE, F. H.: Signale und Systeme. Band 2: Gesteuerte elektronische Systeme. 2. Auflage. Berlin: VEB Verlag Technik 1970.

[7] v. MANGOLDT-KNOPP: Einführung in die Höhere Mathematik Band 1, 2. und 3. 9. Auflage. Leipzig: S. Hirzel Verlag 1951 bzw. 1954.

[8] ZURMÜHL, R.: Praktische Mathematik für Ingenieure und Physiker. 4. Auflage. Berlin: Springer-Verlag 1963.

[9] BRONSTEIN, I. N. und SEMENDJAJEW, K. A.: Taschenbuch der Mathematik. Leipzig: B. G. Teubner Verlagsgesellschaft 1958.

[10] RECKNAGEL, A.: Physik. Band: Elektrizität und Magnetismus. 3. Auflage. Berlin: VEB Verlag Technik 1961.

[11] SHEA, R. F.: Transistoranwendungen (deutsche Übersetzung aus dem Englischen). Stuttgart: Berliner Union 1967.

[12] STEWART, J. L.: Theorie und Entwurf elektrischer Netzwerke. Berlin: VEB Verlag Technik 1959.

[13] FILIPKOWSKI, A.: Transistorverstärker für hohe Frequenzen

(deutsche Übersetzung aus dem Polnischen). Berlin: VEB Verlag Technik 1966.

[14] WALLOT, J.: Einführung in die Theorie der Schwachstromtechnik. 5. Auflage. Berlin: Springer-Verlag 1948.

[15] FELDTKELLER, R.: Einführung in die Siebschaltungstheorie der elektrischen Nachrichtentechnik. 3. Auflage. Stuttgart: S. Hirzel Verlag 1950.

[16] GRIMSEHL: Lehrbuch der Physik. 2. Band: Elektromagnetisches Feld. 16. Auflage. Leipzig: B. G. Teubner Verlagsgesellschaft 1963.

[17] SIMONYI, K.: Theoretische Elektrotechnik (deutsche Übersetzung aus dem Ungarischen). 4. Auflage. Berlin: VEB Verlag der Wissenschaften 1971.

[18] FELDTKELLER, R.: Einführung in die Vierpoltheorie der elektrischen Nachrichtentechnik. 5. Auflage. Leipzig: S. Hirzel 1948.

[19] Taschenbuch Elektrotechnik. Herausgeber E. PHILIPPOW. Band 2: Starkstromtechnik. 2. Auflage. Berlin: VEB Verlag Technik 1966.

[20] TGL 16006, 16007, 16008, 16009, 16010, 16013, 16016.

[21] GRIMSEHL: Lehrbuch der Physik. 4. Band: Struktur der Materie. 14. Auflage. Leipzig: B. G. Teubner Verlagsgesellschaft 1964.

[22] PAUL, R.: Transistoren, Physikalische Grundlagen und Eigenschaften. 2. Auflage. Berlin: VEB Verlag Technik 1969.

[23] PAUL, R.: Transistormeßtechnik. 2. Auflage. Berlin: VEB Verlag Technik 1968.

[24] SCHRÖDER, H.: Elektrische Nachrichtentechnik. 1. Band. Berlin-Borgiswalde: Verlag für Radio-Foto-Kinotechnik GmbH 1971.

[25] WUNSCH, G.: Theorie und Anwendung linearer Netzwerke. Teil 2: Wellenparametertheorie und nicht stationäre Vorgänge. Leipzig: Akademische Verlagsgesellschaft Geest & Portig K.-G. 1964.

[26] LEWIS, I. A. D. und WELLS, F. H.: Millimicrosecond pulse techniques (Nanosekundenimpulstechnik). London und New York: Pergamon Press 1956.

[27] TIETZE, U. und SCHENK, CH.: Halbleiter-Schaltungstèchnik. Berlin: Springer-Verlag 1969.

[28] SCHRÖDER, H.: Elektrische Nachrichtentechnik. 2. Band. Berlin-Borgiswalde: Verlag für Radio-Foto-Kinotechnik GmbH 1968.

[29] Shea, R. F.: Transistortechnik (deutsche Übersetzung aus dem Englischen). Berlin und Stuttgart: VEB Verlag Technik und Berliner Union 1961.

[30] Möschwitzer, A.: Halbleiterelektronik. Wissensspeicher. Berlin: VEB Verlag Technik 1971.

[31] Halbleiterinformationen der DDR.

[32] Halbleiter-Datenbuch 1969/70, Siemens. Industrietypen.

[33] Transistoren 1970/71, Intermetall ITT.

[34] Rohde, U. L.: Transistoren bei höchsten Frequenzen. Berlin-Borgiswalde: Verlag für Radio-Foto-Kinotechnik GmbH 1969.

[35] Frühauf, H.: Elektronenröhren und elektronische Schaltungen. Lehrbriefe für das Fernstudium, herausgegeben von der Technischen Universität Dresden. Berlin: VEB Verlag Technik 1962.

[36] Golde, W.: NF-Transistorverstärker (poln.). Warschau: PWT 1961.

[37] Halbleiter-Lexikon, Fachausdrücke. München: Franzis-Verlag 1965.

[38] Paul, R.: Ein Beitrag zur Theorie rauschender Vierpole. Nachr. Techn. 8 (1958) 12, Seite 548 bis 568.

[39] Taschenbuch Elektrotechnik. Herausgeber E. Philippow. Band 1: Grundlagen. 2. Auflage. Berlin: VEB Verlag Technik 1968.

Sachverzeichnis

Der Autor

- behandelt alle zur Beschreibung linearer Vierpole geeigneten und üblichen linearen Gleichungspaare, den Zusammenhang der verschiedenen Systeme und die Auswahl des für die Zusammenschaltungen mehrerer Vierpole günstigsten Systems, die Matrizen der elementaren Vierpole, Vierpolarten u. a. m.

- bespricht zahlreiche Anwendungsmöglichkeiten der Vielpoltheorie

- erleichtert das Studium durch Beispiele und Aufgaben einschließlich Lösungen

- wendet sich an alle Interessenten der Wissensgebiete Physik, Mathematik, Nachrichtentechnik, Elektronik und Elektrotechnik

WISSENSCHAFTLICHE TASCHENBÜCHER

MIX

Papier | Fördert gute Waldnutzung

FSC® C083411

Kolibri 360 GmbH
Ferdinand-Jühlke-Straße 7
99095 Erfurt, Deutschland
produktsicherheit@kolibri360.de